中高职衔接系列教材

汽车底盘构造与检修

主编 梁建和

中国水利水电出版社
www.waterpub.com.cn

内 容 提 要

本教材采用任务驱动的教学设计，通过"做、学、教"一体化模式组织教学，操作步骤按看图操作的形式配备了大量图片，显现出鲜明的中高职衔接特色。全书由10个项目、25个实训任务组成。课程内容在总体上包含发动机和底盘两大块，对涉及电控技术的内容仅作简介。内容主要有汽车总体构造、车间安全事项，离合器、变速器（含AT）、万向传动装置、驱动桥、悬架系统、车架车轮及转向轮定位、机械转向系、助力转向系、制动系等的拆装调整、结构原理分析及故障检修。

本教材针对汽车类专业及其相近专业，生源来自中职的高等职业教育编写，适合高职院校相关专业作为教材，也可以作为各类业余大学、函授大学、电视大学及中等职业学校相关专业的教学参考书，并可供相关专业工程技术人员参考使用。

图书在版编目（ＣＩＰ）数据

汽车底盘构造与检修 / 梁建和主编. -- 北京 : 中国水利水电出版社，2016.6（2019.7重印）
中高职衔接系列教材
ISBN 978-7-5170-3962-4

Ⅰ．①汽… Ⅱ．①梁… Ⅲ．①汽车－底盘－构造－职业教育－教材②汽车－底盘－车辆修理－职业教育－教材
Ⅳ．①U472.41

中国版本图书馆CIP数据核字(2015)第316559号

书　　名	中高职衔接系列教材 **汽车底盘构造与检修**
作　　者	主编　梁建和
出版发行	中国水利水电出版社 （北京市海淀区玉渊潭南路1号D座　100038） 网址：www. waterpub. com. cn E - mail：sales@waterpub. com. cn 电话：(010) 68367658（营销中心）
经　　售	北京科水图书销售中心（零售） 电话：(010) 88383994、63202643、68545874 全国各地新华书店和相关出版物销售网点
排　　版	中国水利水电出版社微机排版中心
印　　刷	清淞永业（天津）印刷有限公司
规　　格	184mm×260mm　16开本　19.25印张　456千字
版　　次	2016年6月第1版　2019年7月第2次印刷
印　　数	2001—3000册
定　　价	**49.00元**

中高职衔接系列教材
编 委 会

主　任　张忠海

副主任　潘念萍　　　　陈静玲(中职)

委　员　韦　弘　　　　龙艳红　　　　陆克芬

　　　　宋玉峰(中职)　邓海鹰　　　　陈炳森

　　　　梁文兴(中职)　宁爱民　　　　韦玖贤(中职)

　　　　黄晓东　　　　梁庆铭(中职)　陈光会

　　　　容传章(中职)　方　崇　　　　梁华江(中职)

　　　　梁建和　　　　梁小流　　　　陈瑞强(中职)

秘　书　黄小娥

本 书 编 写 人 员

主　编　梁建和

副主编　牟　林　覃业彬(中职)

参　编　李吉生　王丽萍(中职)

主　审　何　航

前言 QIANYAN

"汽车底盘构造与检修"是汽车类专业及相近专业的专业核心课程。

本教材全面贯彻以行动引导型教学法组织教材内容的指导思想，采用项目载体、任务驱动的方案，通过"做、学、教"一体化模式组织教学，显现出鲜明的高等职业教育特色。全书由10个项目、25个实训任务组成：项目1汽车总体构造与车间安全调查、项目2离合器拆装与调整、项目3变速器拆装与故障诊断、项目4万向传动装置检修、项目5驱动桥的检修、项目6悬架系统的检修、项目7认识车架车轮及转向轮定位调整、项目8机械转向器及转向传动机构拆装与调整、项目9助力转向系拆装与调整、项目10汽车制动系主要部件拆装调整。每个项目都由实践性和趣味性较强的实训任务开头，按从感性到理性、从形象到抽象的认知规律设计内容和教学，突出以能力为本位、以应用为目的指导思想，遵循做中学、做中教的理论实践一体化教学模式构建课程内容体系；本着加强操作技能训练、理论够用为度的理念，精心挑选内容。

看图操作是本教材的特色。每个项目开头的学习任务，都以实训指导的方式组织教学，一方面使学生的操作技能得到强化训练，更重要的是对本项目涉及的内容在结构上有全面清晰的认知；考虑到中职升高职的生源特点，操作步骤按看图操作的形式配备了大量图片。全书无论是在内容选择处理还是在教学方法的运用上，都符合生源来自中职的高职汽车类专业和相近专业的教学需要和当前我国高等职业教育的发展方向。

本教材的编审团队，主要由既具有丰富的汽车维修实践经验又有多年的职业教育教学经验的教师组成，既有中职的教师，也有高职的教师，这是本教材总体质量及其适应中高职衔接的根本保障。

参加本教材编写的人员有：广西水利电力职业技术学院梁建和编写项目1和项目2、牟林编写项目3和项目7、李吉生编写项目4和项目5，广西第一工业学校的王丽萍编写项目6和项目10、覃业彬编写项目8和项目9。本教材由梁建和担任主编，牟林、覃业彬担任副主编。全书由广西水利电力职业技术学院梁建和教授统稿；由北海恒威汽车销售有限公司总裁何航先生担任主审，他对本教材提出了许多宝贵意见，在此表示衷心感谢。

由于我国基于行动引导型教学法组织内容、按"做、学、教"一体化模式组织教学的高等职业教育教材建设的时间还不长，中高职衔接的教材建设刚刚起步，加之作者水平有限等因素，书中可能存在缺点和错误，恳请广大同行及读者批评指正。

编者

2016 年 3 月

目录 MULU

汽车总体构造与车间安全调查

【学习目标】

知识目标：

了解车间危害，并且为避免人身伤害和财产损失所采取的必要措施；了解汽车车间必须遵守的通用车间安全，懂得在车间吸烟、喝酒的危险性及雇主对车间危险物质的责任。懂得汽车维修安全和事故防患的重要性。理解和掌握基本的个人安全防护措施，包括防目镜、手套、工作鞋和工作服等。了解汽车的基本组成和基本行驶原理，了解发动机的基本结构组成和基本工作原理。

技能目标：

掌握所有的通用车间安全措施和车间人身安全措施。掌握用电、汽油、火、内务的安全技术，掌握重物的正确搬运方法，掌握正确、安全使用维修工具、设备的方法，掌握安全使用空气压缩设备的方法和规则，掌握正确使用车辆举升装置的方法，掌握各种安全防护措施，自觉严格按照安全规则使用动力工具和液压工具及清洗设备。

【教学实施】

在教师的指导下，访问安全的汽车维修车间，了解相关知识。并将学生分 3~5 人一组，在老师和师傅的带领下到车间实践，练习安全使用特种设备和安全防范设备。

任务 1.1　车间工作安全指导

【本任务内容简介】

（1）个人安全防护。包括身体防护、眼睛防护、耳朵防护、头部防护及其他人身安全防护。

（2）人力操作安全规则。包括举升与搬运重物规则和使用手工工具安全操作规则。

（3）动力设备操作安全规则。包括使用动力工具安全操作规则、空气压缩机安全操作规则、举升机安全操作规则和汽车路试安全规则。

在汽车维修车间，安全和事故防范始终是头等重要的大事，每个汽车维修技术人员都必须严肃认真对待。工具设备使用不当、维护不善和使用时粗心大意，都有可能引发重大工伤事故。车辆、一些设备仪器和大多数汽车零部件都非常沉重，而且有些零件之间的配合可能非常牢固紧密。在汽车维修过程中，很多零部件的温度可能会很高；在冷却系统、燃油系统和蓄电池等部位还会有高压液体。蓄电池内部储存有高腐蚀性、具有爆炸性的酸性物质。在维修过程中不可避免地会接触到很多易燃物质，如汽车燃料和一些清洗溶剂等。汽车尾气含有大量有毒或有害物质，如 CO、NO 等。在整个维修过程中，维修技术人员可能会处在充满有害微小颗粒物如金属屑、气体的环境当中。因此，安全是一个必须严肃对待的问题，决不能有丝毫侥幸心理。正确地安全操作工具设备将避免很多危险，这一模块介绍有关安全的规章制度和安全操作规程，包括个人安全防护、工具设备安全操作规程和工作场所安全等。除了这些安全规则，还有很多安全警告，将提醒你注意一些由于粗心大意可能导致人身伤害事故的地方。这些都是安全防护应该注意的地方。

在对安全的汽车维修车间实施访问过程中，首先要注意文明礼貌，只有取得车间领导干部和师傅信任和好感才能有效地获得相关知识。

要求在车间进行初步实践，练习安全使用特种设备和安全防范设备，学会正确安全使用维修工具、动力工具和液压工具及清洗设备、车辆举升装置等设备的方法。

1.1.1　个人安全防护

1. 身体防护

身体防护主要依靠工作服。穿着的工作服必须合身，不能太宽松，而且最好是用坚实布料制成的。穿着宽松的衣服进行汽车维修容易受到伤害。

汽车或设备在运转过程中，可能有一些零部件会落下，砸伤脚和脚趾。所以在维修时，应穿好用皮革或类似材料制造的工作鞋或者非滑底的靴子。在脚尖处镶有钢片的工作鞋，可以更好地保护脚趾。

手的安全防护问题经常会被忽视。在维修过程中，刮伤、划伤或者烧伤手，都会严重影响你的工作效率。在一些操作过程，比如磨削、焊接及搬运高温物件等，应该戴好合适的手套。在使用碱性化学物质时必须格外小心，我们经常碰到的有毒化学试剂还有发动机油或润滑油、刹车油，以及一些清洗剂等，工作时应该戴上专用的橡胶手套。

2. 眼睛防护

在维修车间，眼睛是最脆弱的部位，很多东西都会对它造成伤害。在一些维修过程中会飞溅出一些微小的金属屑和粉尘，很容易进入你的眼睛，刮伤眼皮甚至刮伤眼球；高压管路发生破损产生的喷射流体，对眼睛的伤害更加严重。因此，在工作的任何时刻，你都应该佩戴眼睛保护装置。工厂应该提供了一些常用的眼睛保护装置，其中，护目镜的镜片已经采用安全玻璃制造，而且护目镜有周边保护功能。

如果蓄电池酸性电解液、燃料或者其他化学溶剂溅入眼睛，请立即用清水清洗。然后请别人帮忙去请医生，立即做进一步的治疗。

3. 耳朵防护

长时间处在高噪声的环境当中有可能会导致耳聋。使用空气扳手、在一定负荷下运行发动机、在一个比较狭小的空间运行汽车等情况下都会发出令人烦躁的噪声，而且这些噪声的分贝值往往都超过人类所能承受的安全值。持续在嘈杂的环境下工作时，应该要戴上耳塞或者耳机。

4. 头部防护

头发修长散乱、佩戴饰品，容易被卷进设备中而发生事故。如果头发很长，工作时应把头发扎好，放在后面，或者压在工作帽里面。

工作时不要佩戴任何饰品，比如耳环、手表、手镯和项链等。这些饰品会很容易卷入运转的部件中，导致严重的伤害事故发生。

5. 其他人身安全防护

（1）在车内和车间内禁止吸烟、喧闹、玩耍；必须把物件和工具放在一个固定、适当的地方，并确保不会绊倒人。

（2）非工作需要请不要靠近热金属部件，像散热器、排气歧管、排气管、催化转化器、消声器等。

（3）在使用液压设备时，必须确保压力不超过许可值，而且尽量靠边站，同时要戴好护目镜。

1.1.2　人力操作安全规则

1. 举升与搬运重物规则

人力搬运重物极容易引发脊椎损伤，最好穿戴背部保护装置，而且要量力而行。举升和搬运任何物件时，请严格遵守以下步骤：

（1）搬运物件之前，必须确保有足够的空间安放零部件和工具；把脚尽量靠近物件，找一个能够站得稳的地方。

（2）尽可能将背和肘关节挺直。弯曲膝关节，直到你的手能够使出最大的力气（图 1.1）。

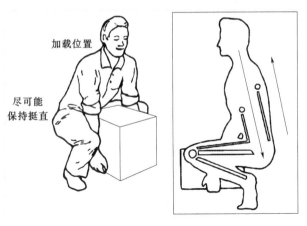

图 1.1　人力搬运重物的姿势

（3）如果重物是放在纸箱里的，应先检查下纸箱是否损坏。陈旧、潮湿和密封不良的纸箱容易破裂，导致物件散落。

（4）在搬运过程中应用力一致，抓牢物品不放松，尽量将重物贴近身体，一边把腿伸直一边抬起重物。用腿部肌肉发力，千万不能用背部肌肉发力，更不能扭转上身。

（5）放下重物时，一定要注意保护手指，身体千万不能向前弯曲，要慢慢弯曲膝关节，保持背部挺直。千万不能向前弯曲，以免损伤背部肌肉。

2. 使用手工工具安全操作规则

（1）保持工具干净、整洁、完好，确保正确运用。

（2）必须使用专用工具。采用损坏的或者不正确的工具，都有可能造成设备损坏和工具自身的损坏，甚至造成伤害事故，切勿使用已损坏的或破损的工具。

（3）使用尖锐的工具时一定要特别小心，避免刺伤或者刮伤皮肤、车辆内饰或表面。工具必须存放在专用的护套里。

1.1.3 动力设备操作安全规则

1. 使用动力工具安全操作规则

使用动力工具必须严肃对待，粗心大意可能会招致严重的工伤事故。使用动力工具时请戴好护目镜。所有电动工具都必须有接地线。在使用电动工具前，应首先检查是否有裸露漏电之处，切勿站在潮湿的地板上使用电动工具，不允许在无人看管下任电动工具、设备自行运转。

切勿用手抓物件进行动力加工，尽量采用虎钳夹紧物件。在使用台架等大型动力设备时，须先检查设备是否有损坏，安全护罩是否完好。开动动力设备前，应确保没有人或物件会碰到设备的运转部件；手、衣服与任何运转部件之间要保持安全距离，切勿靠得太近，并且要保持身体平衡。

操作液压机时，所加压力切勿高于材料所能承受的极限压力，以防液压机突然泄压伤人；当压力表读数超过其量程最大示值时不能再加压，以免液压元件突然爆裂伤人。

2. 空气压缩机安全操作规则

压缩空气常用作轮胎充气装置、涂漆设备及其他一些设备的动力源，使用不当，很容易招致工伤事故，请严格遵守以下几条规则：

（1）操作气动设备时，请戴好护目镜、面罩和耳朵保护用品。

（2）一定要抓紧空气软管，以防软管失控乱甩伤人损车。

（3）切勿将压缩空气对着皮肤、头发和身上衣服吹，以免伤及肌肤。如果高压空气穿透皮肤，进入血管，将是致命的。

（4）切勿用压缩空气清洗桌椅、地板，以免能吹起粉尘、金属屑等小物件致使皮肤、眼睛受伤或损坏车辆。

（5）严格按照使用说明书操作空气压缩设备和气动设备。

3. 举升机安全操作规则

使用举升机举升汽车时，一定要格外小心。维修时如果需要把汽车从地面举升起来，升起车辆前应确保汽车已被正确支承，并应使用安全锁以免汽车落下。在用千斤顶支起汽车时，应当确保千斤顶支承在汽车底盘大梁部分或较结实的部分。

注意，在举升车辆前，应先查找维修手册，找到车辆正确的支承点，错误的支承点不仅带来危险，而且会破坏汽车的车身结构。一般情况下，轿车车身的举升支撑点参见图1.2。

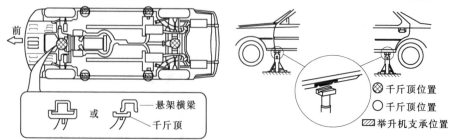

图 1.2　轿车车身的举升支承点

举升汽车前，请先关好车门、发动机罩、行李箱盖。车辆内有人时切勿升举汽车。举离地面达 150mm 时，请暂停举升并晃动车辆，检查支承是否平稳牢靠，再将车辆升到合适的位置；把举升机锁定。切勿使用锁定机构损坏的升举机，重物的重量切勿超过举升机的额定升举力。

车辆举升的高度不能高于其安全值。在升举的汽车上拆装零部件或总成时，可能会改变车辆的质量分布。所以拆装时要注意车体的平衡与晃动。

降下举升机前，确保把所有工具和其他设备从车辆下面移开，尤其是确保无人站在车辆的下面。切勿在车辆下面放置氧乙炔罐。在将车辆降到地面前切勿打开锁定机构。

4. 汽车路试安全规则

路试必须由安全意识和驾驶技术好的正式驾驶员担任，不允许未经批准的人员随意移动车辆或试车，试车过程中不允许车上有无关人员，试前，应检查制动、转向是否齐全有效；风扇叶片、发动机罩未装固可靠，不准进行试车。汽车的仪表和各部件装配不符合要求或工作不正常，应排除后方可试车。路试车辆必须有明显的试车标牌。密切注意交通情况，尤其是在测试制动效果时，务必注意车后方情况，并在允许试车的路段上进行。在行驶一段路程后，应停车检查车况，当发现有不正常的情况时，应修复后再继续试车。路试过程中，要密切注意冷却液温度、机油压力等信息，发现异常，立即停车检查排除。

任务 1.2　汽车总体构造及行驶基本原理调查

【本任务内容简介】

（1）汽车的基本组成、识别代码，汽车传动系的组成、功用和特点。

（2）汽车行驶的阻力和驱动力。

1.2.1　汽车总体构造

1. 汽车的基本组成

一辆汽车可分成四大基本组成部分：

（1）发动机，它提供了汽车所需的动力。

（2）底盘，它支撑着发动机、车身，把发动机的动力传到车轮并保障汽车的正常行驶。包括传动系统、制动系、转向系和行走系。

（3）电气设备，负责启动发动机和照明及信号指示。主要包括电源、启动系统、照明系统和信号系统，配置高的汽车还有空调系统、仪表及报警系统。

（4）车身和其附属结构，包括座椅、加热器、刮水器和其他舒适安全部件。

2. 汽车传动系概述

传动系统主要有五大用途：连接和分离发动机传到车轮的动力，选择不同的传动比，提供倒车的方法和控制驱动轮的动力并使汽车平稳转向。如图 1.3 所示的后轮驱动传动系，主要有离合器或液力变矩器、变速箱、差速器和半轴。大尺寸的高档车和高性能车辆采用后轮驱动，绝大多数的皮卡、小型货车、SUV 也是后轮驱动。动力经过离合器或液力变矩器、手动或自动变速箱和传动轴，最后通过后轮差速器、半轴到达后驱动轮。万向节安装在传动轴的两端使车轴长度和角度改变时不至于影响动力传动到车轮。

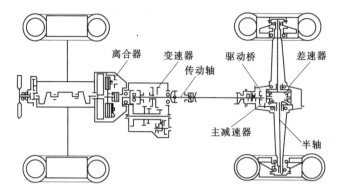

图1.3 典型后驱车传动系

汽车除后轮驱动外，还有前轮驱动和四轮驱动。

前轮驱动的传动系如图1.4（a）所示，发动机的动力通过离合器或液力变矩器、变速箱，然后经过差速器、半轴、万向传动装置传到驱动轮。前轮驱动的变速器和差速器同装在一个箱体内，形成变速驱动桥，变速器的输出齿轮直接与差速器的大齿轮啮合，如图1.4（b）所示。

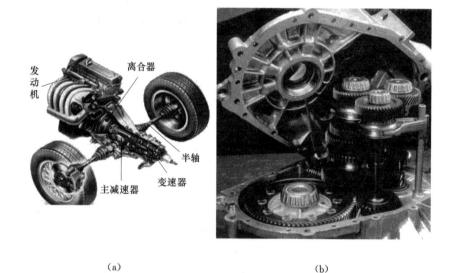

(a) (b)

图1.4 前驱动传动系
（a）前轮驱动力传动路线；（b）变速器输出齿轮与差速器大齿轮直接啮合

四轮驱动和全轮驱动汽车结合了前驱系统和后驱系统的特点，它能适时地把动力传到全部车轮，或者根据驾驶条件选择两轮驱动还是四轮驱动。通常，四轮驱动车为皮卡或SUV，它的传动系是在后轮驱动的基础上加上一根前驱动轴，如图1.5所示。而小型SUV或其他全轮驱动或四轮驱动汽车的传动系则是改进的后轮驱动系统。这些改进包括后驱动轴和传递发动机动力到后驱动轴的装置。传动系上有两套齿轮系统：变速箱和差速器。变速箱可以改变齿轮传动比，差速器改变了变速箱输出的力矩，它使驱动轮在转弯时能以不同的速度转动；这样能改善轮胎的磨损情况。通过改变传动比，汽车能得到不同的转矩。

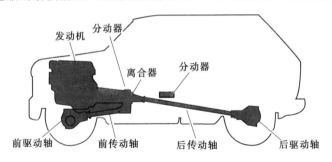

图 1.5　典型四轮驱动传动系

3.汽车识别代码

汽车识别代码，也称为 VIN 码，是汽车唯一的"身份证号"，也就是现在通用的出厂编号。VIN 码（也称为车架号、底盘号）如图 1.6 所示，是由 17 位字母和数字组成的。

第 1 个字符是国家或地区代码，中国是"L"。

在国外第 2 个字符是公司代码，中国由于生产厂家太多，第 2 和第 3 两个字符共同代表厂家。

接下来一直到第 8 个字符都是车辆性能结构的代码，各国、各公司内涵不尽相同。

图 1.6　汽车识别 VIN 码

第 9 个字符是防伪校验码。当其前 8 个字符和后 8 个确定之后，通过极其复杂的加权运算后确定的，防止假冒用的。

第 10 个字符代表生产年份，是选取从"1~9 和 A~Z"（注意没有 0，O，I，Q，U 这 5 个）共 30 个字符中的一个，顺序代表从 2001 年开始的 30 年，之后再从 1 开始，30 年一个轮回。例如"6"代表 2006 年；"8"代表 2008 年；"A"代表 2010 年。

第 11 位字符代表这个公司的某个生产工厂或生产线。

第 12 位到 17 位是数字字符，代表该厂生产下线的顺序号。

识别代号（VIN）印制在发动机舱内前围上盖板上面，合格标牌贴在乘员侧车门立柱上，车辆识别代号（VIN）也标存前风挡左下角处的仪表板上方的标牌上，如图 1.7 所示。

产品铭牌钉在乘员侧中立柱上。铭牌内容包括车辆识别代号（VIN）、发动机型号、

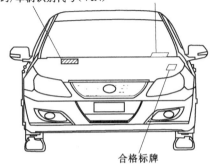

图 1.7　VIN 码和产品名牌位置

车辆型号、发动机排量、额定功率、最大设计总质量等内容。

1.2.2 汽车行驶的基本原理

1. 汽车的行驶阻力

汽车的在行驶中要克服的阻力有滚动阻力、坡道阻力、加速助力和空气阻力。

（1）滚动阻力。车轮在路面上滚动时，由于轮胎的弹性变形使之与地面的接触并非一条线，而是一个接触面，导致地面给车子的垂直反力偏离车轮的几何中心，由此而引起的地面对轮子的阻力称为滚动阻力。其大小等于滚动阻力系数与车轮负荷的乘积。

（2）坡道阻力。汽车在坡道上行驶时，其重力会沿坡道产生一个分力，这个力就是坡道阻力。

（3）加速助力。汽车在加速行驶时，需要克服其质量加速产生的惯性力，称之为惯性阻力。

（4）空气阻力。汽车在直线行驶时受到的空气作用于行使方向的分力，称为空气阻力。其大小与汽车的形状、正面投影面积以及汽车与空气的相对速度有关。可以证明，汽车行驶的空气阻力正比于汽车与空气相对速度的平方。

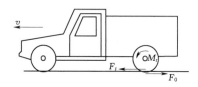

图 1.8　汽车行驶驱动力

2. 汽车行驶驱动力

汽车必须有足够的驱动力去克服行驶阻力。汽车行驶驱动力的产生原理如图 1.8 所示，发动机的动力经传动系使驱动轮得到一个驱动力矩 M_t，在此驱动力矩的作用下，驱动轮和地面接触处对路面施加一个切向力 F_0，F_0 的方向与汽车的运动方向相反，设 R 为驱动轮的滚动半径，则 F_0 的大小为

$$F_0 = M_t / R$$

显然，在驱动轮给路面施加力 F_0 的同时，路面也会给驱动轮施加一个反作用力 F_t，这个力 F_t 就是驱动汽车行驶的力量，F_t 与 F_0 大小相等方向相反。当 F_t 等于行驶阻力时，汽车按原有速度匀速行驶；当 F_t 大于行驶阻力时，汽车加速行驶；当 F_t 小于行驶阻力时，汽车在行驶中做减速行驶。

上述分析是从发动机的动力为出发点进行的。当路面的附着能力满足要求时，驱动力 F_t 的大小取决于发动机的输出动力；当路面的附着能力较小时，驱动力 F_t 的大小取决于路面的附着能力。此时，容易出现驱动轮转得快，汽车行驶速度慢甚至不走的现象，这种现象称为打滑。

习　　题

实操题

使用举升机举升汽车。

理论题

一、填空

1. 传动系统的主要组成部分是：_____、_____和_____。

2. 曲轴转动产生的力称为_____。

3. _____、_____特别是用在车轮离地的情况下，能把动力传递到全部车轮。驾驶员可以选择四轮驱动或是两轮驱动。一些四轮驱动的汽车总是四轮驱动的，他们通常装配有_____-_____-_____四轮驱动或者_____-_____-_____。

4. 前驱车上变速箱和驱动桥通常被制成一体，称为_____。

5. 后驱车上，驱动桥和变速箱通常由_____连接。

二、判断选择题

以下各题，请在 A、B、C、D 四个答案中选一个你认为正确的答案：

A. 只有 A 对；B. 只有 B 对；C. A 和 B 都对；D. A 和 B 都不对

1. 技师 A 说，在车间应该穿鞋底不滑的鞋子。技师 B 说，穿脚尖处镶有钢片的鞋子可以更好地保护你的脚。请问谁的说法正确？（　　）

2. 技师 A 说，有些设备在使用时如果超过它的额定值就会损坏。技师 B 说，动力设备可以在无人看管下任其运转。请问谁的说法正确？（　　）

3. 技师 A 说，工作时应将长发绑在脑后。技师 B 说，可以戴一顶无缘帽子将头发压在里面。请问谁的说法正确？（　　）

4. 技师 A 说，可以用压缩空气吹掉衣服和头发上的赃物。技师 B 说，只有在室外才能这样做。请问谁的说法正确？（　　）

5. 在讨论如何正确举升和搬运重物时，技师 A 说，搬运时应该弯腰。技师 B 说，搬运时只能弯曲膝盖。请问谁的说法正确？（　　）

6. 技师 A 说，拿着喷头对着皮肤吹压缩空气时，高压空气有可能穿透皮肤。技师 B 说，如果高压空气进入血管将是致命的。请问谁的说法正确？（　　）

7. 技师 A 说，维修汽车时应该戴好眼睛保护用品。技师 B 说，如果是在凳子上捶打零件可以摘掉护目镜。请问谁的说法正确？（　　）

8. 技师 A 说，发生火灾时打开门窗适当通风很重要。技师 B 说，C 级火灾灭火器可以用于大部分普通易燃物引起的火灾。请问谁的说法正确？（　　）

9. 技师 A 说，举升汽车时应该支撑在车架的前后端。技师 B 说，车辆如果举升不当可能造成永久性的弯曲变形。请问谁的说法正确？（　　）

10. 技师 A 说，应该将危险性废料存放在地下室里。技师 B 说，根据有关法律，可以将某些危险性废料直接排入下水道。请问谁的说法正确？（　　）

11. 在谈论传动系统的作用时，技师 A 说它的作用是将发动机的动力传到驱动轴。技师 B 说传动系统的作用是控制驱动轮的动力使车辆安全转向。请问谁的说法正确？（　　）

12. 技师 A 说齿轮用来传递转矩给传动系统的各个部分。技师 B 说齿轮用来增大转矩。请问谁的说法正确？（　　）

13. 在谈论万向节时，技师 A 说万向节消除了发动机功率的震动。技师 B 说它使驱动轴能随着驱动桥和悬架的跳动而摆动。请问谁的说法正确？（　　）

14. 在谈到差速器的作用时，技师 A 说它允许驱动轮在转向时以不同的速度旋转。技师 B 说差速器上的主减速器齿轮能改变变速箱送来的转矩的大小。请问谁的说法正确？（　　）

15. 在谈论前驱车时，技师 A 说差速器通常是变速驱动桥总成的一部分。技师 B 说驱动轴通常由驱动桥的一侧延伸到另一侧。请问谁的说法正确？（　　　）

16. 技师 A 说四轮驱动汽车通常用分动器将发动机的转矩传递到前桥和后桥。技师 B 说四驱车通常有两个离合器、两个差速器、两个传动轴。请问谁的说法正确？（　　　）

三、简答

1. 传动系统的主要作用是什么？

2. 为什么变速箱装有多种齿数比的齿轮？

3. 变速驱动轴和变速箱的区别是什么？

4. 为什么传动系统中要使用万向节和等速万向节？

项目 2

离合器拆装与调整

【学习目标】

知识目标：

（1）了解离合器总成的主要组成、类型、总成及各组成部分的作用。

（2）理解机械式、钢索式和液压式离合器操纵机构的作用方式及调整方法。

技能目标：

（1）能检查、调整离合器踏板杆系、钢索和自动调节机构，踏板的自由行程。

（2）能检查更换分离轴承、压盘总成、从动盘组件，飞轮轴承、飞轮和齿圈。

（3）会检查、修理和更换离合器主从缸和管道并排除系统中的空气。

（4）会分析故障现象，诊断与离合器有关的故障并予以排除。

【教学实施】

将学生分小组，每组 5 人以内，在实训室完成离合器总成拆装与操纵机构的调整，并拆卸检修离合器各个部件，用离合器模型或实物配合多媒体讲解其基本结构和工作原理，介绍常见故障及分析处理。

任务 2.1 离 合 器 的 检 修

【本任务内容简介】

（1）离合器总成拆卸、检查与安装。

（2）离合器的踏板自由行程调节、操纵杆系自由行程调节的一般步骤，离合器液压操纵机构的拆装。

2.1.1 离合器总成拆装与检查

1. 离合器总成拆卸

首先要参阅维修手册，确定是否不用拆下发动机就可拆下变速器。如果变速器和发动机必须作为一个装置拆下，则当从汽车上将它们拆下后，再按照手册指南拆下发动机，并将它们分离。变速器能单独拆下时，用举升器升起汽车。在拆下变速器或发动机之前，先拆下蓄电池负极电缆。在汽车下面工作时，要使举升器在该位置锁定，并且要戴上安全眼镜。拆下离合器操纵杆系，通常，这一工作是在分离叉和钟形飞轮壳处完成。在后轮驱动式汽车上，必须拆下传动轴。拆卸前，需要从变速器中排尽油液，然后从后桥装置中卸下后轴凸缘螺栓，从变速器中拉出轴。

将变速器从发动机上分离下来时，不要让变速器的全部重量作用在输入轴上。当分离

11

总成的时候使用适当的器具和千斤顶。使用链子将变速器安全地固定在千斤顶上。

在前轮驱动式汽车上，在将变速驱动桥从发动机上拉出之前，通常先拆下驱动轴。为了拆下轴要拆卸一些零件，用钢丝绳将它们悬挂起来，以免因自身重量而自由落下。

2. 离合器总成检查与安装

应当检查飞轮是否有过大的径向圆跳动。在拆下飞轮前应标记飞轮与曲轴的对中记号，使飞轮重新安装时，保持发动机安装的原有平衡。装压盘前，不要让螺栓超出孔的底部。压盘组件松动可能撕裂飞轮，损坏离合器和相关零件。

离合器总成检查与安装的典型步骤详见表 2.1。

表 2.1　　　　　　　　　　　　　离合器总成检查与安装典型步骤

（1）图示状态可以拆卸和更换离合器总成。飞轮装在曲轴后端，离合器总成装在飞轮上	（2）在分解离合器之前，要在压盘和飞轮上作定位记号	（3）拧松连接螺栓后当用一只手拆下螺栓，用另一支手支承总成

（4）检查压盘表面是否有烧伤、翘曲和裂纹	（5）用直尺和塞规检查压盘的翘曲或变形	（6）检查飞轮表面，通常可修复飞轮表面，去除任何缺陷
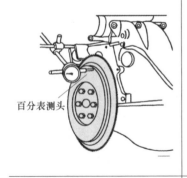 百分表测头	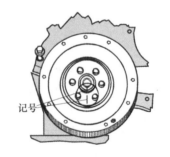 记号	
（7）检查飞轮的端面跳动	（8）标记飞轮与曲轴的对中记号	（9）当将压盘移到合适位置时，将离合器从动盘放进压盘里，要使从动盘面向正确的方向

续表

（10）按拆卸时的定位标记	（11）使用对中工具安装压盘总成和从动盘组件（使从动盘与飞轮对中），安装连接螺栓	（12）从动盘对中后，按照维修手册说明的步骤拧紧连接螺栓

2.1.2　离合器操纵机构的调整

1. 离合器踏板自由行程调节

离合器踏板自由行程是离合器分离叉触头与分离轴承座之间的间隙。踏板总程是踏板从自由行程消失时到离合器完全分离的总移动量。自由行程过小可使分离轴承一直压在压盘或推力环上，这将使分离轴承和压盘迅速磨损，离合器打滑；过大的自由行程在完全踩下踏板时可阻止离合器完全分离，造成齿轮撞击和换挡困难。在调整自由行程前，应当检查、修理和润滑操纵杆（图 2.1）。

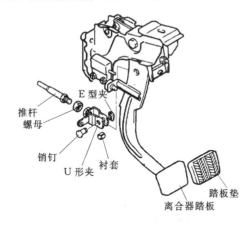

图 2.1　离合器操纵杆系的润滑点

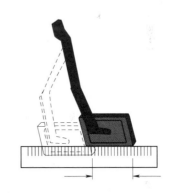

图 2.2　测量离合器踏板的自由行程

离合器踏板自由行程的大小随汽车的构造和型号不同而变化。在大多数汽车中，只要踏板自由行程减少到 13mm 以下时，就应予以调节。自由行程可在汽车离合器踏板上测量（图 2.2），这种测量仅在已经给定了操纵杆系自由行程调节量的汽车上进行。如果踏板自由行程不能重新调节到 13～45mm，则需要修理或更换操纵杆系。操纵离合器踏板时，观察操纵杆系是否松动，由于 U 形夹孔和销钉的一些磨损，或者是在离合器踏板臂或连杆臂上的衬套和轴的磨损，都可能由于松动而产生无效运动。

2. 离合器操纵杆系调节自由行程的一般步骤

（1）将离合器回位弹簧与分离叉分开。将分离叉杆拉杆锁紧螺母拧松 3～4 圈。

（2）如果无自由行程，用扳手转动拉杆，使其缩短，直到拉杆离开离合器分离叉为止。

（3）向后移动离合器分离叉，直到分离轴承轻轻接触离合器压盘分离指为止。

（4）调节拉杆长度，直到它刚好接触分离叉中的底座。

（5）调整螺母和拉杆套筒端部锁母直到可获得约5mm的间隙。用扳手转动拉杆，直到螺母刚好接触拉杆套筒端部。

（6）用扳手固定拉杆，相对于套筒拧紧锁紧螺母。安装离合器回位弹簧。

（7）在踏板上检查自由行程，并与规定值比较。如果自由行程不在规定范围内，则重新调节操纵杆系。

（8）作为最终检查，在发动机怠速运转下测量自由行程，该尺寸不应小于13mm。

（9）测量踏板总行程，并与规定值比较。如果踏板行程小于规定值，微调踏板橡胶限块增加行程，即移动它直到踏板行程在规定范围内。踏板位置非常高可能是由于踏板限位块位置不正确、损坏或丢失造成的。

离合器操纵杆系的调节如图2.3所示。

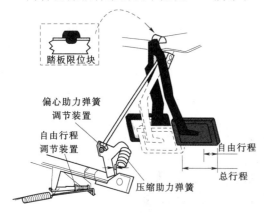

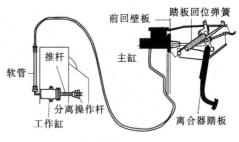

图2.3 离合器操纵杆系的调节　　　　　图2.4 典型的液压离合器系统

3. 离合器液压操纵机构的拆装

典型离合器液压操纵机构如图2.4所示。常见的故障有：油液泄漏，活塞密封磨损，系统中存在空气，腐蚀增加等。离合器液压操纵机构拆装的典型步骤见表2.2。

表2.2　　　　　　　　　　离合器液压操纵机构拆装的典型步骤

| （1）检查整个液压回路，要保证没有泄漏 | （2）检查离合器连杆机构是否磨损，在做下一步之前修理排除故障 | （3）必须使主缸和从动缸所有安装点牢固可靠，在踩下踏板承受压力时，不会弯曲 |

（4）在主缸中添加允许的液体	（5）把管子的一端连到放油螺栓的末端，另一端放到盒内，然后拧松从动缸的放油螺栓	（6）一人全力踩下离合器踏板，连续三次快慢结合，踩下抬起，使空气和液体从系统中排出来

| （7）另一人将从动缸上的放气螺钉拧松。立即关闭放气螺钉，释放离合器踏板 | （8）重复步骤序号（6）和（7），直到取下放气螺钉油中没有空气为止。拧紧放油螺栓 | （9）补足液压油，连续踩踏离合器踏板几次，如果离合器不满足要求，重复放气过程 |

任务 2.2　离合器及操纵机构的结构分析与故障诊断

【本任务内容简介】

（1）离合器的作用，摩擦式离合器的组成、工作原理和构造分析。

（2）离合器打滑、抖动、振动、踏板跳动、拖滞、卡死及异常响声等故障的诊断。

2.2.1　离合器的结构分析

1. 离合器的作用

离合器安装在发动机与变速器之间（图 2.5），通常与发动机曲轴飞轮组安装在一起，是发动机与汽车传动系之间切断和传递动力的部件。

汽车从起步到正常行驶的整个过程中，驾驶员可根据需要操纵离合器，使发动机和传动系逐渐接合或暂时分离，以传递或切断发动机向传动系输出的动力。具体内容如下：

（1）离合器使发动机与变速器之间能逐渐接

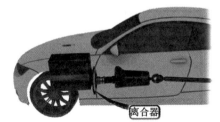

图 2.5　离合器安装位置

合，从而保证汽车平稳起步。

（2）离合器暂时切断发动机与变速器之间的联系，以便于换挡和减少换挡时的冲击。

（3）当汽车紧急制动时能起打滑作用，防止变速器等传动系统过载，从而起到一定的保护作用。

2. 摩擦式离合器的组成和工作原理

离合器总成安装在发动机的后方，连接着曲轴上的飞轮。其用途是平稳接合或分离，使发动机的功率平稳传递到传动链的各个部分。当驾驶员踩下离合器踏板时，离合器分离，发动机与传动链分离。这样，车辆静止时发动机仍能运转。当离合器踏板逐渐抬起时，离合器便开始接合，发动机和传动链又开始逐渐平稳地连接在一起。

驾驶员可以由自己的意愿，通过操纵离合器和手动变速箱，来连接和分离发动机和变速箱之间的动力传递。实现换挡。

几乎在所有的轿车和卡车中离合器总成都被安装在发动机和变速箱之间。飞轮用螺栓安装在发动机曲轴的后端，离合器用螺栓安装在飞轮上。离合器通过变速箱的输入轴与发动机相连。

（1）离合器的组成。离合器总成的主要部分是离合器壳、飞轮、离合器轴、摩擦片、压盘总成、分离轴承和离合器操纵机构（图2.6）。离合器壳是一个钟形的金属铸件，它与发动机和变速箱或变速驱动桥相连。它覆盖着离合器总成也支撑着变速箱或变速驱动桥。

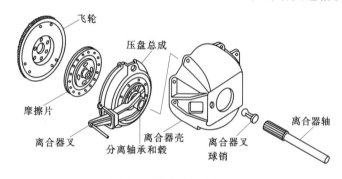

图 2.6　离合器基本部件

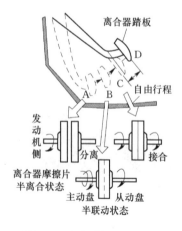

图 2.7　离合器的工作原理

（2）离合器的工作原理。如果两个盘片安在同一轴线上而且没有相互接触，我们就能在不影响另外一个盘片的情况下使一个盘片旋转，达到我们想要的速度。当两个盘片接触到一起时，旋转的盘片就会带动另外一个盘片开始旋转。当这两个盘片紧紧接合的时候，它们就会如同一个盘片一样一致旋转。汽车的离合器运用的就是这个原理（图2.7）。飞轮就如同其中一个盘片，离合器的压盘相当于另外一个盘片。另外，还有一个压在这两个盘片中间的摩擦片，通过摩擦力来连接它们。

离合器从动盘组件被夹在飞轮和压盘总成之间，

是离合器总成的从动部件。飞轮驱动从动盘的前侧而压盘驱动其后侧。从动盘的中心是一个带花键的毂，它与离合器轴上的花键相啮合。压盘通过弹簧的张力保持与从动盘的后面接触。当离合器分离时，压盘被分离轴承放松，分离轴承利用杠杆的作用将压盘拉离从动盘。分离叉与分离轴承夹在一起，他们一起被固定在离合器壳内的支点上，并通过离合器操纵机构和踏板进行操纵。

　　若使离合器分离，驾驶员要踩下离合器踏板。操纵机构使分离轴承和分离叉向前运动，使压盘离开摩擦片（图 2.8）。由于摩擦片不再与飞轮和压盘相接触，就称为离合器分离，此时动力流中断。随着离合器踏板的放松，压盘总成逐渐移向离合器摩擦片，将摩擦片夹在飞轮和压盘之间，若此时变速箱处啮合状态，摩擦片的转动将使驱动轮也随着转动。

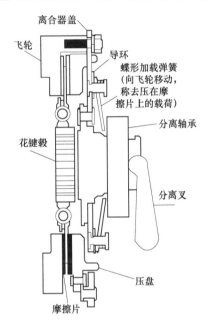

图 2.8　离合器总成主要部件

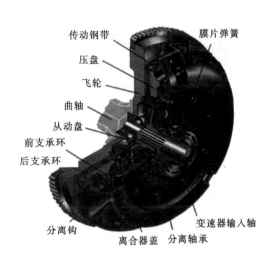

图 2.9　典型膜片弹簧离合器

3. 摩擦式离合器的构造分析

　　（1）膜片弹簧压盘。膜片弹簧压盘（图 2.9）使用锥形的膜片弹簧将压盘压紧在从动片上。这个弹簧通常由铆钉固定在离合器盖上。当压力作用在弹簧的中间时，弹簧的外径有伸直的倾向。当压力释放的时候，膜片弹簧就还原为锥形。膜片弹簧的中部被加工成许多指状的结构，起到分离杠杆的作用，因此把这种指状结构称为分离指。当离合器分离时，分离轴承就压在这种指状结构上。膜片弹簧绕着支点转动。这样膜片弹簧的外圈就从飞轮上分离。回位弹簧将压盘拉离从动片，离合器就分离开了。

　　当离合器接合的时候，分离轴承与膜片弹簧的分离指脱离。随着分离指绕着其支点移动，膜片弹簧的外圈在压力的作用下将压盘紧紧地压在从动片上。这个时候，从动片被紧紧夹在飞轮与压盘之间。在压盘的外缘，膜片弹簧向外扩张，使压盘紧紧压着从动片。膜片弹簧还有一种有别于其他弹簧的特点。即随着摩擦片的磨损，作用在压盘上的力将会增大。而对于其他类型的压盘，压力将会减小。相对于其他类型的离合器，膜片弹簧离合器更受青睐，因为其结构紧凑，重量轻，操作力小，且运动部件少，减小了磨损。

（2）螺旋弹簧离合器。螺旋弹簧离合器（图2.10）的弹簧安装在离合器盖内并均匀地分布在压盘的四周。螺旋弹簧施加的压力将压盘紧紧地压在飞轮上。当离合器分离时，分离杠杆释放了弹簧的夹紧力，这时从动盘不再随着压盘和飞轮旋转。这些压盘通常装有三根分离杠杆，每根分离杠杆有两个接触点。第一个附着在铸造压盘的基座中成为杠杆的支点；另一个附在分离轴承上，用以接受操作力。分离叉用螺栓铰接到离合器盖上（图2.11）。

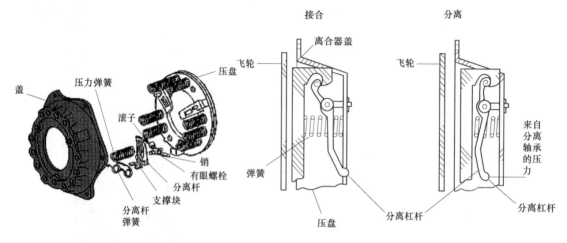

图2.10　螺旋弹簧压盘组件　　　　图2.11　螺旋弹簧压盘分离时的杠杆运动简图

离合器分离时，分离轴承将分离杠杆的内端推向飞轮。这时分离杠杆的外端将压盘拉离从动片。这个动作使弹簧压缩，离合器分离。当离合器接合时，分离轴承移开，弹簧释放压力将压盘压在从动盘上。这样从动盘就与飞轮连为一体将发动机转矩传递到变速箱。

离合器总成的各个部件都装在离合器盖中，称为压盘总成。一些离合器盖允许离合器进行散热，在离合器盖上设计有通风结构，强迫空气在离合器内循环。离合器的传力效率受热的影响，因此，使离合器总成冷却能使其工作得更好。

2.2.2　离合器的故障诊断

1. 离合器打滑

当驾驶员让离合器接合并使发动机的转速增加，但是汽车在路上的速度没有变化时，这表明离合器严重打滑。在车间里也能证明存在打滑。踩下离合器踏板，然后将变速器挂在高挡，将发动机转速增加到约2000r/min，慢慢松开离合器踏板，直到离合器接合为止，发动机应立即失速。如果发动机在几秒钟内没有失速，则说明离合器正在打滑。应该踩下离合器踏板迅速结束试验。

将汽车升起，检查操纵杆系，检查零件是否磨损或卡死，同时要检查发动机支座是否松动或磨损。离合器调节过度会使离合器处于半分离状态造成打滑，在液压操纵机构系统中要确保主缸的回流孔不堵塞。离合器打滑的其他原因主要有从动盘衬片浸油或磨损、飞轮或压盘翘曲、压盘弹簧变软或分离轴承与分离指接触等，应拆检修理，排除故障。

从动盘油污，通常要查看发动机后主密封或变速器前密封处有无渗漏。在安装新离合器从动盘之前，必须解决油的渗漏。

2. 离合器抖动

离合器抖动是在其接合过程中产生颤动或是振动，离合器充分接合时，抖动将停止。

起动发动机，完全踩下离合器踏板，将变速器挂在第一挡，使发动机转速增加到约 1500r/min，慢慢松开离合器踏板，检查有无抖动。

离合器抖动通常是由发动机支座破裂、离合器衬片或压盘变光滑引起的。应该检查发动机后主密封、变速器第一轴密封和离合器从动缸；还应当检查发动机和变速器支座是否破裂和磨损。产生离合器抖动的其他原因可能包括离合器从动盘翘曲、从动盘衬片烧伤或严重磨损、变速器支承不正确、过热、固定螺钉松动、变速器第一轴不对中等。

3. 离合器异常响声

离合器的大多数噪声是由轴承和衬套造成的。分离轴承产生沙沙声、嘎嘎声，踩下离合器时出现这些噪声，完全分离时又消失；导向轴承的噪声像蜂鸣声，在天气寒冷时尤其引人注意。

一个简单的试验有助于确定离合器系统哪个轴承有噪声。调整手制动器，变速器处空挡位置，发动机怠速运转，接合离合器，听听发动机和变速器发出的所有声响。如果听到轴承有噪声，则故障就在变速器第一轴轴承处；踩下离合器踏板直到自由行程消除，使分离轴承与分离指端刚好接触，此时离合器一点没有分离，噪声应出自分离轴承；最后，将离合器踏板踩到底，使离合器分离，此时若噪声增大，则可能是导向轴承产生噪声。

轴线未对中是产生离合器故障的常见原因。变速器输入轴必须与发动机曲轴完全对中，并与飞轮摩擦表面垂直。输入轴轴承或导向衬套、轴承磨损将使第一轴未对中，输入轴或离合器从动盘翘曲也会使轴线未对中，这些一般是由变速器的安装和拆卸不仔细引起的。如果变速器安放时支承不正确，它可能由于重量使轴或从动盘变形。

4. 离合器振动

离合器踏板在任何位置都会产生离合器振动，通常在标准工作速度时产生。整个汽车都能感觉出离合器振动。为了判定产生离合器振动的原因，可升起汽车，查看有无发动机可能与车架或车身摩擦的迹象，进而检查发动机支座；检查发动机附件的所有安装，如果所有的安装良好，则振动可能是由离合器装配引起的。产生离合器振动的原因可能是飞轮螺栓松动、飞轮径向圆跳动过大、飞轮或压盘组件不平衡、零件不平衡或轴线未对中等。

5. 离合器拖滞

当完全踩下离合器踏板，而离合器从动盘没有完全分离时，就会产生离合器的拖滞转动。这会使换挡时撞齿。踩下踏板后，转动的离合器从动盘、输入轴和变速器齿轮到停止转动的时间如果超过 5s，视为离合器严重拖滞。

为了检查离合器的拖滞，起动发动机，踩下离合器踏板，将变速器换到第一挡，然后将变速器置于空挡，等 5～10s，然后试着将变速器换成倒挡。如果换挡引起齿轮撞击，说明离合器拖滞严重，应升起汽车，检查离合器操纵杆系。如果操纵杆系没有问题，则必须分解和检查离合器；离合器拖滞可能是由从动盘或压盘翘曲，从动盘衬片松动，离合器踏板调节不正确，或分离叉有缺陷引起的。

6. 离合器踏板跳动

踏板跳动指的是离合器接合或分离时踏板迅速地上下跳动。踏板的跳动通常很小，但通过踩踏板可感觉出来。为了进行跳动试验，起动发动机，缓慢踩下离合器踏板，踩下踏板时要十分小心。有非常小的跳动是正常的，然而如果跳动十分显著或严重，就需要分解并检查离合器总成。踏板跳动通常是由分离叉断裂、弯曲或翘曲，离合器壳未对中，或压盘、飞轮或离合器从动盘翘曲引起的。

7. 离合器卡死

金属表面磨损

图 2.12　磨损的分离轴承毂

如果离合器踏板工作不平稳，则要检查离合器操纵杆系是否卡得太紧，轴承挡环是否磨损或出现沟槽(图 2.12)，确保要用锂基润滑脂微微润滑挡环。如果离合器踏板能运动但不能使离合器分离，则要检查操纵杆系是否磨损或调节不正确。从动盘不要安装得太靠后。同时要检查从动盘毂花键是否有适当的润滑。检查分离叉，务必使它在枢轴上，而且没有翘曲、裂纹或过度磨损。检查导向轴承或衬套的工作情况，导向轴承损坏可以通过阻止输入轴平稳转动而使从动盘卡紧，或使输入轴晃动，这将使从动盘继续与飞轮或压盘接触。这种故障能够引起齿轮撞击以及分离不良。

习　　题

实操题

1. 离合器自由行程的调整。
2. 离合器摩擦片的更换。
3. 离合器液压传动机构排空气。
4. 离合器液压操纵机构的拆装。

理论题

一、填空题

1. 离合器壳也称为＿＿＿＿＿＿＿＿。

2. 飞轮外侧圆周的轮齿用于＿＿＿＿＿＿＿的齿圈。

3. 从动盘沿＿＿＿＿＿＿＿轴的花键移动。

4. 有两种干式的离合器从动盘：＿＿＿＿＿＿＿和＿＿＿＿＿＿＿。

5. 压盘与＿＿＿＿＿＿＿和＿＿＿＿＿＿＿结合和分离。

6. 柔性离合器从动盘在其中心毂处有＿＿＿＿＿＿＿弹簧。

7. 当离合器踏板＿＿＿＿＿＿＿时，压盘与从动盘和飞轮分离。

8. 当离合器分离时，压盘由＿＿＿＿＿＿＿释放。

9. 液压式离合器操纵机构包括：＿＿＿＿＿＿＿、＿＿＿＿＿＿＿和＿＿＿＿＿＿＿。

10. 在钢索型操纵机构中，张力维持是通过使用＿＿＿＿＿＿＿和带齿的＿＿＿＿＿＿＿。

二、选择题

以下各题，请在 A、B、C、D 四个答案中选一个你认为正确的答案：

A. 只有 A 对；B. 只有 B 对；C. A 和 B 都对；D. A 和 B 都不对

1. 当谈论离合器从动盘的安装方式时，技师 A 说，用螺栓连接在飞轮上，技师 B 说

他通过花键与变速箱输入轴相连。请问谁的说法正确？（　　）

2. 当讨论从动盘的扭转减振弹簧的时候，技师 A 说，当他们快速结合时扭转减振弹簧可缓冲盘上突发载荷。技师 B 说，扭转弹簧可允许离合器从动盘和毂产生轻微的转动。请问谁的说法正确？（　　）

3. 讨论飞轮的作用时，技师 A 说，它起一个离合器从动盘散热装置的作用。技师 B 说，它用作发动机的减振器。请问谁的说法正确？（　　）

4. 当讨论离合器总成的运作时，技师 A 说，当踩下踏板时，分离轴承被推入压盘的中心，释放了从动盘上压盘的压力。技师 B 说，一般来说从动盘被压盘压在飞轮上。请问谁的说法正确？（　　）

5. 当谈论液压式离合器操纵机构时，技师 A 说，用于汽车制动的主缸也用于离合器。技师 B 说，从动缸连接与离合器踏板并随踏板压下而增加其液压力。请问谁的说法正确？（　　）

6. 技师 A 说，常运行分离轴承用于液压控制离合器。技师 B 说，分离轴承移动压盘使离合器分离。请问谁的说法正确？（　　）

7. 当讨论到钢索型离合器操纵机构时，技师 A 说，由于其价格昂贵，结构复杂，通常不使用。技师 B 说，许多新型轿车使用自调节钢索与离合器操纵机构。请问谁的说法正确？（　　）

8. 当讨论不同类型的离合器的时候，技师 A 说，柔性从动盘离合器最常用。技师 B 说，离合器从动盘仅使用在需要强踏板力的情况下。请问谁的说法正确？（　　）

9. 当讨论导轴承时，技师 A 说，仅变速箱输入轴很长时才有必要。技师 B 说，他们作用与离合器操纵机构低摩擦的支点。请问谁的说法正确？（　　）

10. 当讨论不同类型的压盘时，技师 A 说，螺旋弹簧不常用，因为弹簧力很强时需要很大的踏板力。技师 B 说，膜片弹簧压盘不常用，因为他们要在钟型壳中占据过多的空间。请问谁的说法正确？（　　）

三、简答题

1. 定义离合器总成的作用。

2. 列出和描述离合器总成的主要部件。

3. 描述离合器的工作原理。

4. 比较螺旋弹簧压盘和膜片弹簧压盘的运行。

5. 定义离合器总成每个重要部件的作用。

6. 描述机械杠杆式离合器操纵机构的运行。

7. 描述钢索型操纵机构的运行。

8. 描述离合器液压操纵机构的运行。

9. 解释为什么有些汽车装备有半离心式压盘。

10. 描述柔性离合器从动盘的结构，说明为什么这些结构有别于刚性从动盘。

变速器拆装与故障诊断

【学习目标】

知识目标：

理解典型手动与自动变速器及各零部件的作用和工作原理、各挡动力流路线。掌握变速驱动桥和变速器的异同，理解它们换挡机构的工作原理。掌握单向离合器和锁止离合器、单排行星齿轮机构和换挡执行元件的功用和工作原理并掌握自动变速器电子控制系统的基本组成和工作原理。

技能目标：

（1）能正确使用专用工具对变速器和变速驱动桥实施拆装。

（2）掌握换挡机构的检修方法。

（3）掌握同步器、齿轮、轴的检测方法，掌握主减速器锥齿轮啮合面和间隙的检调方法。

（4）掌握变速器的典型故障诊断方法。

（5）掌握自动变速器选挡杆使用。

（6）能够正确检修液力变矩器。

（7）掌握辛普森行星齿轮变速器的检修和简单故障诊断与排除。

（8）掌握自动变速器电子控制系统的检修。

（9）掌握自动变速器故障码的读取与清除方法。

【教学实施】

将学生分小组，每组 5 人左右，先在实训室进行手动变速器的拆装；老师在现场讲述手动变速器及其相应零部件的结构特点、功用和工作原理；同时学生对各零部件进行检测维修。完成手动变速器任务后，在实训室以现场实物教学和多媒体教学相结合进行自动变速器的拆装与检修同时老师讲述系统组成原理和元件结构、拆装方法等；学生进行变速器油面高度与质量检测，老师示范并讲解自动变速器的试验方法，最后教师抽组考核，组长进行组内考核。

任务 3.1　手动变速器拆装实操指导

【本任务内容简介】

本任务学习汽车变速器总成的分解组装的典型步骤和注意事项。

3.1.1　变速器总成的分解

以 020 五挡手动变速器为例，说明手动变速器分解的典型过程：

（1）准备。固定变速器（图 3.1），将润滑油放出；锁紧输入轴（图 3.2）。

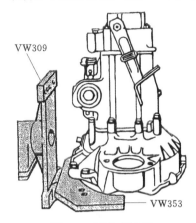

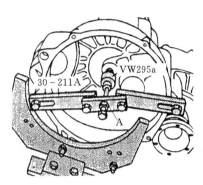

图 3.1　固定变速器　　　　　　　　　图 3.2　固定输入轴

（2）拆下变速器壳体盖。拆下六颗固定螺钉，取下盖体，如图 3.3 所示；盖的结构如图 3.4 所示。

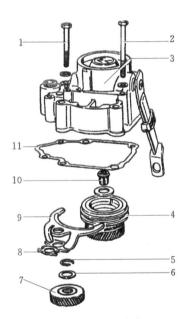

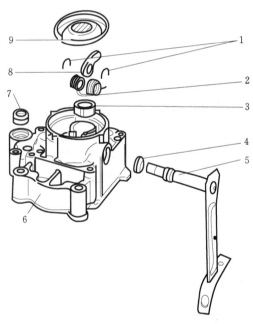

图 3.3　拆变速器壳体盖

1、2—固定螺钉；3—盖体；4—四挡主动齿轮；5—弹性挡圈；6—挡圈；7—五挡从动齿轮；8—锁片；9—五挡拨叉；10—轴头螺钉；11—密封垫

图 3.4　变速器壳体盖结构

1—弹性垫圈；2—回位弹簧；3—螺母；4—定位螺母；5—离合器杠杆轴；6—盖体；7—螺塞；8—分离杠杆；9—端盖

（3）拆变速器壳体。如图 3.5 所示，拆下第五挡锁止螺栓、选挡换挡轴止动螺栓 9，并按如下步骤进行：①用专用扳手拧下选挡换挡轴端盖螺栓 7；②将换挡拨叉置于空挡位置，拔出选挡换挡轴 5；③拧下倒挡轴的六角锁止螺栓 2；④从驱动法兰上拆下端盖、弹性挡圈和碟形弹簧 14；⑤如图 3.6 所示，通过长孔将两个 M8×30 的六角螺钉拧到驱动法兰上将其拉出；⑥拆下图 3.3 中转接管、五挡拨叉 9、同步器及齿轮 4、用拉马取出五挡

从动齿轮7；⑦如图3.7所示拉出变速器壳体。

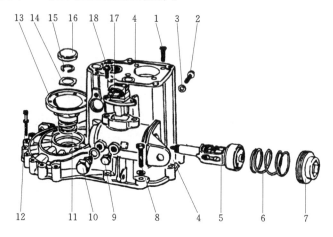

图3.5 拆变速器壳体

1—沉头螺栓；2、8、12、18—六角螺栓；3—油封；4—变速器壳体；5—选挡换挡轴；
6—压力弹簧；7—挡盖；9—选挡换挡轴止动螺栓；10—五挡锁止螺栓；11—压力
弹簧；13—驱动法兰；14—碟形弹簧；15—弹性挡圈；16—端盖；17—开关

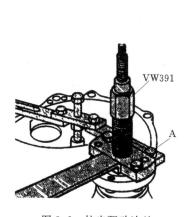

图3.6 拉出驱动法兰

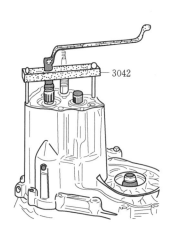

图3.7 拉出变速器壳体

（4）拆输入输出轴。如图3.8拆出换挡杆28、换挡拨叉总成26，把输入、输出轴整体拆出。

（5）拆卸输入轴（图3.8）。①从离合器壳体的孔中拉出换挡杆28，来回摆动取下换挡拨叉26；②拆下四挡齿轮/输出轴弹性挡圈；③拆下四挡齿轮；④拆下输入轴总成。

（6）输出轴拆卸。①拆下三挡齿轮弹性挡圈；②拆下三挡齿轮、二挡同步齿轮同步环合滚针轴承；③拆下倒挡齿轮；④拆下一挡齿轮、同步齿毂/滑动齿套；⑤拧下轴承盖螺栓拆下输出轴。

（7）拆差速器。如图3.8，拆下驱动法兰端盖17、弹性挡圈16、蝶形弹簧18，拉出驱动法兰15（方法同另一侧），取出差速器13。

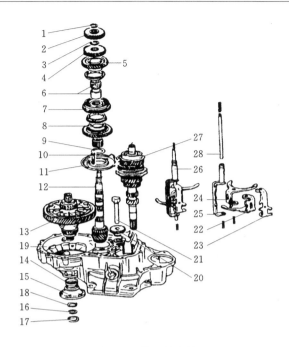

图 3.8　输入输出轴

1、3、16—弹性挡圈；2—四挡齿轮；4—三挡齿轮；5—二挡同步器齿轮；6—二挡滚针轴承；7—滑动齿套/
同步器齿毂；8——挡同步器齿轮；9—垫圈；10—六角螺栓；11—轴承盖；12—输出轴；13—差速器；
14—压力弹簧；15—驱动法兰；17—端盖；18—蝶形弹簧；19—离合器壳体；20—倒挡齿轮；
21—倒挡轴；22—换挡拨叉；23—倒挡拨叉；24—三、四挡拨叉；25—五挡换挡弓；
26—换挡拨叉总成；27—输入轴；28—换挡拉杆

3.1.2　变速器总成的组装

装配顺序与拆解相反，不再赘述。

任务 3.2　手动变速器及操纵机构分析

【本任务内容简介】

（1）变速器的功用与类型。

（2）手动变速器变速传动机构分析。包括二轴式、三轴式、组合式齿轮变速器的变速传动机构分析，锁环式和锁销式惯性同步器的结构分析。

（3）手动变速器的直接操纵式、远距离操纵式操纵机构及换挡锁定装置的结构原理分析。

（4）手动变速器的跳挡、乱挡、挂挡困难、异响、漏油等故障的诊断。

3.2.1　变速器的功用与类型

1. 变速器的功用

（1）实现变速变矩。汽车上所应用的发动机具有转矩变化范围小、转速高的特点，这与汽车实际的行驶状况是不相适应的。汽车起步的时候需要低速大扭矩，而大扭矩一般出现在 3000r/min 左右，若把此转速直接输入驱动桥，汽车车速会很高，约达 200km/h 以上，显然必须改变发动机的转矩-转速特性，以适应汽车实际行驶的要求。变速器是通过不同的挡位来实现这一功用的。这一过程一般概括为减速增矩。

（2）实现倒车。发动机的旋转方向从前往后看为顺时针方向，不能改变，为了实现汽车的倒向行驶，变速器中设置了倒挡。

（3）实现中断动力传动。在发动机起动和怠速运转、变速器换挡、汽车滑行和暂时停车等情况下，都需要中断发动机的动力传动，因此变速器中设有空挡。

2. 变速器的类型

现代汽车上所采用的变速器有多种结构形式，一般可按照传动比和操纵方式分类。

（1）按传动比的变化方式分。变速器按传动比的级数可分为有级式、无级式和综合式三种。

1）有级式。有级变速器采用齿轮传动，具有若干个定值传动比。轿车和轻、中型货车变速器多采用 3～5 个前进挡和一个倒挡，每个挡位对应一个传动比。重型汽车行驶的路况复杂，变速器的挡位较多，前进挡可有 8～20 个挡位。齿轮式变速器具有结构简单、易于制造、工作可靠、传动效率高等优点。这种齿轮式的有级变速器按照结构不同又可以分为二轴式和三轴式变速器。二轴式变速器广泛用于发动机前置前轮驱动的轿车，而三轴式变速器可应用于其他各类型车辆。

2）无级式。无级式变速器英文缩写为 CVT，它的传动比的变化是连续的。目前的无级变速器一般都是采用金属带传动动力，通过主、从动带轮直径的变化实现无级变速。这种变速器在中、高级轿车的应用越来越多。

3）综合式。综合式变速器是由液力变矩器和有级齿轮式变速器组成的，一般都是由电脑来自动实现换挡，所以多把这种变速器称为自动变速器。这种变速器的传动比可在最大值与最小值之间的几个间断的范围内作无级变化，目前应用较多。

（2）按变速器操纵方式分。按变速器操纵方式可分为手动变速器、自动变速器和手动自动一体变速器三种。

1）手动变速器。手动变速器的英文缩写为 MT，即 Manual Transmission 的缩写。它是通过驾驶员用手操纵变速杆来选定挡位，并直接操纵变速器的换挡机构进行挡位变换。齿轮式有级变速器大多数都采用这种换挡方式。

2）自动变速器。自动变速器的英文缩写为 AT，即 Automatic Transmission 的缩写。这种变速器的自动控制系统根据发动机的负荷和车速的变化情况自动地选定挡位，并进行挡位变换，即自动地改变传动比。驾驶员只需要操纵加速踏板控制车速。

3）手动自动一体变速器。这种变速器可以自动换挡，也可以手动换挡，比较典型的如奥迪 A6 的 Tiptronic，上海帕萨特 1.8T 也装有手动自动一体变速器。

（3）按轴的结构形式分。按轴的结构形式分为二轴式、三轴式和组合式三种。

1）二轴式。变速器只有一根输入轴和一根输出轴。

2）三轴式。变速器除有输入轴、输出轴外，有一根中间轴。

3）组合式。组合式变速器是指由两个以上变速器串联，以获得更宽的变速范围。比如两个五挡变速器串联可获得 5×5＝25 个挡位，一般应用在大中型载重车和工程机械上。

3.2.2 手动变速器变速传动机构分析

1. 二轴式齿轮变速器

二轴式变速器用于发动机前置前轮驱动的汽车,一般与驱动桥合称为手动变速驱动桥。目前,我国常见的国产轿车均采用这种变速器,如桑塔纳、捷达、富康、奥迪等。

前置发动机有纵向布置和横向布置两种形式,与其配用的二轴式变速器也有两种不同的结构形式。发动机纵置时,主减速器为一对圆锥齿轮,如奥迪100、桑塔纳2000轿车,如图3.9所示;发动机横置时,主减速器采用一对圆柱齿轮,如捷达轿车,如图3.10所示。

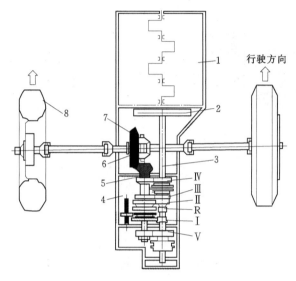

图 3.9 前轮驱动纵向布置二轴式变速器传动示意图

1—发动机;2—离合器;3—变速器输入轴;4—变速器输出轴;5—差速器行星轮;

6—差速器从动锥齿轮;7—前轮

Ⅰ、Ⅱ、Ⅲ、Ⅳ、Ⅴ、R—1、2、3、4、5、倒挡齿轮

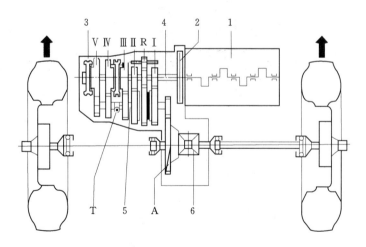

图 3.10 前轮驱动横向布置二轴式变速器传动示意图

1—发动机;2—离合器;3—驻车制动器;4—变速器输入轴;5—变速器输出轴;6—差速器行星轮

A—主减速器大齿轮;T—里程表传动蜗轮

该变速器的变速传动机构有输入轴和输出轴，二轴平行布置，输入轴也是离合器的从动轴，输出轴也是主减速器的主动锥齿轮轴。该变速器具有五个前进挡和一个倒挡，全部采用锁环式惯性同步器换挡。输入轴上有一挡～五挡主动齿轮，其中一挡、二挡主动齿轮与轴制成一体，三挡、四挡、五挡主动齿轮通过滚针轴承空套在轴上；输入轴上还有倒挡主动齿轮，它与轴制成一体；三挡、四挡同步器和五挡同步器也装在输入轴上。输出轴上有一～五挡从动齿轮，其中一挡、二挡从动齿轮通过滚针轴承空套在轴上，三挡、四挡、五挡齿轮通过花键套装在轴上；一挡、二挡同步器也装在输出轴上。在变速器壳体的右端还装有倒挡轴，上面通过滚针轴承套装有倒挡中间齿轮。

二轴式齿轮变速器的典型检修步骤如下：

（1）检查所有齿轮和轴承的损坏情况。齿面有轻微斑点，在不影响使用的情况下可以用油石修磨。当齿厚磨损超过 0.2mm，齿长磨损超过原齿长的 15%，或斑点面积超过齿面 15% 以上，则应更换齿轮。装好滚针轴承和内座圈后，用百分表检查齿轮与内座圈之间的间隙，如图 3.11 所示。标准间隙为 0.009～0.060mm，极限间隙为 0.15mm，超过极限应更换轴承。

（2）检查输入轴和输出轴。不应有裂纹，轴径及花键不应有严重磨损，轴上的齿轮不应有断齿和严重磨损，否则应更换。检查轴的径向圆跳动，如图 3.12 所示，不应超过 0.05mm，否则应更换或校正。

  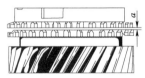

图 3.11 检查齿轮与内座圈之间的间隙　图 3.12 检查轴的径向圆跳动　图 3.13 检查同步器间隙

（3）检查同步器。将同步环压在各自齿轮的锥面上，按压转动同步环时要有阻力，用塞尺测量环齿与轮齿之间的间隙 a，如图 3.13 所示。间隙 a 的规定值见表 3.1。如果不符合规定，应更换同步环。

表 3.1 同步器环齿与轮齿之间的间隙 a 单位：mm

间隙："a"	新件安装尺寸	磨 损 极 限
一挡、二挡	1.1～1.7	0.5
三挡	1.15～1.75	0.5
四挡、五挡	1.3～1.9	0.5

2. 三轴式变速器的变速传动机构

典型五速变速箱，其原理简图如图 3.14 所示，有三根主要的传动轴，一轴、二轴和中间轴，所以称为三轴式变速器。另外还有倒挡轴。所有五个前进挡斜齿轮组件保持常啮合。它们分别由一挡/二挡同步器、三挡/四挡同步器和五挡同步器起动。每一同步器都由其自己的换挡拨叉起动。这三个换挡拨叉均由变速箱的单独拨叉轴带着滑动。只有倒挡中间轮由另一拨叉轴滑动拨动与倒挡直齿轮啮合。变速箱中与地板固定的变速杆用弹簧加载，所以驾驶员要接合倒挡齿轮必须推下或拉上此杆。

由于齿轮处于常啮合，因此输入轴输入动力时各轴上所有齿轮均旋转。然而，这些齿轮在未与同步器接合前，并不将动力传递到输出轴。若齿轮未与同步器啮合，它就在输出轴上空转。单独的输出轴齿轮只有在同步器起动后才机械地锁定在输出轴上。其他时间则在输出轴上独立旋转。

下面分析三轴式变速器各挡位的动力传递路线。

（1）空挡的动力流线。空挡时（图3.15），输入轴驱动中间轴齿轮转动但无动力传到变速箱中。由于齿轮均处于啮合状态，输出轴上所有齿轮均转动，但动力并不传递到输出轴，因为同步器未与任何齿轮接合。

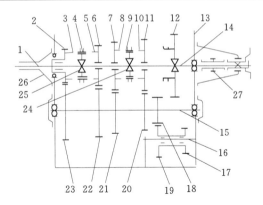

图 3.14 三轴式变速器

1—输入轴；2—输入轴常啮合齿轮；3—输入轴常啮合齿轮
接合齿圈；4、9—接合套；5—四挡齿轮接合齿圈；6—二
轴四挡齿轮；7—二轴三挡齿轮；8—三挡齿轮接合齿圈；
10—二挡齿轮接齿圈；11—二轴二挡齿轮；12—二轴
一挡、倒挡直齿滑动齿轮；13—变速器壳体；
14—二轴；15—中间轴；16—倒挡轴；
17、19—倒挡中间齿轮；18—中间轴一
挡、倒挡直齿轮；20—中间轴二挡齿轮；
21—中间轴三挡齿轮；22—中间轴
四挡齿轮；23—中间轴常啮合齿轮；
24、25—花键毂；26—轴轴承盖；
27—回油螺纹

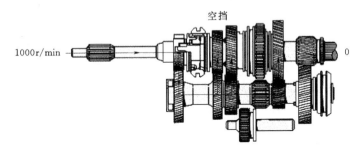

图 3.15 五速变速箱处于空挡时的动力流线

（2）一挡动力流线。当处于一挡时（图3.16），动力通过输入轴进入变速箱，并使中间轴齿轮旋转。一挡/二挡同步器接合套与一挡齿轮上的接合齿接合，将齿轮锁定在输出轴上。来自输入轴的动力通过中间轴齿轮，进入一挡齿轮。齿轮转动同步器接合套，同步器接合套转动花键毂和输出轴输出动力。所有固定在输出轴上的其他齿轮都自由旋转。

（3）二挡动力流线。当处于二挡时（图3.17），输入轴再次驱动中间轴齿轮。一挡/二挡同步器接合套滑动与二挡齿轮的接合齿接合，将之锁定在输出轴上。动力通过第一轴进入中间轴齿轮，再传至二挡齿轮。二挡齿轮的接合齿旋转同步器接合套，同步器接合套则使花键毂和输出轴旋转从而输出动力。

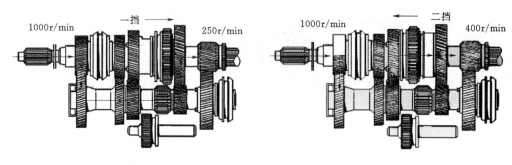

图 3.16　一挡动力流线　　　　　　　　图 3.17　二挡动力流线

（4）三挡动力流线。三挡使由输入轴驱动的中间轴齿轮被机械地锁定于输出轴上的三挡齿轮（图 3.18）。三挡/四挡同步器接合套移动与三挡齿轮的接合齿接合。来自第一轴的动力传到中间轴齿轮，然后传至三挡齿轮。三挡齿轮上的接合齿使同步器接合套旋转，从而旋转花键毂和输出轴从而输出动力。

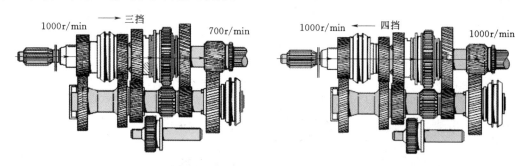

图 3.18　三挡动力流线　　　　　　　　图 3.19　四挡动力流线

（5）四挡动力流线。四挡使输出轴机械的锁定到输入轴上（图 3.19）。三挡/四挡同步器接合套移动使输入齿轮的接合齿接合。动力从输入轴流入，通过同步器接合套和花键毂，然后通过输出轴输出动力。两轴的直接连接，使输出轴以与输入轴相同的速度旋转，从而提供直接传动。

（6）五挡动力流线。五挡使由输入轴驱动的中间轴齿轮带动五挡齿轮旋转（图 3.20）。五挡同步器接合套移动与五挡齿轮上的接合齿接合。输入轴上的动力传到中间轴齿轮，然后传到五挡齿轮。动力通过同步器接合套和花键毂传到输出轴输出。因此，输出轴以比输入轴更高的速度旋转。

（7）倒挡动力流线。在倒挡位置，若变速箱具有同步器倒挡齿轮，则倒挡同步器接合套移动与倒挡齿轮接合。动力通过输入轴流入，进入中间轴齿轮，通过倒挡中间轮进入输出轴上的倒挡齿轮。倒挡齿轮旋转同步器接合套，同步器接合套以相反方向旋转花键毂和输出轴。

若倒挡齿轮为非同步的齿轮，则倒挡换挡中继杆滑动倒挡中间轮与中间轴上的倒挡齿轮和输出轴上的倒挡齿轮啮合（图 3.21）。倒挡中间轮使输出轴倒挡齿轮逆时针旋转。中间轴逆时针旋转，并使输出轴顺时针旋转，从而使车辆移动。

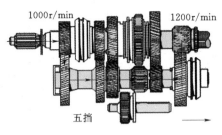

图 3.20　五挡动力流线

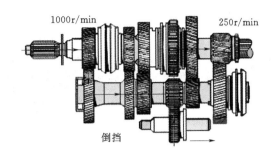

图 3.21　倒挡动力流线

3. 组合式变速器

由一个主变速器和若干个副变速器组成，可分为前置副变速器、后置副变速器和前后置副变速器三种。

（1）前置副变速器。常做成具有超速挡的传动形式。由一对齿轮和换挡部件组成，结构紧凑，易于变形。当动力经该对齿轮传递时，主变速器每个挡都得一个相应的超速挡。

（2）后置副变速器。可以获得较大的传动比，有利于减小主变速器的质量和尺寸。后置副变速器可由两对齿轮或一组行星齿轮组成。前者结构简单，后者结构紧凑、质量小，能得到较大的传动比。

（3）前后置副变速器。这种组合式变速器可以获得更多的挡位和更大的变速范围。例如豪沃汽车的 ZF16S220 型变速器是由 ZF－ECOSPLIT 系列变速器进一步改进制成的。它分为三大部分：主变速齿轮组由 4 个前进挡和 1 个倒挡组成，一挡和二挡为双层；锥面锁环式同步器；后置两速行星齿轮组将速比范围进一步增大；前置两速齿轮组将速比细分，使挡数再增加一倍。这样，具有 4 个挡的主变速齿轮组与两速行星齿轮配合达到 8 个挡，再与前置两速齿轮组合组成为 16 个挡的变速器。这种变速器的速比范围大，挡位多，结构紧凑，操纵方便。

3.2.3　同步器

同步器的功用是使接合套与待啮合的齿圈迅速同步，缩短换挡时间；且防止在同步前啮合而产生换挡冲击。

目前所采用的同步器几乎都是摩擦式惯性同步器，按锁止装置不同，可分为锁环式惯性同步器和锁销式惯性同步器。

1. 锁环式惯性同步器

（1）构造。锁环式同步器的结构如图 3.22所示，花键毂 7 用内花键套装在二轴外花键上，用垫圈、卡环轴向定位。花键毂 7 两端与齿轮

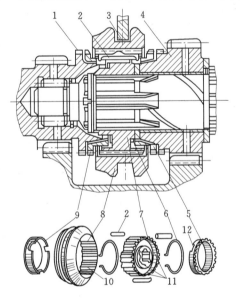

图 3.22　锁环式惯性同步器

1—轴常啮合齿轮的接合齿圈；2—滑块；3—拨叉；
4—二轴齿轮；5、9—锁环（同步环）；6—弹簧圈；
7—花键毂；8—接合套；10—环槽；
11—三个轴向槽；12—缺口

1 和 4 之间各有一个青铜制成的锁环（即同步环）5 和 9。锁环上有短花键齿圈，其花键的尺寸和齿数与花键毂、齿轮 1 和 4 的外花键齿相同。两个齿轮和锁环上的花键齿，靠近接合套 8 的一端都有倒角（锁止角），与接合套齿端的倒角相同。锁环有内锥面，与齿轮 1、4 的外锥面锥角相同。在环锁内锥面上制有细密的螺纹（或直槽），当锥面接触后，它能及时破坏油膜，增加锥面间的摩擦力。锁环内锥面摩擦副称为摩擦件，外沿带倒角的齿圈是锁止件，锁环上还有三个均布的缺口 12。三个滑块 2 分别装在花键毂 7 上三个均布的轴向槽 11 内，沿槽可以轴向移动。滑块被两个弹簧圈 6 的径向力压向接合套，滑块中部的凸起部位压嵌在接合套中部的环槽 10 内。滑块和弹簧是推动件。滑块两端伸入锁环 5 的缺口 12 中，滑块窄缺口宽，两者之差等于锁环的花键齿宽。锁环相对滑块顺转和逆转都只能转动半个齿宽，且只有当滑块位于锁环缺口的中央时，接合套与锁环才能接合。

（2）工作原理。以二挡换三挡为例，说明同步器的工作原理，如图 3.23 所示。①空挡位置，接合套 8 刚从二挡退入空挡时，如图 3.23（a）所示，三挡齿轮 1、接合套 8、锁环 9 以及与其关联的运动件，因惯性作用而沿原方向继续旋转（图示箭头方向）。由于齿轮 1 是高挡齿轮（相对于二挡齿轮来说），所以接合套 8、锁环 9 的转速低于齿轮 1 的转速；②挂挡，欲换入三挡时，驾驶员通过变速杆使拨叉 3 推动接合套 8 连同滑块 2 一起向左移动，如图 3.23（b）所示，滑块又推动锁环移向齿轮 1，使锥面接触。驾驶员作用在接合套上的轴向推力，使两锥面有正压力 N，又因两者有转速差，所以产生摩擦力矩；通过摩擦作用，齿轮 1 带动锁环相对于接合套向前转动一个角度，使锁环缺口靠在滑块的另一侧（上侧）为止，此时接合套的内齿与锁环上错开了约半个齿宽，接合套的齿端倒角面与锁环的齿端倒角面互相抵住；③锁止，驾驶员的轴向推力使接合套的齿端倒角面与锁环的齿端倒角面之间产生正压力形成一个企图拨动锁环相对于接合套反转的力矩，称为拨环力矩；这样，在锁环上同时作用着方向相反的摩擦力矩和拨环力矩，同步器的结构参数可以保证在同步前（存在摩擦力矩）拨环力矩始终小于摩擦力矩，所以在同步之前无论驾驶员施加多大的操纵力，都不会挂上挡，即产生锁止作用，如图 3.23（b）所示；④同步啮合，随着驾驶员施加于接合套上的推力加大，摩擦力矩不断增加，使齿轮 1 的转速迅速降低。当齿轮 1、接合套 8 和锁环 9 达到同步时，作用在锁环上的摩擦力矩消失。此时在拨环力矩的作用下，锁环 9、齿轮 1 以及与之相连的各零件都对于接合套反转一角度，滑块 2 处于锁环缺口的中央如图 3.23（c）所示，键齿不再抵触，锁环的锁止作用消除。接合套压下弹簧圈继续左移（滑块脱离接合套的内环槽而不能左移），与锁环的花键齿圈进入啮合。进而再与齿轮 1 进入啮合，如图 3.23（d），换入三挡。

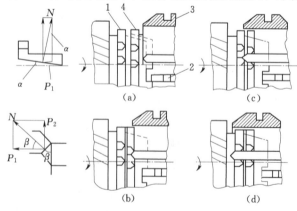

图 3.23　锁环式惯性同步器工作原理

1—待啮合齿轮的接合齿圈；2—滑块；

3—接合套；4—锁环（同步环）

锁环式同步器尺寸小、结构紧凑，摩擦力矩也小，多用于轿车和轻型车辆。

（3）装配要点。以桑塔纳 2000 轿车五挡变速器的同步器为例，在装配同步器时，花键毂的细槽应朝向接合套拨叉槽的对面一侧，如图 3.24 所示。花键毂上有三个凹口，接合套上有三个凹陷的内齿。安装时，三个凹口应与三个凹陷的内齿相吻合，这样可以安装滑块。再装弹簧圈，相互间隙 120°，弹簧圈弯的一端应嵌入一个滑块中，如图 3.25 所示。

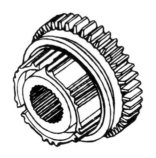

图 3.24 装配同步器　　　图 3.25 装入弹簧圈和滑块

2. 锁销式惯性同步器

五挡锁销式惯性同步器的结构如图 3.26 所示。

两个带有内锥面的摩擦锥盘 2，以其内花键分别固装在带有接合齿圈的斜齿轮 1 和 6 上，随齿轮一起转动。两个有外锥面的摩擦锥环 3，其上有圆周均布的三个锁销 8、三个定位销 4 与接合套 5 装在一起。定位销与接合套的相应孔是滑动配合，定位销中部切有一小段环槽，接合套钻有斜孔，内装弹簧 11，把钢球 10 顶向定位销中部的环槽，使接合套处于空挡位置，定位销随接合套能轴向移动。定位销两端伸入两锥环 3 内侧面的弧线形浅坑中，定位销与浅坑有周向间隙，锥环相对接合套在一定范围内做周向摆动。锁销中部环槽的两端和接合套相应孔两端切有相同的倒角；锁销与孔对中时，接合套才能

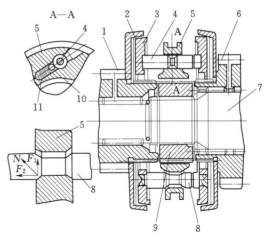

图 3.26 锁销式惯性同步器

1—轴齿轮；2—摩擦锥盘；3—摩擦锥环；4—定位销；
5—接合套；6—二轴四挡齿轮；7—二轴；8—锁销；
9—花键毂；10—钢球；11—弹簧

沿锁销轴向移动；锁销两端铆接在锥环相应的孔中。两个锥环、三个锁销、三个定位销和接合套构成一个部件，套在花键毂 9 的齿圈上。

锁销式惯性同步器的工作原理与锁环式惯性同步器类似。

换挡时接合套受到拨叉的轴向推力作用，通过钢球 10、定位销 4 推动摩擦锥环 3 向前移动。因摩擦锥环与锥盘有转速差，故接触后的摩擦作用使锥环和锁销相对于接合套转过一个角度，锁销与接合套上相应孔的中心线不再同心，锁销中部倒角与接合套孔端的锥面相抵触，在同步前，作用在摩擦面的摩擦力矩总大于拨销力矩，接合套被锁止不能前

移，防止在同步前接合套与齿圈进入啮合。同步后摩擦力矩消失，拨销力矩使锁销、摩擦锥盘和相应的齿轮相对于接合套转过一个角度，锁销与接合套的相应孔对中，接合套克服弹簧 11 的张力压下钢球并沿锁销向前移动，完成换挡。

3.2.4　手动变速器的操纵机构

手动变速器操纵机构功用是保证驾驶员能准确可靠地将变速器挂入所需要的挡位，并可随时退至空挡。

变速器操纵机构按照变速操纵杆（变速杆）位置的不同，可分为直接操纵式和远距离操纵式两种类型。

1. 直接操纵式

这种形式的变速器布置在驾驶员座椅附近，变速杆由驾驶室底板伸出，驾驶员可以直接操纵。如图 3.27 所示，六挡变速器操纵机构就采用这种形式。多用于发动机前置后轮驱动的车辆。

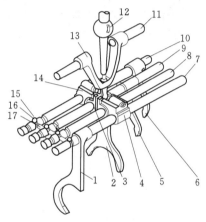

图 3.27　六挡变速器直接操纵式操纵机构

1—五挡、六挡拨叉；2—三挡、四挡拨叉；3——一挡、二挡拨块；4—五挡、六挡拨块；5——一挡、二挡拨叉；6—倒挡拨叉；7—五挡、六挡拨叉轴；8—三挡、四挡拨叉轴；9——一挡、二挡拨叉轴；10—倒挡拨叉轴；11—换挡轴；12—变速杆；13—叉形拨杆；14—倒挡拨块；15、16—自锁弹簧及钢球；17—互锁销

拨叉轴 7、8、9 和 10 的两端均支承于变速器盖的相应孔中，可以轴向滑动。所有的拨叉和拨块都以弹性销固定于相应的拨叉轴上。三挡、四挡拨叉 2 的上端具有拨块。拨叉 2 和拨块 3、4、14 的顶部制有凹槽。变速器处于空挡时，各凹槽在横向平面内对齐，叉形拨杆 13 下端的球头即伸入这些凹槽中。选挡时可使变速杆绕其中部球形支点横向摆动，则其下端推动叉形拨杆 13 绕换挡轴 11 的轴线摆动，从而使叉形拨杆下端球头对准与所选挡位对应的拨块凹槽，然后使变速杆纵向摆动，带动拨叉轴及拨叉向前或向后移动，即可实现挂挡。例如，横向摆动变速杆使叉形拨杆下端球头深入拨块 3 顶部凹槽中，拨块 3 连同拨叉轴 9 和拨叉 5 即沿纵向向前移动一定距离，便可挂入二挡；若向后移动一段距离，则挂入一挡。当使叉形拨杆下端球头深入拨块 14 的凹槽中，并使其向前移动

一段距离时，便挂入倒挡。

各种变速器由于挡位数及挡位排列位置不同，其拨叉和拨叉轴的数量及排列位置也不相同。例如，上述的六挡变速器的六个前进挡用了三根拨叉轴，倒挡独立使用了一根拨叉轴，共有四根拨叉轴；五挡变速器具有三根拨叉轴，其二挡、三挡和四挡、五挡各占一根拨叉轴，一挡和倒挡共用一根拨叉轴。

2. 远距离操纵式

变速器离驾驶员座位较远的汽车，则需要在变速杆与拨叉之间加装一些辅助杠杆或一套传动机构，构成远距离操纵机构。如桑塔纳 2000 轿车的五挡手动变速器，由于其变速

器安装在前驱动桥处，远离驾驶员座椅，需要采用这种操纵方式，如图 3.28 所示。

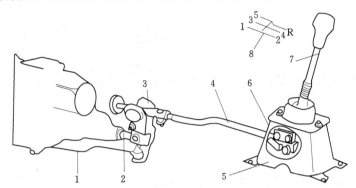

图 3.28　桑塔纳 2000 轿车五挡手动变速器的远距离操纵机构

1—支撑杆；2—内换挡杆；3—换挡杆接合器；4—外换挡杆；5—倒挡保险挡块；6—换挡手柄座；

7—变速杆；8—换挡标记

在变速器壳体上有类似于直接操纵式的内换挡机构，如图 3.29 所示。

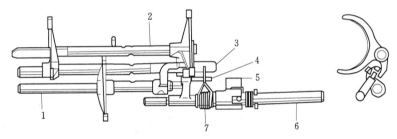

图 3.29　桑塔纳 2000 轿车五挡手动变速器的内换挡机构

1——挡、二挡拨叉轴；2—五挡、倒挡拨叉轴；3—三挡、四挡拨叉轴；4—定位拔销；5—倒挡保险挡块；

6—内换挡杆；7—定位弹簧

另外一种布置方式是将变速杆安装在转向柱管上，如图 3.30 所示，因此，在变速杆与变速器之间也是通过一系列的传动件进行传动，它具有变速杆占据驾驶室空间小，乘坐方便等优点。

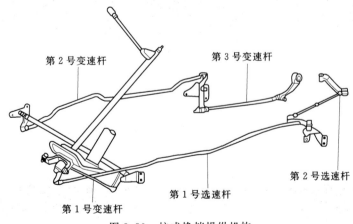

图 3.30　柱式换挡操纵机构

3. 换挡锁装置

为了保证变速器在任何情况下都能准确、安全、可靠地工作，变速器操纵机构一般都具有换挡锁装置，包括自锁装置、互锁装置和倒挡锁装置。

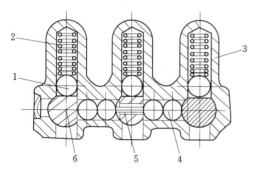

图 3.31　自锁和互锁装置
1—自锁钢球；2—自锁弹簧；3—变速器盖；
4—互锁钢球；5—互锁销；6—拨叉轴

（1）自锁装置。自锁装置用于防止变速器自动脱挡或挂挡，并保证轮齿以全齿宽啮合。大多数变速器的自锁装置都是采用自锁钢球对拨叉轴进行轴向定位锁止。如图 3.31 所示，在变速器盖中钻有三个深孔，孔中装入自锁钢球和自锁弹簧，其位置正处于拨叉轴的正上方，每根拨叉轴对着钢球的表面沿轴向设有三个凹槽，槽的深度小于钢球的半径。中间的凹槽对正钢球时为空挡位置，前边或后边的凹槽对正钢球时则处于某一工作挡位置，相邻凹槽之间的距离保证齿轮处于全齿长啮合或是完全退出啮合。凹槽对正钢球时，钢球便在自锁弹簧的压力作用下嵌入该凹槽内，拨叉轴的轴向位置便被固定，不能自行挂挡或自行脱挡。当需要换挡时，驾驶员通过变速杆对拨叉轴施加一定的轴向力，克服自锁弹簧的压力而将自锁钢球从拨叉轴凹槽中挤出并推回孔中，拨叉轴便可滑过钢球进行轴向移动，并带动拨叉及相应的接合套或滑动齿轮轴向移动，当拨叉轴移至其另一凹槽与钢球相对正时，钢球又被压入凹槽，驾驶员具有很强的手感，此时拨叉所带动的接合套或滑动齿轮便被拨入空挡或被拨入另一工作挡位。

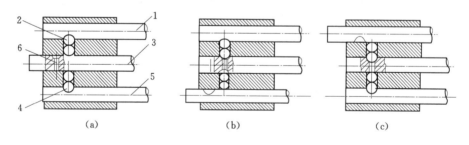

图 3.32　互锁装置工作示意图
（a）移中间轴锁两侧；（b）移左侧锁中间和右侧；（c）移右侧锁中间和左侧
1、3、5—拨叉轴；2、4—互锁钢球；6—互锁销

（2）互锁装置。互锁装置用于防止同时挂上两个挡位。如图 3.32 所示，互锁装置由互锁钢球和互锁销组成。当变速器处于空挡时，所有拨叉轴的侧面凹槽同互锁钢球、互锁销都在一条直线上。当移动中间拨叉轴 3 时，如图 3.32（a）所示，轴 3 两侧的内钢球从其侧凹槽中被挤出，而两外钢球 2 和 4 则分别嵌入拨叉轴 1 和轴 5 的侧面凹槽中，因而将轴 1 和轴 5 刚性地锁止在其空挡位置。若欲移动拨叉轴 5，则应先将拨叉轴 3 退回到空挡位置。于是在移动拨叉轴 5 时，钢球 4 便从轴 5 的凹槽中被挤出，同时通过互锁销 6 和其他钢球将轴 3 和轴 1 均锁止在空挡位置，如图 3.32（b）所示。同理，当移动拨叉轴 1

时，则轴 3 和轴 5 被锁止在空挡位置，如图 3.32（c）所示。由此可知，互锁装置工作的机理是当驾驶员用变速杆推动某一拨叉轴时，自动锁止其余拨叉轴，从而防止同时挂上两个挡位。有的三挡变速器将自锁和互锁装置合二为一，如图 3.33 所示，其中 $a = b$。

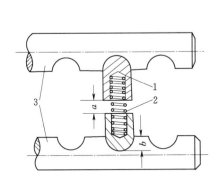

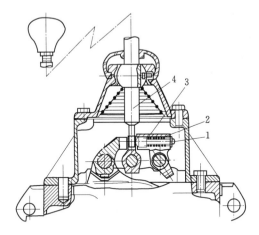

图 3.33　合二为一的自锁和互锁装置　　　图 3.34　锁销式倒挡锁装置
1—锁销；2—锁止弹簧；3—拨叉轴　　　1—倒挡锁销；2—倒挡锁弹簧；3—倒挡拨块；4—变速杆

（3）倒挡锁装置。倒挡锁装置用于防止误挂倒挡。如图 3.34 所示为常见的锁销式倒挡锁装置。当驾驶员想挂倒挡时，必须用较大的力使变速杆 4 下端压缩弹簧 2，将锁销推入锁销孔内，才能使变速杆下端进入拨块 3 的凹槽中进行换挡。由此可见，倒挡锁的作用是使驾驶员必须对变速杆施加更大的力，才能挂入倒挡，起警示注意作用，以防误挂倒挡。

3.2.5　手动变速器的故障诊断

手动变速器的常见故障主要有跳挡、乱挡、挂挡困难、异响和漏油等。

1. 跳挡

（1）现象。汽车在加速、减速、爬坡或汽车剧烈振动时，变速杆自动跳回空挡位置。

（2）原因：①自锁装置的钢球未进入凹槽内或挂挡后齿轮未达到全齿长啮合；②自锁装置的钢球或凹槽磨损严重，自锁弹簧疲劳过软或折断；③齿轮沿齿长方向磨损成锥形；④一轴、二轴轴承过于松旷，使一轴、二轴和曲轴三者轴线不同心或变速器壳与离合器壳接合平面相对曲轴轴线的垂直变动；⑤二轴上的常啮合齿轮轴向或径向间隙过大；⑥各轴轴向或径向间隙过大。

（3）故障诊断。先确定跳挡挡位：走热全车后，采用连续加、减速的方法逐挡进行路试便可确定。将变速杆挂入跳挡挡位，发动机熄火，小心拆下变速器盖，观察跳挡齿轮的啮合情况。①未达到全长啮合，则故障由此引起；②达到全长啮合，应继续检查；③检查啮合部位磨损情况：磨损成锥形，则故障可能由此引起；④检查二轴上该挡齿轮和各轴的轴向和径向间隙，间隙过大，则故障可能由此引起；⑤检查自锁装置，若自锁装置的止动阻力很小，甚至手感钢球未插入凹槽（把变速器盖夹在虎钳上，用手摇动换挡杆），则故障为自锁效能不良；否则，故障为离合器壳与变速器接合平面与曲轴轴线垂直变动等引起。

2. 乱挡

（1）现象。在离合器技术状况正常的情况下，变速器同时挂上两个挡或挂需要挡位时，结果挂入别的挡位。

（2）原因：①互锁装置失效：如拨叉轴、互锁销或互锁钢球磨损过甚等；②变速杆下端弧形工作面磨损过大或拨叉轴上拨块的凹槽磨损过大；③变速杆球头定位销折断或球孔、球头磨损过于松旷。

总之乱挡的主要原因是变速器操纵机构失效。

（3）故障诊断。①挂需要挡位时，结果挂入了别的挡位：摇动变速杆，检查其摆转角度，若超出正常范围，则故障由变速杆下端球头定位销与定位槽配合松旷或球头、球孔磨损过大引起；变速杆摆转360°，则为定位销折断；②如摆转角度正常，仍挂不上或摘不下挡，则故障由变速杆下端从凹槽中脱出引起（脱出的原因是下端弧形工作面磨损或导槽磨损）；③同时挂入两个挡；则故障由互锁装置失效引起。

3.挂挡困难

（1）现象。离合器技术状况良好，但挂挡时不能顺利挂入挡位，常发生齿轮撞击声。

（2）原因：①同步器故障；②拨叉轴弯曲、锁紧弹簧过硬、钢球损伤等；③一轴花键损伤或一轴弯曲；④齿轮油不足或过量、齿轮油不符合规格。

（3）故障诊断。①检查同步器是否散架、锥环内锥面螺旋槽是否磨损、滑块是否磨损、弹簧弹力是否过软等；②如果同步器正常，检查一轴是否弯曲、花键是否磨损严重；③检查拨叉轴是否移动正常。

4.异响

变速器异响是指变速器工作时发出的不正常的响声。常见的有齿轮异响、轴承异响及其他异常响声，异响的原因分析和诊断方法见表3.2。

表3.2　　　　　　　　　　　异响的原因分析和诊断方法

故障	原　　因	诊　　断
齿轮异响	齿轮磨损过甚变薄，间隙过大，运转中有冲击；齿面啮合不良，如修理时没有成对更换齿轮；新、旧齿轮搭配，齿轮不能正确啮合；齿面有金属疲劳剥落或个别齿损坏折断；齿轮与轴上的花键配合松旷，或齿轮的轴向间隙过大；轴弯曲或轴承松旷引起齿轮啮合间隙改变	（1）行驶时换入某挡若响声明显，即为该挡齿轮轮齿磨损；若发生周期性的响声，则为个别齿损坏。 （2）变速器工作时发生突然撞击声，多为轮齿断裂，应及时拆下变速器盖检查，以防机件损坏。 （3）行驶时，变速器只有在换入某挡时齿轮发响，在上述完好的前提下，应检查啮合齿轮是否搭配不当，必要时应重新装配一对新齿轮。此外，也可能是同步器齿轮磨损或损坏，应视情况修复或更换
轴承异响	轴承磨损严重；轴承内（外）座圈与轴颈（孔）配合松动；轴承滚珠碎裂或有烧蚀麻点	空挡时响，而踏下离合器踏板后响声消失，一般为一轴前、后轴承或常啮合齿轮响；如换入任何挡都响，多为二轴后轴承响
其他原因异响	如变速器内缺油，润滑油过稀、过稠或质量变坏；变速器内掉入异物；某些紧固螺栓松动；里程表软轴或里程齿轮发响等	（1）变速器发出金属干摩擦声，即为缺油和油的质量不好。 （2）换挡时齿轮相撞击而发响，则可能是离合器不能分离或离合器踏板行程不正确、同步器损坏、怠速过大、变速杆调整不当或导向衬套紧等

5.漏油

（1）现象。变速器周围出现齿轮润滑油，变速器齿轮箱的油量减少，则可判断为润滑油泄漏。

（2）原因及排除方法：①润滑油选用不当，产生过多泡沫，或润滑油量太多，此时需更换润滑油或调节润滑油；②侧盖太松，密封垫损坏，油封损坏，密封和油封损坏应更换新件；③放油塞和变速器箱体及盖的固定螺栓松动，应按规定力矩拧紧；④变速器壳体破裂或延伸壳油封磨损而引起的漏油，必须更换；⑤里程表齿轮限位器松脱破损，必须锁紧或更换；变速杆油封漏油应更换油封。

任务 3.3　自动变速器拆装与检修实操指导

【本任务内容简介】

本任务学习 01N 型四挡拉威挪行星齿轮变速器的分解组装的典型步骤和注意事项。

3.3.1　01N 型四挡拉威挪行星齿轮变速器的分解

01N 型四挡拉威挪行星齿轮变速器的零件分解图如图 3.35～图 3.38 所示。拆装 01N 型四挡拉威挪行星齿轮变速器使用到的专用工具、测试仪和辅助物品主要有：保持板 VW309、支撑夹箍 VW313、变速器支撑 VW353、2 个 MS 螺栓、约 3L 的 VW ATF、盛水盘。01N 型四挡拉威挪行星齿轮变速器的典型分解步骤如下：

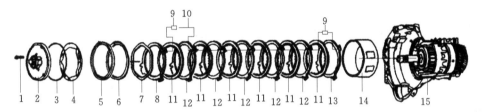

图 3.35　ATF 泵至支撑管的零部件的分解

1—螺栓；2—带 B2（第 2 和第 4 挡制动器）活塞的 ATF 泵；3—O 形圈；4—密封垫；5—止推环；
6—调整垫片；7—波纹形弹簧片；8、12、13—外摩擦片 B2；9—弹簧头；10—弹簧；
11—内摩擦片 B2；14—B2 支撑管；15—变速器壳体

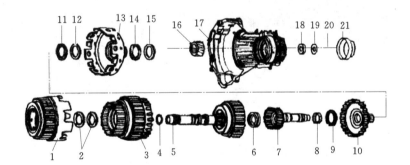

图 3.36　倒挡齿轮离合器 K2 至大太阳齿轮的零部件的分解

1—倒挡离合器 K2；2—调整垫片；3—第 1、3 挡离合器 K1；4—O 形圈；5—带涡轮轴的 3、4 挡离合器 K3；
6—带垫圈的推力滚针轴承；7—小传动轴；8—滚针轴承；9、11、14—推力滚针轴承；10—大传动轴；
12—推力滚针轴承垫圈（带凸缘）；13—大太阳齿轮；15—推力滚针轴承垫圈；16—小太阳齿轮；
17—壳体；18—行星齿轮架调整垫片；19—垫圈；20—螺栓；21—盖板

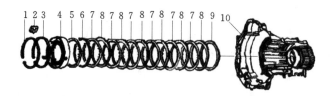

图 3.37 自由轮至倒挡制动器 B1 零部件的分解

1—卡环；2—导流块；3—卡环；4—带 B1（倒挡制动器）活塞的自由轮；5—碟形弹簧；

6—B1 压板；7—B1 内摩擦片；8—B1 外摩擦片；9—调整垫片；10—壳体

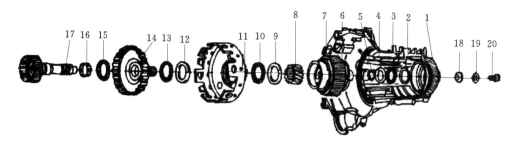

图 3.38 行星齿轮架的零部件的分解

1—输入齿轮（调整行星齿轮架时，不要拆下）；2—推力滚针轴承垫圈（光滑侧朝向输入齿轮）；

3、10、13、15—推力滚针轴承；4—推力滚针轴承垫圈；5—O 形圈（装入行星齿轮架）；

6—行星齿轮架；7—变速器壳体；8—小太阳齿轮；9—垫圈；11—大太阳齿轮；

12—垫圈（装在大太阳齿轮内）；14—大传动轴；16—滚针轴承；17—小传

动轴；18—调整垫片；19—垫圈；20—小传动轴螺栓（30N·m）

（1）拆下检查孔螺塞 1 和 ATF 溢流管 2，排空 ATF（自动变速器油的英文缩写）。

（2）取出变矩器。

（3）如图 3.39 所示，用螺栓 1 和 2 把变速器固定在总成支架上。

（4）如图 3.40 所示，拆下盖板。

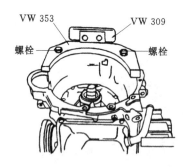

图 3.39 变速器固定在支架上

图 3.40 拆下盖板

（5）拆下油底壳，拆下 ATF 过滤网。

（6）如图 3.41 所示，拆下带扁平线束的阀体。

（7）如图 3.42 所示，取出倒挡制动器 B1 的密封塞。

（8）如图 3.43 箭头所示，拆下 ATF 泵的螺栓。

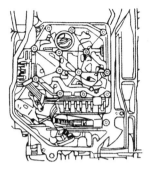

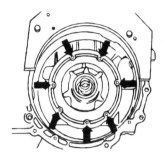

| 图 3.41　拆下阀体 | 图 3.42　取出密封塞 | 图 3.43　拆下 ATF 泵螺栓 |

（9）如图 3.44 所示，把螺栓（M8）拧入 ATF 泵的螺纹孔内。均匀地拧入螺栓 A，将 ATF 泵从变速器的壳体内压出。

（10）如图 3.45 所示，将所有的离合器连同支撑管、第 2 和第 4 挡制动器 B2 的摩擦片、弹簧和弹簧头一起取出。

（11）啮合驻车锁。

（12）如图 3.46 所示，将旋具穿过大太阳齿轮的孔，松开小传动轴的螺栓。

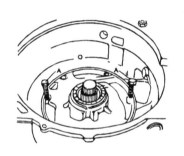

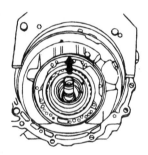

| 图 3.44　拧入螺栓压出 ATF 泵 | 图 3.45　取出离合器 | 图 3.46　松开小传动轴的螺栓 |

（13）如图 3.47 所示，松开小传动轴的螺栓，拆下小传动轴的螺栓以及垫圈和调整垫片。行星齿轮架的推力滚针轴承保留在变速器/输入齿轮，抽出小传动轴。

（14）如图 3.48 箭头所示，抽出大传动轴和大太阳齿轮。

（15）拆下变速器速度传感器（G38）。

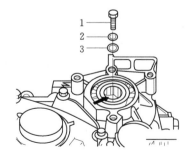

图 3.47　抽出小齿轮轴

1—螺栓；2—垫圈；3—调整垫片

图 3.48　抽出大传动轴和大太阳齿轮

（16）如图 3.49 所示，拆下支撑管卡环 a。

（17）如图 3.50 所示，拔出导流块。

（18）如图 3.49 所示，拆下自由轮的卡环 b，用钳子夹住自由轮的定位键（图中箭头所示）把自由轮从变速器的壳体中抽出。

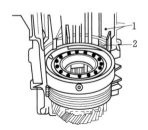

图 3.49　拆下支撑管卡环　　　　图 3.50　拔出导流块

1—ATF 通气孔；2—导流块

（19）如图 3.51 所示，把小太阳齿轮以及垫圈和推力滚针轴承从行星齿轮架中抽出。

（20）如图 3.52 所示，取出行星齿轮架的碟形弹簧。

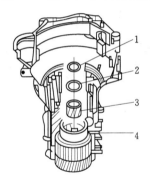

图 3.51　抽出小太阳齿轮　　　　　　图 3.52　取出碟形弹簧

1—推力滚针轴承；2—垫圈；3—小太阳齿轮；4—行星齿轮架

（21）拆下倒挡制动器 B1 的摩擦片。

（22）取出推力轴承和垫圈。

注意：分解行星齿轮减速器时，不需要拆卸输入齿轮。

3.3.2　01N 型四挡拉威挪行星齿轮变速器的组装

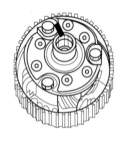

图 3.53　装入 O 形圈

01N 型四挡拉威挪行星齿轮变速器的典型分解步骤如下：

（1）如图 3.53 所示，把 O 形圈装入行星齿轮架。

（2）如图 3.54 所示，将推力滚针轴承以及垫圈（光滑一侧）装入输入齿轮。

（3）参考图 3.51，将小太阳齿轮以及垫圈和推力滚针轮承一同撬入行星齿轮架内。将垫圈和推力滚针轴承调整到小太阳齿轮的中心。

（4）装入倒挡制动器 B1 的内、外摩擦片。装入压力板

（压力板的厚度根据摩擦片的数量而不同），平面侧朝着摩擦片。

更换以下零部件，应调整 B：变速器壳体、自由轮、倒挡制动器 B1 的活塞或摩擦片。

（5）参考图 3.52 所示，装入碟形整圈，凸起侧朝着自由轮。

（6）如图 3.55 所示，用装配环 3267 对自由轮滚柱施加预紧力，并且将自由轮装入。

（7）参考图 3.49 所示，装入自由轮的卡环 b，将卡环的开口装到自由轮的定位键上。自由轮的定位键（图中箭头所示）必须正确地坐落在变速箱壳体上机加工的槽内。

（8）参考图 3.50 所示，将导流块装入变速器壳体上的槽内。

（9）参考图 3.49 所示，装入支撑管 a 的卡环，将卡环的开口装到自由轮的定位键上（图中箭头所示）。

（10）检查 B 的尺寸。

（11）装上变速器速度传感器（G38）。

（12）如图 3.56 所示，依次将大太阳齿轮至小传动轴各零部件装入变速器壳体内，在装入滚针轴承垫圈要将凸缘朝向大太阳齿轮。

（13）见图 3.47 所示，装入小传动轴的螺栓以及垫圈和调整垫片。螺栓的拧紧力矩为 30N·m。将调整垫片放在小传动轴的凸缘上（图中箭头所示），确定调整垫片的厚度（调整行星齿轮架）。

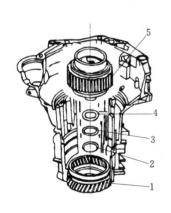

图 3.54　装入滚针轴承

1—输入齿轮；2—推力滚针轴承垫圈；

3—推力滚针轴承；4—推力滚针

轴承垫圈；5—行星架

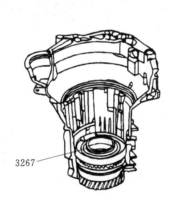

图 3.55　装入自由轮

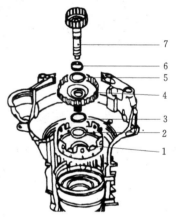

图 3.56　装入大太阳轮及小传动轴

1—大太阳齿轮；2—滚针轴承垫圈；

3—推力滚外轴承；4—大传动轴；

5—推力滚针轴承；6—滚针

轴承；7—小传动轴

（14）检查行星齿轮架的尺寸。

（15）如图 3.57 所示，将带垫圈的推力滚针轴承装入第 3 和第 4 挡离合器 K3 内。

（16）如图 3.58 所示，保证活塞环正确地坐落在 K3 上，并且保证活塞环的两端相互钩住。

（17）如图 3.59 所示，装入第 3、4 挡离合器 K3，将密封圈装入槽内（图中箭头所示），装入最后的摩擦片（测量过），装入波纹形垫圈。

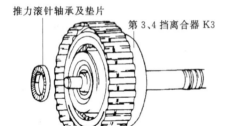

图 3.57　装入推力滚针轴承　　　　图 3.58　装入活塞环　　　　图 3.59　装入摩擦片

（18）如图 3.60 所示，装入第 1、3 挡离合器 K1。

（19）如图 3.61 中箭头所示，将调整垫片装入 K1。更换 K1、K2 或 ATF 泵后，应重新测量调整垫片，可以安装 1～2 个调整垫片。

（20）如图 3.62 所示，装入倒挡离合器 K2。

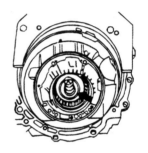

图 3.60　装入第 1、3 挡离合器　　　　　　图 3.61　装入调整垫片

（21）装入 B2 摩擦片支撑管（见图 3.47 中箭头所示），使得支撑管的槽卡在自由轮的定位键上。

（22）如图 3.63 所示，按照以下步骤安装 B2 摩擦片：先装入一个 3mm 厚的外摩擦片，将 3 个弹簧头装到外摩擦片上，装入压缩环（图中箭头所示）。装入所有的摩擦片，但不装入最后一个摩擦片（只有装波纹弹簧垫圈的变速器，制动器的间隙 B2 才是由最后一片 3mm 摩擦片的厚度决定的）。

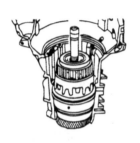

图 3.62　装入倒挡离合器　　　　　　图 3.63　安装 B2 摩擦片

（23）如图 3.64 所示，第 2 挡和第 4 挡制动器 B2 的间隙是由止推环所坐落的调整垫整片确定的。不安装波纹垫片，装入最后一个 3mm 厚度的外摩擦片。确定调整垫片的厚

度，装入调整垫片。把止推环放到调整垫片上，调整垫片光滑一侧朝向。

（24）装入 ATF 泵的密封圈，把 O 形圈放到 ATF 泵上。

（25）参考图 3.43 所示，均匀交叉地拧紧螺栓（拧紧力矩 8N·m），确保 O 形圈不被损坏。将螺栓继续拧紧 90°。继续拧紧时，可以分若干级进行。

（26）检测离合器间隙。

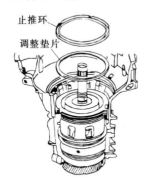

图 3.64 确定调整垫片厚度

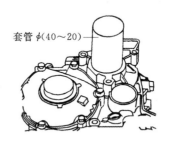

图 3.65 敲入盖板

（27）如图图 3.65 所示，用撞击套管将盖板敲入。

（28）参考图 3.42 所示，装入带 O 形圈的密封塞，凸缘坐落在油槽内（图中箭头所示）。

（29）装入带扁状导线的阀体。

（30）装入油底壳、变矩器。

（31）安装变速器。

（32）加注 3L 的 ATF 油，然后检查和补充 ATF 液位。

任务 3.4　自动变速器原理与维修的分析

【本任务内容简介】

（1）自动变速器的功用、分类、结构组成和特点、选挡杆的使用。

（2）液力变矩器功用、组成、工作原理及典型结构分析，液力变矩器用单向离合器的结构分析与检修。

（3）单排行星齿轮机构的组成、运动规律及动力传动方式，辛普森式和拉威挪式行星齿式变速器的结构组成及各挡传动路线分析，换挡离合器、制动器及单向离合器的结构分析行星齿轮机构的检修。

（4）定轴式自动变速器的典型结构分析及主要特点。

（5）自动变速器液压控制系统基本组成与供油系统的作用、油泵的结构与工作原理，内啮合齿轮泵检修，其他主要元件的功用、结构原理。

（6）电子控制系统的基本功能、基本组成、工作流程及电子控制装置分析。

（7）自动变速器的检查、试验及常见故障诊断。

（8）CVT 无级变速器的分类使用特性技术发展趋势结构分析；直接换挡变速器基本

概念，双离合变速箱的技术特点和种类。

3.4.1 自动变速器的功用、分类、组成、特点及使用

1. 自动变速器的功用

在汽车传动系中，为了提高输出转矩和转速变化范围，使汽车牵引力和车速能在相当大的范围内变化，安置了变速器这一传动件，用以改变传动比和实现倒车功能，以及利用空挡中断动力传递。手动变速器（MT）在使用中，燃油经济性、发动机排放污染等方面都有许多缺点，如：与变速器相关的离合器操纵复杂，不太适合于非专业驾驶员驾驶；传动比有限，导致使用负荷率较低；在重型车辆上，挡位太多，不便于操作；在城市公交上，起步停车过于频繁，使驾驶员容易疲劳，机件也容易磨损。正是由于这些缺点和不足，催动人们寻求新的变速方式来满足各种的需求，而自动变速就是根据动力传动系统内部和外部的状态，以及行驶工况的需求，变速器自动地选择合适与发动机相匹配的挡位和传动比，因此逐渐在汽车上得到了使用。所谓自动变速器是指汽车驾驶中离合器的操纵和变速器的操纵都实现了自动化，简称 AT，是英文 Automatic Transmission 的缩写。目前自动变速器的自动换挡等过程都是由自动变速器的电子控制单元（英文缩写为 ECU，俗称电脑）控制的，因此自动变速器又可简称为 EAT、ECAT、ECT 等。

2. 自动变速器的分类

不同车型所装用的自动变速器在型式、结构上往往有很大的差异，常见的分类方法和类型如下：

（1）按变速方式分类。汽车自动变速器按变速方式的不同，可分为有级变速器和无级变速器两种。

1）有级变速器是具有有限几个定值传动比（一般有 3~6 个前进挡和一个倒挡）的变速器。

2）无级变速器是能使传动比在一定范围内连续变化的变速器，无级变速器目前在汽车上应用较少。

（2）按汽车驱动方式分类。自动变速器按照汽车驱动方式的不同，可分为后驱动自动变速器和前驱动自动变速器两种。这两种自动变速器在结构和布置上有很大的不同。

1）后驱动自动变速器的变矩器和齿轮变速器的输入轴及输出轴在同一轴线上。发动机的动力经变矩器、自动变速器、传动轴、后驱动桥的主减速器、差速器和半轴传给左右两个后轮。这种发动机前置，后轮驱动的布置型式，其发动机和自动变速器都是纵置的，因此轴向尺寸较大，在小型客车上布置比较困难。后驱动自动变速器的阀板总成一般布置在齿轮变速器下方的油底壳内。

2）前驱动自动变速器除了具有与后驱动自动变速器相同的组成部分外，在自动变速器的壳体内还装有差速器。前驱动汽车的发动机有纵置和横置两种。纵置发动机的前驱动自动变速器的结构和布置与后驱动自动变速器基本相同，只是在后端增加了一个差速器。横置发动机前驱动自动变速器由于汽车横向尺寸的限制，要求有较小的轴向尺寸，因此通常将输入轴和输出轴设计成两个轴线的方式；变矩器和齿轮变速器输入轴布置在上方，输出轴布置在下方。这样的布置减少了变速器总体的轴向尺寸，但增加了变速器的高度，因此常将阀板总成布置在变速器的侧面或上方，以保证汽车有足够的最小离地间隙。

（3）按自动变速器前进挡的挡位数不同分类。自动变速器按前进挡的挡位数不同，可分为 2 个前进挡、3 个前进挡、4 个前进挡、5 个前进挡、6 个前进挡五种。早期的自动变速器通常为 2 个前进挡或 3 个前进挡。这两种自动变速器都没有超速挡，其最高挡为直接挡。现在大多数轿车装用的自动变速器基本上都是 4 个前进挡，即设有超速挡。这种设计虽然使自动变速器的构造更加复杂，但由于设有超速挡，大大改善了汽车的燃油经济性。

　　（4）按齿轮变速器的类型分类。自动变速器按齿轮变速器的类型不同，可分为普通齿轮式和行星齿轮式两种。普通齿轮式自动变速器体积较大，最大传动比较小，使用较少。行星齿轮式自动变速器结构紧凑，能获得较大的传动比，为绝大多数轿车采用。

　　（5）按变矩器的类型分类。轿车自动变速器基本上都是采用结构简单的单级三元件综合式液力变矩器。这种变矩器又分为有锁止离合器和无锁止离合器两种。早期的变矩器中没有锁止离合器，在任何工况下都是以液力的方式传递发动机动力，因此传动效率较低。新型轿车自动变速器大都采用带锁止离合器的变矩器，这样当汽车达到一定车速时，控制系统使锁止离合器结合，液力变矩器输入部分和输出部分连成一体，发动机动力以机械传递的方式直接传入齿轮变速器，从而提高了传动效率，降低了汽车的燃油消耗量。

　　（6）控制方式分类。自动变速器按控制方式不同，可分为液力控制自动变速器和电子控制自动变速器两种。液力控制自动变速器是通过机械的手段，将汽车行驶时的车速及节气门开度两个参数转变为液压控制信号；阀板中的各个控制阀根据这些液压控制信号的大小，按照设定的换挡规律，通过控制换挡执行机构动作，实现自动换挡，现在使用较少。电子控制自动变速器是通过各种传感器，将发动机转速、节气门开度、车速、发动机水温、自动变速器液压油温度等参数转变为电信号，并输入电脑；电脑根据这些电信号，按照设定的换挡规律，向换挡电磁阀、油压电磁阀等发出电子控制信号；换挡电磁阀和油压电磁阀再将电脑的电子控制信号转变为液压控制信号，阀板中的各个控制阀根据这些液压控制信号，控制换挡执行机构的动作，从而实现自动换挡。

　　3. 自动变速器的组成

　　自动变速器的厂牌型号很多，外部形状和内部结构也有所不同，但它们的组成基本相同，都是由液力变矩器和齿轮式自动变速器组合起来的。常见的组成部分有液力变矩器、行星齿轮机构、离合器、制动器、油泵、滤清器、管道、控制阀体、速度调压器等，按照这些部件的功能，可将它们分成液力变矩器、变速齿轮机构、供油系统、自动换挡控制系统和换挡操纵机构等五大部分。

　　如图 3.66 所示为电控自动变速器的组成和原理图。

　　（1）液力变矩器。液力变矩器位于自动变速器的最前端，安装在发动机的飞轮上，其作用与采用手动变速器的汽车中的离合器相似。它利用油液循环流动过程中动能的变化将发动机的动力传递自动变速器的输入轴，并能根据汽车行驶阻力的变化，在一定范围内自动地、无级地改变传动比和扭矩比，具有一定的减速增扭功能。

　　（2）变速齿轮机构。自动变速器中的变速齿轮机构所采用的型式有普通齿轮式和行星齿轮式两种。采用普通齿轮式的变速器，由于尺寸较大，最大传动比较小，只有少数车型采用。目前绝大多数轿车自动变速器中的齿轮变速器采用的是行星齿轮式。

　　变速齿轮机构主要包括行星齿轮机构和换挡执行机构两部分。

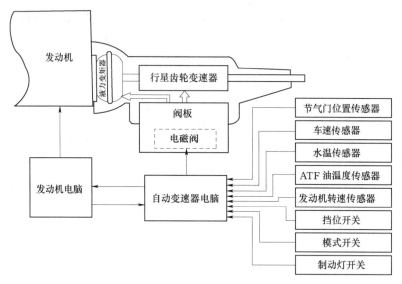

图 3.66 电控自动变速器的组成和原理图

行星齿轮机构，是自动变速器的重要组成部分之一，主要由于太阳轮（也称中心轮）、内齿圈、行星架和行星齿轮等元件组成。行星齿轮机构是实现变速的机构，速比的改变是通过以不同的元件作主动件和限制不同元件的运动而实现的。在速比改变的过程中，整个行星齿轮组还存在运动，动力传递没有中断，因而实现了动力换挡。

换挡执行机构主要是用来改变行星齿轮中的主动元件或限制某个元件的运动，改变动力传递的方向和速比，主要由多片式离合器、制动器和单向超越离合器等组成。离合器的作用是把动力传给行星齿轮机构的某个元件使之成为主动件。制动器的作用是将行星齿轮机构中的某个元件抱住，使之不动。单向超越离合器也是行星齿轮变速器的换挡元件之一，其作用和多片式离合器及制动器基本相同，也是用于固定或连接几个行星排中的某些太阳轮、行星架、齿圈等基本元件，让行星齿轮变速器组成不同传动比的挡位。

（3）供油系统。自动变速器的供油系统主要由油泵、油箱、滤清器、调压阀及管道所组成。油泵是自动变速器最重要的总成之一，它通常安装在变矩器的后方，由变矩器壳后端的轴套驱动。在发动机运转时，不论汽车是否行驶，油泵都在运转，为自动变速器中的变矩器、换挡执行机构、自动换挡控制系统部分提供一定油压的液压油。油压的调节由调压阀来实现。

（4）自动换挡控制系统。自动换挡控制系统能根据发动机的负荷（节气门开度）和汽车的行驶速度，按照设定的换挡规律，自动地接通或切断某些换挡离合器和制动器的供油油路，使离合器结合或分开、制动器制动或释放，以改变齿轮变速器的传动化，从而实现自动换挡。

自动变速器的自动换挡控制系统有液压控制和电液压（电子）控制两种。

液压控制系统是由阀体和各种控制阀及油路所组成的，阀门和油路设置在一个板块内，称为阀体总成。不同型号的自动变速器阀体总成的安装位置有所不同，有的装置于上部，有的装置于侧面，纵置的自动变速器一般装置于下部。

在液压控制系统中，增设控制某些液压油路的电磁阀，就成了电器控制的换挡控制系统，若这些电磁阀是由电子计算机控制的，则成为电子控制的换挡系统。

（5）换挡操纵机构。自动变速器的换挡操纵机构包括手动选择阀的操纵机构和节气门阀的操纵机构等。驾驶员通过自动变速器的操纵手柄改变阀板内的手动阀位置，控制系统根据手动阀的位置及节气门开度、车速、控制开关的状态等因素，利用液压自动控制原理或电子自动控制原理，按照一定的规律控制齿轮变速器中的换挡执行机构的工作，实现自动换挡。

4. 自动变速器的特点

使用液力自动变速器的汽车具有下列显著的优点：

（1）大大提高发动机和传动系的使用寿命。采取液力自动变速器的汽车与采用机械变速器的汽车对比试验表明：前者发动机的寿命可提高 85%，变速器的寿命提高 2 倍，传动轴和驱动半轴的寿命可提高 75%～100%。液力传动汽车的发动机与传动系，由液体工作介质"软"性连接。液力传动起一定的吸收、衰减和缓冲的作用，大大减少冲击和动载荷。例如，当负荷突然增大时，可防止发动机过载和突然熄火。汽车在起步、换挡或制动时，能减少发动机和传动系所承受的冲击及动载荷，因而提高了有关零部件的使用寿命。

（2）高汽车通过性。采用液力自动变速器的汽车，在起步时，驱动轮上的驱动扭矩是逐渐增加的，防止很大的振动，减少车轮的打滑，使起步容易，且更换平稳。它的稳定车速可以降低到低。举例来说：当行驶阻力很大时（如爬陡坡），发动机也不至于熄火，使汽车仍能以极低速度行驶。在特别困难面行驶时，因换挡时没有功率间断，不会出现汽车停车的现象。因此，液力机械变速器对于提高汽车的通过性具有良好的效果。

（3）具有良好的自适应性。目前，液力传动的汽车都采用液力变矩器，它能自动适应汽车驱动轮负荷的变化。当行驶阻力增大时，汽车自动降低速度，使驱动轮动力矩增加；当行驶阻力减小时，减小驱动力矩，增加车速。这说明，变矩器能在一定范围内实现无级变速器，大大减少行驶过程中的换挡次数，有利于提高汽车的动力性和平均车速。

（4）操纵轻便。装备液力自动变速器的汽车，采用液压操纵或电子控制，使换挡实现自动化。在变换变速杆位置时，只需操纵液压控制的滑阀，这比普通机械变速器用拨叉拨动滑动齿轮实现换挡要简单轻松得多。而且，它的换挡齿轮组一般都采用行星齿轮组，是常啮合齿轮组，这就降低或消除了换挡时的齿轮冲击，可以不要主离合器，大大减轻了驾驶员的劳动强度。

综上所述，液力自动变速器不仅能与汽车行驶要求相适应，而且具有单纯机械变速器所不具备的一些显著优点，这是液力自动变速器的主要方面，也是汽车采用液力自动变速器的理由。不过，与单纯机械变速器相比，它也存在某些缺点，如结构复杂，制造成本较高，传动效率较低等。对液力变矩器而言，最高效率一般只有 82%～86%，而机械传动的效率可达 95%～97%。由于传动效率低，使汽车的燃油经济性有所降低；由于自动变速器的结构复杂，相应的维修技术也较复杂，要求有专门的维修人员，具有较高的修理水平和故障检查分析的能力。但这些缺点是相对的，由于大大延长了发动机和传动系统的使用寿命，提高了出车率和生产率，减少了维修费用，自动的无级变速提高了发动机功率的平均利用率，提高平均车速，虽然燃油经济性有所降低，却提高了汽车整体使用经济性。此外，目前还采用一种带锁定离合器的液力变矩器，在一定行驶条件下，通过采用与发动机的最佳匹配，遵循最佳换挡规律，采用变矩器的锁止，可使传动效率大为提高。当锁定离合器分离时，仍与一般液力变矩器相同；当锁定离合器结合时，使液力变矩器失去作用，输入轴与输出轴是直接传动的，传动效率接近百分之百。

5. 自动变速器选挡杆的使用

轿车自动变速器的选挡杆通常有6个位置，如图3.67所示。其功能如下：

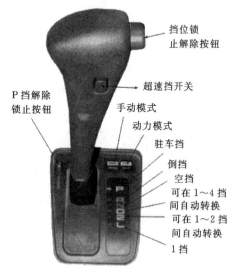

图3.67　自动变速器选挡杆位置示意图

P位：驻车挡。选挡杆置于此位置时，驻车锁止机构将自动变速器输出轴锁止。

R位：倒挡。选挡杆置于此位置时，液压系统倒挡油路被接通，驱动轮反转，实现倒向行驶。

N位：空挡。选挡杆置于此位置时，所有行星齿轮机构空转，不能输出动力。

D位：前进挡。选挡杆置于此位置时，液压系统控制装置根据节气门开度信号和车速信号自动接通相应的前进挡油路，行星齿轮变速器在换挡执行元件的控制下得到相应的传动比。随着行驶条件的变化，在前进挡中自动升降挡，实现自动变速功能。

2位：高速发动机制动挡。选挡杆置于此位置时，液压控制系统只能接通前进挡中的一挡、二挡油路，自动变速器只能在这两个挡位间自动换挡，无法升入更高的挡位，从而使汽车获得发动机制动效果。

L位（也称1位）：低速发动机制动挡。选挡杆置于此位置时，汽车被锁定在前进挡的一挡，只能在该挡位行驶而无法升入高挡，发动机制动效果更强。

这两个挡位多用于山区等路况的行驶，可避免频繁换挡，提高变速器的使用寿命。

发动机只有在选挡杆置于N或P位时，汽车才能起动，此功能靠空挡起动开关来实现。

常见的选挡杆的位置可布置在转向柱上或驾驶室地板上，如图3.68所示。

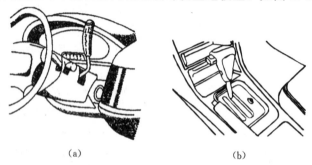

(a)　　　　　　　　　　　　　　　(b)

图3.68　选挡杆的位置

(a) 布置在转向柱上；(b) 布置在驾驶室地板上

3.4.2　液力变矩器

1. 单向离合器检修

单向离合器损坏失效后，液力变矩器就没有了转矩放大的功用，将出现如下故障现象：车辆加速起步无力，不踩加速踏板车辆不走，但车辆行驶起来之后换挡正常，发动机功率正常，如果作失速试验会发现失速转速比正常值低 400~800r/min。

单向离合器的检查如图 3.69 所示，用专用工具插入油泵驱动毂和单向离合器外座圈的槽口中。然后用手指压住单向离合器的内座圈并转动它，检查是否顺时针转动平

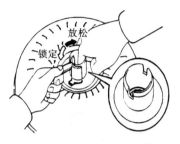

图 3.69　检查单向离合器

稳而逆时针方向锁止。如果单向离合器损坏则需要更换液力变矩器总成。

2. 液力变矩器

（1）功用。液力变矩器位于发动机和机械变速器之间，以自动变速器油（ATF）为工作介质，主要完成以下功用：

1）发动机的转矩通过液力变矩器的主动元件，再通过 ATF 传给液力变矩器的从动元件，最后传给变速器。

2）根据工况的不同，液力变矩器可以在一定范围内实现转速和转矩的无级变化。

3）液力变矩器由于采用 ATF 传递动力，当踩下制动踏板时，发动机也不会熄火，此时相当于离合器分离；当抬起制动踏板时，汽车可以起步，此时相当于离合器接合。

4）ATF 在工作的时候需要油泵提供一定的压力，而油泵是由液力变矩器壳体驱动的。

同时由于采用 ATF 传递动力，液力变矩器的动力传递柔和，且能防止传动系过载。

（2）组成。如图 3.70 所示，液力变矩器通常由泵轮、涡轮和导轮三个元件组成，称为三元件液力变矩器。也有的采用两个导轮，则称为四元件液力变矩器。

液力变矩器总成封在一个钢制壳体（变矩器壳体）中，内部充满 ATF。液力变矩器壳体通过螺栓与发动机曲轴后端的飞轮连接，与发动机曲轴一起旋转。泵轮位于液力变矩器的后部，与变矩器壳体连在一起。涡轮位于泵轮前，通过带花键的从动轴向后面的机械变速器输出动力。导轮位于泵轮与涡轮之间，通过单向离合器支承在固定套管上，使得导轮只能单向旋转（顺时针旋转）。泵轮、涡轮和导轮上都带有叶片，液力变矩器装配好后形成环形内腔，其间充满 ATF。

（3）液力变矩器的工作原理。发动机运转时带动液力变矩器的壳体和泵轮与之一同旋转，泵轮内的液压油在离心力的作用下，由泵轮叶片外缘冲向涡轮，并沿涡轮叶片流向导轮，再经导轮叶片内缘，形成循环的液流。导轮的作用是改变涡轮上的输出扭矩。由于从涡轮叶片下缘流向导轮的液压油仍有相当大的冲击力，只要将泵轮、涡轮和导轮的叶片设计成一定的形状和角度，就可以利用上述冲击力来提高涡轮的输出扭矩。为说明这一原理，可以假想地将液力变矩器的 3 个工作轮叶片从循环流动的液流中心线处剖开并展平，得到如图 3.71 所示的叶片展开示意图；并假设在液力变矩器工作中，发动机转速和负荷

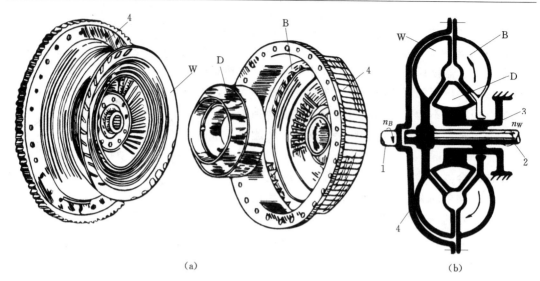

(a)　　　　　　　　　　　　　　　(b)

图 3.70　液力变矩器的组成

(a) 结构分解图；(b) 结构原理示意图

B—泵轮；W—涡轮；D—导轮

1—输入轴；2—输出轴；3—导轮轴；4—变矩器壳

都不变，即液力变矩器泵轮的转速 n_p 和扭矩 M_p 为常数。

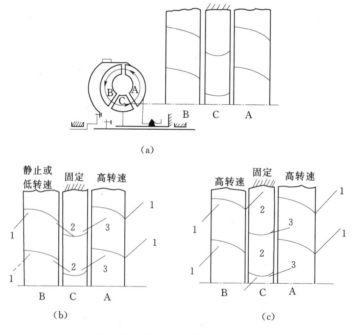

图 3.71　液力变矩器工作原理图

(a) 叶片展开示意图；(b) 起步时；(c) 车速较高时

A—泵轮；B—涡轮；C—导轮

1—由泵轮冲向涡轮的液压油方向；2—由涡轮冲向导轮的液压油方向；3—由导轮流回泵轮的液压油方向

在汽车起步之前，涡轮转速为 0，发动机通过液力变矩器壳体带动泵轮转动，并对液压油产生一个大小为 M_p 的扭矩，该扭矩即为液力变矩器的输入扭矩。液压油在泵轮叶片的推动下，以一定的速度，按图 3.71（b）中箭头 1 所示方向冲向涡轮上缘处的叶片，对涡轮产生冲击扭矩，该扭矩即为液力变矩器的输出扭矩。此时涡轮静止不动，冲向涡轮的液压油沿叶片流向涡轮下缘，在涡轮下缘以一定的速度，沿着与涡轮下缘出口处叶片相同的方向冲向导轮，对导轮也产生一个冲击力矩，并沿固定不动的导轮叶片流回泵轮。当液压油对涡轮和导轮产生冲击扭矩时，涡轮和导轮也对液压油产生一个与冲击扭矩大小相等、方向相反的反作用扭矩 M_t 和 M_s，其中 M_t 的方向与 M_p 的方向相反，而 M_s 的方向与 M_p 的方向相同。根据液压油受力平衡原理，可得：$M_t = M_p + M_s$。由于涡轮对液压油的反作用，扭矩 M_t 与液压油对涡轮的冲击扭矩（即变矩器的输出扭矩）大小相等，方向相反，因此可知，液力变矩器的输出扭矩在数值上等于输入扭矩与导轮对液压油的反作用扭矩之和。显然这一扭矩要大于输入扭矩，即液力变矩器具有增大扭矩的作用。液力变矩器输出扭矩增大的部分即为固定不动的导轮对循环流动的液压油的作用力矩，其数值不但取决于由涡轮冲向导轮的液流速度，也取决于液流方向与导轮叶片之间的夹角。当液流速度不变时，叶片与液流的夹角愈大，反作用力矩亦愈大，液力变矩器的增扭作用也就愈大。一般液力变矩器的最大输出扭矩可达输入扭矩的 2.6 倍左右。

　　当汽车在液力变矩器输出扭矩的作用下起步后，与驱动轮相连接的涡轮也开始转动，其转速随着汽车的加速不断增加。这时由泵轮冲向涡轮的液压油除了沿着涡轮叶片流动之外，还要随着涡轮一同转动，使得由涡轮下缘出口处冲向导轮的液压油的方向发生变化，不再与涡轮出口处叶片的方向相同，而是顺着涡轮转动的方向向前偏斜了一个角度，使冲向导轮的液流方向与导轮叶片之间的夹角变小，导轮上所受到的冲击力矩也减小，液力变矩器的增扭作用亦随之减小。车速愈高，涡轮转速愈大，冲向导轮的液压油方向与导轮叶片的夹角就愈小，液力变矩器的增扭作用亦愈小；反之，车速愈低，液力变矩器的增扭作用就愈小。因此，与液力耦合器相比，液力变矩器在汽车低速行驶时有较大的输出扭矩，在汽车起步，上坡或遇到较大行驶阻力时，能使驱动轮获得较大的驱动力矩。

　　当涡轮转速随车速的提高而增大到某一数值时，冲向导轮的液压油的方向与导轮叶片之间的夹角减小为 0，这时导轮将不受液压油的冲击作用，液力变矩器失去增扭作用，其输出扭矩等于输入扭矩。

　　若涡轮转速进一步增大，冲向导轮的液压油方向继续向前斜，使液压油冲击在导轮叶片的背面，如图 3.71（c）所示，这时导轮对液压油的反作用扭矩 M_s 的方向与泵轮对液压油扭矩 M_p 的方向相反，故此涡轮上的输出扭矩为二者之差，即 $M_t = M_p - M_s$，液力变矩器的输出扭矩反而比输入扭矩小，其传动效率也随之减小。当涡轮转速较低时，液力变矩器的传动效率高于液力耦合器的传动效率；当涡轮的转速增加到某一数值时，液力变矩器的传动效率等于液力耦合器的传动效率；当涡轮转速继续增大后，液力变矩器的传动效率将小于液力耦合器的传动效率，其输出扭矩也随之下降。因此，上述这种液力变矩器是不适合实际使用的。

　　液力变矩器的工作原理可以通过一对风扇的工作来描述。如图 3.72 所示，将风扇 A 通电，将气流吹动起来，并使未通电的电扇 B 也转动起来，此时动力由电扇 A 传递到电扇 B。为了实现转矩的放大，在两台电扇的背面加上一条空气通道，使穿过风扇 B 的气流通过空气通道的导向，从电扇 A 的背面回流，这会加强电扇 A 吹动的气流，使吹向电扇 B 的转矩增加。即电扇 A 相当于泵轮，电扇 B 相当于涡轮，空气通道相当于导轮，空气相当于 ATF。

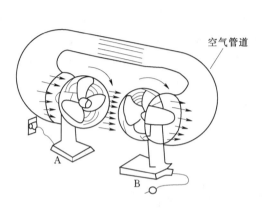

图 3.72   液力变矩器的工作模型

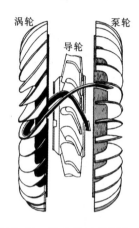

图 3.73   液力变矩器的液流

液力变矩器的液流如图 3.73 所示，由图可以看出，涡轮回流的 ATF 经过导轮叶片后改变流动方向，与泵轮旋转方向相同，从而使液力变矩器具有转矩放大的功用。

（4）带锁止离合器的液力变矩器。变矩器是用液力来传递汽车动力的，而液压油的内部摩擦会造成一定的能量损失，因此传动效率较低。为提高汽车的传动效率，减少燃油消耗，现代很多轿车的自动变速器采用一种带锁止离合器的综合式液力变矩器。这种变矩器内有一个由液压油操纵的锁止离合器。锁止离合器的主动盘即为变矩器壳体，从动盘是一个可作轴向移动的压盘，它通过花键套与涡轮连接（图 3.74）。压盘背面（图中右侧）的液压油与变矩器泵轮、涡轮中的液压油相通，保持一定的油压（该压力称为变矩器压力）；压盘左侧（压盘与变矩器壳体之间）的液压油通过变矩器输出轴中间的控制油道与阀板总成上的锁止控制阀相通。锁止控制阀由自动变速器电脑通过锁止电磁阀来控制。

自动变速器电脑根据车速、节气门开度、发动机转速、变速器液压油温度、操纵手柄位置、控制模式等因素，按照设定的锁止控制程序向锁止电磁阀发出控制信号，操纵锁止控制阀，以改变锁止离合器压盘两侧的油压，从而控制锁止离合器的工作。当车速较低时，锁止控制阀让液压油从油道 B 进入变矩器，使锁止离合器压盘两侧保持相同的油压，锁止离合器处于分离状态，这时输入变矩器的动力完全通过液压油传至涡轮，图 3.75 (a) 所示。当汽车在良好道路上高速行驶，且车速、节气门开度、变速器液压油温度等因素符合一定要求时，电脑即操纵锁止控制阀，让液压油从油道 C 进入变矩器，而让油道 B 与泄油口相通，使锁止离合器压盘左侧的油压下降。由于压盘背面（图中右侧）的液压油压力仍为变矩器压力，从而使压盘在前后两面压力差的作用下压紧在主动盘（变矩器壳体）上，如图 3.75 (b) 所示，这时输入变矩器的动力通过锁止离合器的机械连接，由压盘直接传至涡轮输出，传动效率为 100%。另外，锁止离合器在结合时还能减少变矩器中

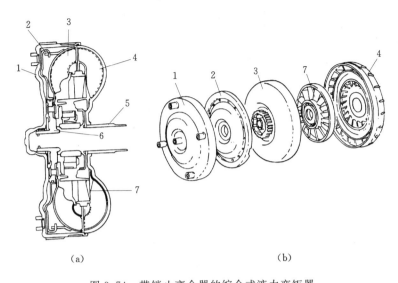

图 3.74 带锁止离合器的综合式液力变矩器

(a) 结构示意图；(b) 结构分解图

1—变矩器壳；2—锁止离合器压盘；3—涡轮；4—泵轮；5—变矩器轴套；6—输出轴花键套；7—导轮

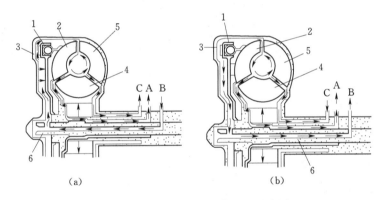

图 3.75 锁止离合器工作原理示意图

(a) 锁止离合器分离；(b) 锁止离合器分离结合

1—锁止离合器压盘；2—涡轮；3—变矩器壳；4—导轮；5—泵轮；6—变矩器输出轴

A—变矩器出油道；B、C—锁止离合器控制油道

的液压油因液体摩擦而产生的热量，有利用降低液压油的温度。有些车型的液力变矩器的锁止离合器盘上还装有减振弹簧，以减小锁止离合器在结合时瞬间产生的冲击力（图 3.76）。

（5）单向离合器。单向离合器又称为自由轮机构、超越离合器，其功用是实现导轮的单向锁止，即导轮只能顺时针转动而不能逆时针转动，使得液力变矩器在高速区实现偶合传动。

常见的单向离合器有楔块式和滚柱式两种结构形式。

楔块式单向离合器如图 3.77 所示，由内座圈、外座圈、楔块、保持架等组成。导轮与外座圈连为一体，内座圈与固定

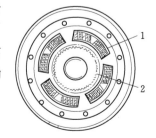

图 3.76 带减振弹簧的压盘

1—减振弹簧；2—花键套

55

套管刚性连接，不能转动。当导轮带动外座圈逆时针转动时，外座圈带动楔块逆时针转动，楔块的长径与内、外座圈接触，如图 3.77（a）所示由于长径长度大于内、外座圈之间的距离，所以外座圈被卡住而不能转动。当导轮带动外座圈顺时针转动时，外座圈带动楔块顺时针转动，楔块的短径与内、外座圈接触，如图 3.77（b）所示由于短径长度小于内、外座圈之间的距离，所以外座圈可以自由转动。

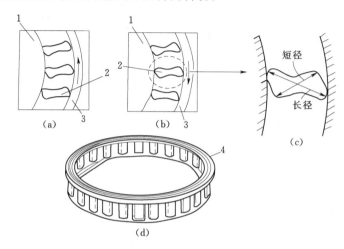

图 3.77　楔块式单向离合器

（a）不可转动；（b）可以转动；（c）楔块结构；（d）楔块式单向离合器

1—内座圈；2—楔块；3—外座圈；4—保持架

滚柱式单向离合器如图 3.78 所示，由内座圈、外座圈、滚柱、叠片弹簧等组成。当导轮带动外座圈顺时针转动时，滚柱进入楔形槽的宽处，内、外座圈不能被滚柱楔紧，外座圈和导轮可以顺时针自由转动。当导轮带动外座圈逆时针转动时，滚柱进入楔形槽的窄处，内、外座圈被滚柱楔紧，外座圈和导轮固定不动。

3.4.3　单排行星齿轮机构

1. 单排行星齿轮机构的工作原理

（1）单排行星齿轮机构的组成。如图 3.79 所示，单排行星齿轮机构主要由一个太阳轮（或称为中心轮）、一个带有若干个行星齿轮的行星架和一个齿圈组成。

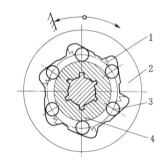

图 3.78　滚柱式单向离合器

1—叠片弹簧；2—外座圈；3—滚柱；4—内座圈

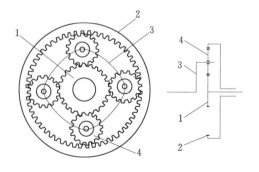

图 3.79　单排行星齿轮机构

1—太阳轮；2—齿圈；3—行星架；4—行星轮

齿圈又称为齿环，制有内齿，其余齿轮均为外齿轮。太阳轮位于机构的中心，行星轮与之外啮合，行星轮与齿圈内啮合。通常行星轮有 3～6 个，通过滚针轴承安装在行星齿轮轴上，行星齿轮轴对称、均匀地安装在行星架上。行星齿轮机构工作时，行星轮除了绕自身轴线的自转外，同时还绕着太阳轮公转，行星轮绕太阳轮公转，行星架也绕太阳轮旋转。由于太阳轮与行星轮是外啮合，所以两者的旋转方向是相反的；而行星轮与齿圈是内啮合，则这两者的旋转方向是相同的。

（2）单排行星齿轮机构的运动规律。根据能量守恒定律，由作用在单排行星齿轮机构各元件上的力矩和结构参数，可以得出表示单排行星齿轮机构运动规律的特性方程式为

$$n_1 + \alpha n_2 - (1+\alpha)n_3 = 0$$

式中，n_1 为太阳轮转速；n_2 为齿圈转速；n_3 为行星架转速；α 为齿圈齿数 z_2 与太阳轮齿数 z_1 之比，即 $\alpha = z_2/z_1$，且 $\alpha > 1$。

由于一个方程有三个变量，如果将太阳轮、齿圈和行星架中某个元件作为主动（输入）部分（输入），让另一个元件作为从动（输出）部分，则由于第三个元件不受任何约束和限制，所以从动部分的运动是不确定的。因此为了得到确定的运动，必须对太阳轮、齿圈和行星架三者中的某个元件的运动进行约束和限制。

（3）单排行星齿轮机构不同的动力传动方式。如图 3.80 所示，通过对不同的元件进行约束和限制，可以得到不同的动力传动方式。

1）齿圈为主动件（输入），行星架为从动件（输出），太阳轮固定，如图 3.80（a）所示。此时，$n_1 = 0$，则传动比 i_{23} 为

$$i_{23} = n_2/n_3 = 1 + 1/\alpha > 1$$

由于传动比大于 1，说明为减速传动，可以作为降速挡。

2）太阳轮为主动件（输入），行星架为从动件（输出），齿圈固定，如图 3.80（b）所示。此时，$n_2 = 0$，则传动比 i_{13} 为

$$i_{13} = n_1/n_3 = 1 + \alpha > 1$$

由于传动比大于 1，说明为减速传动，可以作为降速挡。

对比这两种情况的传动比，由于 $i_{13} > i_{23}$，虽然都为降速挡，但 i_{13} 是降速挡中的低挡，而 i_{23} 为降速挡中的高挡。

3）行星架为主动件（输入），齿圈为从动件（输出），太阳轮固定，如图 3.80（c）所示。此时，$n_1 = 0$，则传动比 i_{32} 为

$$i_{32} = n_3/n_2 = \alpha/(1+\alpha) < 1$$

由于传动比小于 1，说明为增速传动，可以作为超速挡。

4）行星架为主动件（输入），太阳轮为从动件（输出），齿圈固定，如图 3.80（d）所示。此时，$n_2 = 0$，则传动比 i_{31} 为

$$i_{31} = n_3/n_1 = 1/(1+\alpha) < 1$$

由于传动比小于 1，说明为增速传动，可以作为超速挡。

5）太阳轮为主动件（输入），齿圈为从动件（输出），行星架固定，如图 3.80（e）所示。此时，$n_3 = 0$，则传动比 i_{12} 为

$$i_{12} = n_1/n_2 = -\alpha$$

由于传动比为负值，说明主从动件的旋转方向相反；又由于 $|i_{12}|>1$，说明为减速传动，可以作为倒挡。

6) 太阳轮为从动件（输出），齿圈为主动件（输入），行星架固定，如图 3.80 (f) 所示。此时，$n_3=0$，则传动比 i_{12} 为

$$i_{12}=n_2/n_1=-1/\alpha$$

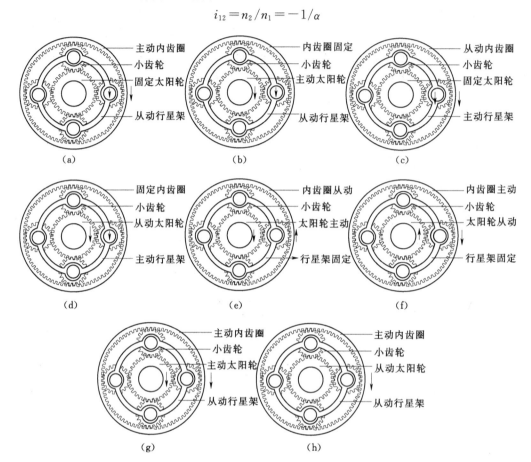

图 3.80　单排行星齿轮机构的动力传动方式
(a) 同向减速状态；(b) 同向减速状态 1；(c) 同向增速状态；(d) 同向增速状态 1；
(e) 反向减速状态；(f) 反向增速状态；(g) 直接传动状态；(h) 空挡状态

7) 如果 $n_1=n_2$，则可以得到 $n_3=n_1=n_2$。同样，$n_1=n_3$ 或 $n_2=n_3$ 时，均可以得到 $n_1=n_2=n_3$ 的结论。因此，若使太阳轮、齿圈和行星架三个元件中的任何二个元件连为一体转动，则另一个元件的转速必然与前二者等速同向转动。即行星齿轮机构中所有元件（包含行星轮）之间均无相对运动，传动比 $i=1$。这种传动方式用于变速器的直接挡传动。如图 3.80 (g) 所示。

8) 如果太阳轮、齿圈和行星架三个元件没有任何约束，则各元件的运动是不确定的，此时为空挡。如图 3.80 (h) 所示。

2. 辛普森式行星齿轮变速器

辛普森式（Simpson）行星齿轮变速器是在自动变速器中应用最广泛的一种行星齿轮变速器，它是由美国福特公司的工程师 H. W. 辛普森发明的，目前多采用的是四挡辛普森行星齿轮变速器。

（1）四挡辛普森行星齿轮变速器的结构、组成。如图 3.81、图 3.82 所示为四挡辛普森行星齿轮变速器的结构简图和元件位置图，应该注意到不同厂家的四挡辛普森行星齿轮变速器的元件位置稍有不同。

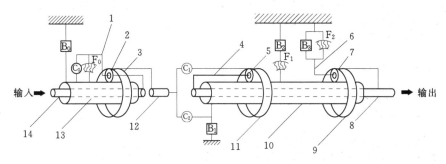

图 3.81　四挡辛普森行星齿轮变速器的结构简图

1—超速行星排行星架；2—超速行星排行星轮；3—超速行星排齿圈；4—前行星排行星；5—前行星排行星轮；

6—后行星排行星架；7—后行星排行星轮；8—输出轴；9—后行星排齿圈；10—前后行星排太阳轮；

11—前行星排齿圈；12—中间轴；13—超速行星排太阳轮；14—输入轴

C_0—超速挡离合器；C_1—前进挡离合器；C_2—直接挡、倒挡离合器；B_0—超速挡制动器；

B_1—二挡滑行制动器；B_2—二挡制动器；B_3—低、倒挡离合器；F_0—超速挡单向离合器；

F_1—二挡（一号）单向离合器；F_2—低挡（二号）单向离合器

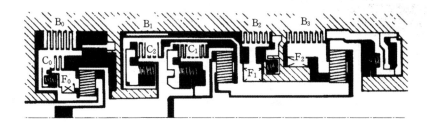

图 3.82　四挡辛普森行星齿轮变速器的元件位置图

C_0—超速挡离合器；C_1—前进挡离合器；C_2—直接挡、倒挡离合器；B_0—超速挡制动器；

B_1—二挡滑行制动器；B_2—二挡制动器；B_3—低、倒挡离合器；F_0—超速挡单向离合器；

F_1—二挡（一号）单向离合器；F_2—低挡（二号）单向离合器

四挡辛普森行星齿轮变速器由四挡辛普森行星齿轮机构和换挡执行元件两大部分组成。其中四挡辛普森行星齿轮机构由三排行星齿轮机构组成，前面一排为超速行星排，中间一排为前行星排，后面一排为后行星排，之所以这样命名是由于四挡辛普森行星齿轮机构是在三挡辛普森行星齿轮机构的基础上发展起来的，沿用了三挡辛普森行星齿轮机构的命名。输入轴与超速行星排的行星架相连，超速行星排的齿圈与中间轴相连，中间轴通过前进挡离合器或直接挡、倒挡离合器与前、后行星排相连。前、后行星排的结构特点是，共用一个太阳轮，前行星排的行星架与后行星排的齿圈相连并与输出轴相连。

换挡执行机构包括三个离合器、四个制动器和三个单向离合器共十个元件。具体的功能见表 3.3。

表 3.3　　　　　　　　　　　　　换挡执行元件的功能

换挡执行元件		功 能
C_0	超速挡（OD）离合器	连接超速行星排太阳轮与超速行星排行星架
C_1	前进挡离合器	连接中间轴与前行星排齿圈
C_2	直接挡、倒挡离合器	连接中间轴与前后行星排太阳轮
B_0	超速挡（OD）制动器	制动超速行星排太阳轮
B_1	二挡滑行制动器	制动前后行星排太阳轮
B_2	二挡制动器	制动 F_1 外座圈，当 F_1 也起作用时，可以防止前后行星排太阳轮逆时针转动
B_3	低、倒挡离合器	制动后行星排行星架
F_0	超速挡（OD）单向离合器	连接超速行星排太阳轮与超速行星排行星架
F_1	二挡（一号）单向离合器	当 B_2 工作时，防止前后行星排太阳轮逆时针转动
F_2	低挡（二号）单向离合器	防止后行星排行星架逆时针转动

（2）四挡辛普森行星齿轮变速器各挡传动路线。在变速器各挡位时，换挡执行元件的动作情况见表 3.4。

表 3.4　　　　　　　　　　　　各挡位时换挡执行元件的动作情况

选挡杆位置	挡位	换挡执行元件										发动机制动
		C_0	C_1	C_2	B_0	B_1	B_2	B_3	F_0	F_1	F_2	
P	驻车挡	○										
R	倒挡	○		○				○	○			
N	空挡	○										
D	一挡	○	○						○		○	
	二挡	○	○				○		○	○		
	三挡	○	○	○			○					
	四挡（OD挡）		○	○	○		○					
2	一挡	○	○						○		○	
	二挡	○	○			○	○		○	○		○
	三挡*	○	○	○			○					
L	一挡	○	○					○	○		○	○
	二挡*	○	○			○	○		○	○		○

* 只能降挡不能升挡；○换挡元件工作或有发动机制动。

1）D_1 挡如图 3.83 所示，D 位一挡时，C_0、C_1、F_0、F_2 工作。C_0 和 F_0 工作将超速行星排的太阳轮和行星架相连，此时超速行星排成为一个刚性整体，输入轴的动力顺时针传到中间轴。C_1 工作将中间轴与前行星排齿圈相连，前行星排齿圈顺时针转动驱动前行星排行星轮，前行星排行星轮即顺时针自转又顺时针公转，前行星排行星轮顺时针公转则输出轴也顺时针转动，这是一条动力传动路线。由于前行星排行星轮顺时针自转，则前后行星排太阳轮逆时针转动，再驱动后行星排行星轮顺时针自转，此时后行星排行星轮在前后行星排太阳轮的作用下有逆时针公转的趋势，但由于 F_2 的作用，使得后行星排行星架不动。这样顺时针转动的后行星排行星轮驱动齿圈顺时针转动，从输出轴也输出动力，这是第二条动力传动路线。

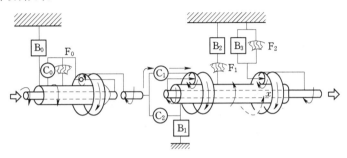

图 3.83　D 位一挡动力传动路线

2）D_2 挡如图 3.84 所示，D 位二挡时，C_0、C_1、B_2、F_0、F_1 工作。C_0 和 F_0 工作如前所述直接将动力传给中间轴。C_1 工作，动力顺时针传到前行星排齿圈，驱动前行星排行星轮顺时针转动，并使前后太阳轮有逆时针转动的趋势，由于 B_2 的作用，F_1 将防止前后太阳轮逆时针转动，即前后太阳轮不动。此时前行星排行星轮将带动行星架也顺时针转动，从输出轴输出动力。后行星排不参与动力的传动。

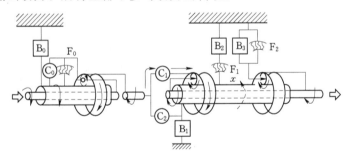

图 3.84　D 位二挡动力传动路线

3）D_3 挡如图 3.85 所示，D 位三挡时，C_0、C_1、C_2、B_2、F_0 工作。C_0 和 F_0 工作

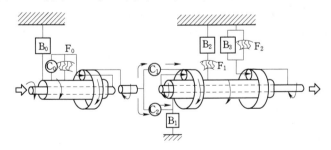

图 3.85　D 位三挡动力传动路线

如前所述直接将动力传给中间轴。C_1、C_2 工作将中间轴与前行星排的齿圈和太阳轮同时连接起来，前行星排成为刚性整体，动力直接传给前行星排行星架，从输出轴输出动力。此挡为直接挡。

4）D_4 挡如图 3.86 所示，D 位四挡时，C_1、C_2、B_0、B_2 工作。B_0 工作，将超速行星排太阳轮固定。动力由输入轴输入，带动超速行星排行星架顺时针转动，并驱动行星轮及齿圈都顺时针转动，此时的传动比小于 1。C_1、C_2 工作使得前后行星排的工作同 D_3 挡，即处于直接挡。所以整个机构以超速挡传递动力。B_2 的作用同前所述。

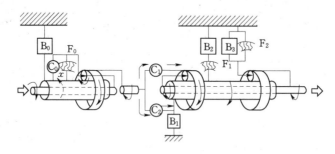

图 3.86　D 位四挡动力传动路线

5）二位一挡的工作与 D 位一挡相同。

6）二位二挡如图 3.87 所示，二位二挡时，C_0、C_1、B_1、B_2、F_0、F_1 工作。动力传动路线与 D 位二挡时相同。区别只是由于 B_1 的工作，使得二位二挡有发动机制动，而 D 位二挡没有。此挡为高速发动机制动挡。

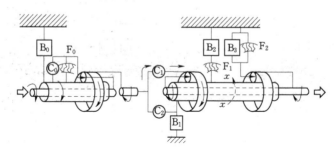

图 3.87　二位二挡动力传动路线

发动机制动是指利用发动机怠速时的较低转速以及变速器的较低挡位来使较快的车辆减速。D 位二挡时，如果驾驶员抬起加速踏板，发动机进入怠速工况，而汽车在原有的惯性作用下仍以较高的车速行驶。此时，驱动车轮将通过变速器的输出轴反向带动行星齿轮机构运转，各元件都将以相反的方向转动，即前后太阳轮将有顺时针转动的趋势，F_1 不起作用，使得反传的动力不能到达发动机，无法利用发动机进行制动。而在二位二挡时，B_1 工作使得前后太阳轮固定，既不能逆时针转动也不能顺时针转动，这样反传的动力就可以传到发动机，所以有发动机制动。

7）二位三挡的工作与 D 位三挡相同。

8）L_1 挡如图 3.88 所示，L 位一挡时，C_0、C_1、B_3、F_0、F_2 工作。动力传动路线与 D 位一挡时相同。区别只是由于 B_3 的工作，使后行星排行星架固定，有发动机制动，原因同前所述。此挡为低速发动机制动挡。

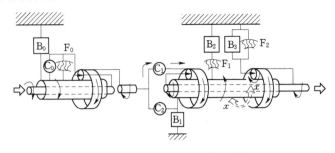

图 3.88 L 位一挡动力传动路线

9）L 位二挡的工作与二位二挡相同。

10）R 挡如图 3.89 所示，倒挡时，C_0、C_2、B_3、F_0 工作。C_0 和 F_0 工作如前所述直接将动力传给中间轴。C_2 工作将动力传给前后行星排太阳轮。由于 B_3 工作，将后行星排行星架固定，使得行星轮仅相当于一个惰轮。前后行星排太阳轮顺时针转动驱动后行星排行星架逆时针转动，进而驱动后行星排齿圈也逆时针转动，从输出轴逆时针输出动力。

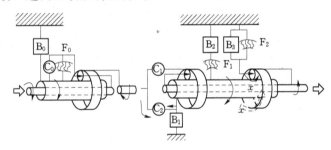

图 3.89 R 挡动力传动路线

11）选挡杆置于 P 位时，一般自动变速器都是通过驻车锁止机构将变速器输出轴锁止实现驻车。如图 3.90 所示，驻车锁止机构由输出轴外齿圈、锁止棘爪、锁止凸轮等组成。锁止棘爪与固定在变速器壳体上的枢轴相连。当选挡杆处于其他位置时，锁止凸轮退回，锁止棘爪在回位弹簧的作用离开输出轴外齿圈，锁止撤销，如图 3.90（a）所示。当选挡杆处于 P 位时，与选挡杆相连的手动阀通过锁止凸轮将锁止棘爪推向输出轴外齿圈，并嵌入齿中，使变速器输出轴与壳体相连而无法转动，如图 3.90（b）所示。

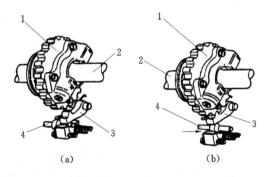

图 3.90 驻车锁止机构
（a）驻车锁止；（b）锁止解除
1—输出轴外齿圈；2—输出轴；3—锁止棘爪；
4—锁止凸轮

（3）换挡离合器。行星齿轮变速器的换挡执行元件包括离合器、制动器和单向离合器。离合器的功用是连接轴和行星齿轮机构中的元件或是连接行星齿轮机构中的不同元件。

离合器主要由离合器鼓、花键毂、活塞、主动摩擦片、从动钢片、回位弹簧等组成，如图 3.91 所示。离合器鼓是一个液压缸，鼓内有内花键齿圈，内圆轴颈上有进油孔与控制油路相通。离合器活塞呈环状，内外圆上有密封圈，安装在离合器鼓内。从动钢片和主动摩擦片交错排列，二者统称为离合器片，均使用钢料制成，但摩擦片的两面烧结有铜基粉末冶金的摩擦材料。为保证离合器接合柔和及散热，离合器片浸在油液中工作，因而称为湿式离合器。钢片带有外花键齿，与离合器鼓的内花键齿圈连接，并可轴向移动，摩擦片则以内花键齿与花键毂的外花键槽配合，也可作轴向移动。花键毂和离合器鼓分别以一定的方式与变速器输入轴或行星齿轮机构的元件相连接。碟形弹簧的作用是使离合器接合柔和，防止换挡冲击。可以通过调整卡环或压盘的厚度调整离合器的间隙。

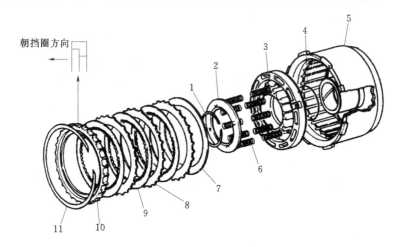

图 3.91　离合器零件分解图

1—卡环；2—弹簧座；3—活塞；4—O 形圈；5—离合器鼓；6—回位弹簧；
7—碟形弹簧；8—从动钢片；9—主动摩擦片；10—压盘；11—卡环

离合器工作原理如图 3.92 所示。当一定压力的 ATF 经控制油道进入活塞左面的液压缸时，液压作用力便克服弹簧力使活塞右移，将所有离合器片压紧，即离合器接合，与离合器主、从动部分相连的元件也被连接在一起，以相同的速度旋转。

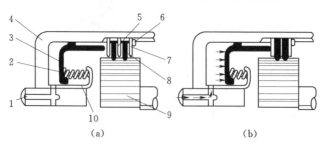

图 3.92　离合器工作原理

（a）分离状态；（b）接合状态

1—油道；2—回位弹簧；3—活塞；4—从动毂；5—从动钢片；6—卡环；
7—碟形弹簧；8—主动摩擦片；9—主动毂；10—弹簧座

当控制阀将作用在离合器液压缸的油压撤除后，离合器活塞在回位弹簧的作用下回复原位，并将缸内的变速器油从进油孔排出，使离合器分离，离合器主从动部分可以不同转速旋转。

为了快速泄油，保证离合器彻底分离，一般在液压缸的活塞上都有一个单向球阀，如图 3.93 所示。当 ATF 被撤除时，球体在离心力的作用下离开阀座，开启辅助泄油通道，使 ATF 迅速撤离。

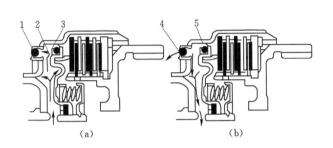

图 3.93　带单向安全阀的离合器
（a）接合时；（b）分离时
1—单向球阀；2—液压缸；3—油封；4—辅助泄油通道；5—活塞

图 3.94　检查离合器间隙
1—离合器总成；2—厚薄规

离合器总成分解后要对每个零件进行清洗和检查，如离合器鼓、花键毂、离合器片、压盘等是否磨损严重、变形，回位弹簧是否断裂、弹性不足，单向球阀是否密封良好等，必要时更换零部件和总成。

离合器重新装配后要检查离合器的间隙。间隙过大会使换挡滞后、离合器打滑；间隙过小会使得离合器分离不彻底。检查离合器间隙一般是用厚薄规（塞尺）进行，如图 3.94 所示。

（4）制动器。制动器的功用是固定行星齿轮机构中的元件，防止其转动。制动器有片式和带式两种形式。片式制动器与离合器的结构和原理相同，不同之处是离合器是起连接作用而传递动力，而片式制动器是通过连接而起制动作用。下面介绍带式制动器。

带式制动器由制动带和控制油缸组成，如图 3.95 所示为带式制动器的零件分解图。制动带是内表面带有镀层的开口式环形钢带。制动带的一端支承在与变速器壳体固连的支座上，另一端与控制油缸的活塞杆相连。

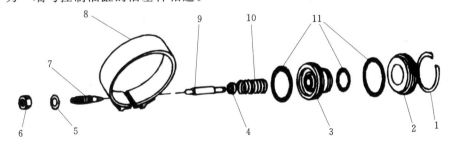

图 3.95　带式制动器的零件分解图
1—卡环；2—活塞定位架；3—活塞；4—止推垫圈；5—垫圈；6—锁紧螺母；
7—调整螺钉；8—制动带；9—活塞杆；10—回位弹簧；11—O 形圈

制动器的工作原理如图 3.96 所示，制动带开口处的一端通过支柱支承于固定在变速器壳体的调整螺钉上，另一端支承于油缸活塞杆端部，活塞在回位弹簧和左腔油压作用下位于右极限位置，此时，制动带和制动鼓之间存在一定间隙。

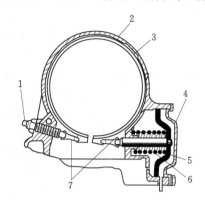

图 3.96　制动器的工作原理

1—调整螺钉；2—制动带；3—制动鼓；4—油缸盖；

5—活塞；6—回位弹簧；7—支柱

图 3.97　单向离合器的检查

制动时，压力油进入活塞右腔，克服左腔油压和回位弹簧的作用力推动活塞左移，制动带以固定支座为支点收紧。在制动力矩的作用下，制动鼓停止旋转，行星齿轮机构某元件被锁止。随着油压撤除，活塞逐渐回位，制动解除。

检查制动带是否破裂、过热、不均匀磨损、表面剥落等情况，如果有任何一种，制动带都应更换。

检查制动鼓表面是否有污点、划伤、磨光、变形等缺陷。

制动器装配后要调整工作间隙，原因与离合器间隙的调整是一样的。方法是：将调整螺钉上的锁紧螺母拧松并退回大约五圈，然后用扭力扳手按规定转矩将调整螺钉拧紧，再按维修手册的要求将调整螺钉退回一定圈数，最后用锁紧螺母紧固。

（5）单向离合器。单向离合器的结构原理同导轮的单向离合器，检查方法如图 3.97 所示，要求在箭头所示的方向自由转动，而反方向锁止，必要时更换或重新安装。

3. 拉威挪式行星齿轮变速机构

拉威挪式（Ravigneaux）行星齿轮变速器的结构，以 01N 型四挡自动变速器为典型。由于换挡执行机构的结构、原理和检修与辛普森式齿轮变速器都是一样的，所以这里只介绍其拉威挪行星齿轮机构。

（1）01N 型四挡拉威挪行星齿轮变速器的结构、组成。拉威挪行星齿轮变速器的结构如图 3.98 所示，包括拉威挪行星齿轮机构和离合器、制动器、单向离合器。

拉威挪行星齿轮机构如图 3.99 所示，由双行星排组成，包括大太阳轮、小太阳轮、长行星轮、短行星轮、齿圈和行星架。大、小太阳轮采用分段式结构，使 3 挡到 4 挡的转换更加平顺。短行星轮与长行星轮及小太阳轮啮合，长行星轮同时与大太阳轮、短行星轮及齿圈啮合，动力通过齿圈输出。两个行星轮共用一个行星架（图中未画出）。

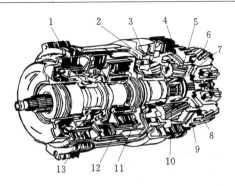
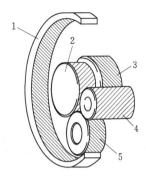

图 3.98　拉威挪行星齿轮变速器

1—第二、四挡制动器（B_2）；2—单向离合器（F）；3—大太阳轮；

4—倒挡制动器（B_1）；5—短行星轮；6—主动锥齿轮；7—小太

阳轮；8—行星架；9—车速传感器齿轮；10—长行星轮；

11—第三、四挡离合器（K_3）；12—倒挡离合器

（K_2）；13—第一到第三挡离合器（K_1）

图 3.99　拉威挪行星齿轮机构

1—齿圈；2—小太阳轮；

3—大太阳轮；4—长行星轮；

5—短行星轮

（2）01N 型四挡拉威挪行星齿轮变速器各挡传动路线。拉威挪行星齿轮变速器的简图如图 3.100 所示，其中离合器 K_2 用于驱动大太阳轮，离合器 K_3 用于驱动行星齿轮架，制动器 B_1 用于制动行星齿轮架，制动器 B_2 用于制动大太阳轮，单向离合器 F 防止行星架逆时针转动，锁止离合器 LC 将变矩器的泵轮和涡轮刚性连在一起。

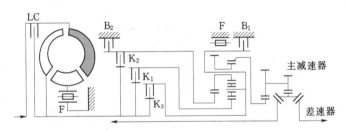

图 3.100　拉威挪行星齿轮变速器的简图

各挡位换挡元件的工作情况见表 3.5。

表 3.5　各挡位换挡元件的工作情况

部件 挡位	B_1	B_2	K_1	K_2	K_3	F	LC
R	×			×		×	
1H			×			×	
1M			×				×
2H		×	×				
2M		×	×				×
3H			×		×		
3M			×		×		×
4H		×			×		
4M		×			×		×

注　×表示离合器、制动器或单向离合器工作；H 表示液压；M 表示机械。

67

各挡动力传动路线如下:

1) 液压 1 挡时,离合器 K_1 接合,单向离合器 F 工作。如图 3.101 所示,动力传动路线为:泵轮→涡轮→涡轮轴→离合器 K_1→小太阳轮→短行星轮→长行星轮驱动齿圈。

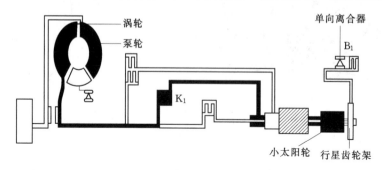

图 3.101　液压 1 挡动力传动路线

2) 液压 2 挡时,离合器 K_1 接合,制动器 B_2 制动大太阳轮。如图 3.102 所示,动力传动路线为:泵轮→涡轮→涡轮轴→离合器 K_1→小太阳轮→短行星轮→长行星轮围绕大太阳轮转动并驱动齿圈。

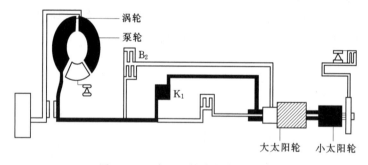

图 3.102　液压 2 挡动力传动路线

3) 液压 3 挡时,离合器 K_1 和 K_3 接合,驱动小太阳轮和行星架,因而使行星齿轮机构锁止并一同转动。如图 3.103 所示,动力传动路线为:泵轮→涡轮→涡轮轴→离合器 K_1 和 K_3→整个行星齿轮转动。

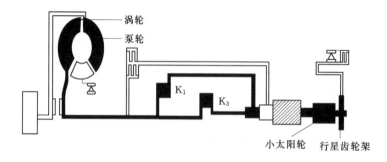

图 3.103　液压 3 挡动力传动路线

机械 3 挡时,变矩器锁止离合器 LC 接合,离合器 K_1 和 K_3 接合,行星齿轮机构锁止,形成一个整体进行工作。如图 3.104 所示,动力传动路线为:泵轮→锁止离合器 LC

→离合器 K_1 和 K_3→整个行星齿轮机构转动。

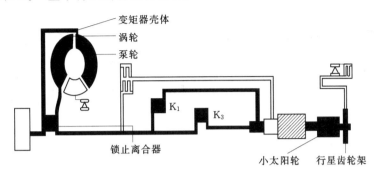

图 3.104　机械 3 挡动力传动路线

4）液压 4 挡时，离合器 K_3 接合，制动器 B_2 工作，使行星架工作，并制动大太阳轮，如图 3.105 所示，动力传动路线为：泵轮→涡轮→涡轮轴→离合器 K_3→行星架→长行星轮围绕大太阳轮转动并驱动齿圈。

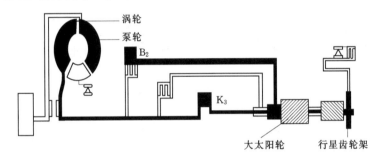

图 3.105　液压 4 挡动力传动路线

机械 4 挡时，变矩器锁止离合器 LC 接合，离合器 K_3 接合，制动器 B_2 工作，使行星架工作并制动大太阳轮。如图 3.106 所示，动力传动路线为：泵轮→锁止离合器 LC→离合器 K_3→行星架→长行星轮围绕大太阳轮转动并驱动齿圈。

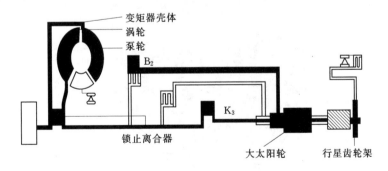

图 3.106　机械 4 挡动力传动路线

5）换挡杆在 "R" 位置时，离合器 K_2 接合，驱动大太阳轮；制动器 B_1 工作，使行星架制动。如图 3.107 所示，动力传动路线为：泵轮→涡轮→涡轮轴→离合器 K_2→大太阳轮→长行星轮反向驱动齿圈。

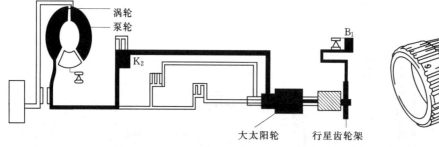

图 3.107　倒挡动力传动路线

图 3.108　行星轮与行星架
间隙的测量

4. 行星齿轮机构的检修

（1）检查太阳轮、行星轮和齿圈的齿面，若有磨损或疲劳脱落，应更换整个行星排。

（2）检查行星齿轮与行星架之间的间隙，如图 3.108 所示，其标准间隙为 0.2～0.6mm，最大不得超过 1.0mm，否则应更换止推垫片或行星架和行星齿轮组件。

（3）检查太阳轮、行星架、齿圈等零件的轴径或滑动轴承处有无磨损，若有则应更换新件。

（4）检查单向超越离合器，若滚柱破裂、滚珠保持架断裂或内外圈滚道起槽，应更换新件；如果在锁止方向上打滑或在自由转动方向上卡滞，也应更换新件。

3.4.4　定轴式自动变速器

1. 定轴式自动变速器的典型结构分析

广州本田雅阁轿车采用的 PAX 型电控自动变速器，采用了定轴式齿轮变速传动机构，它主要由平行轴、各挡齿轮和多片湿式换挡离合器（以下统称离合器）等组成，其结构如图 3.109 所示，剖面示意图如图 3.110 所示。

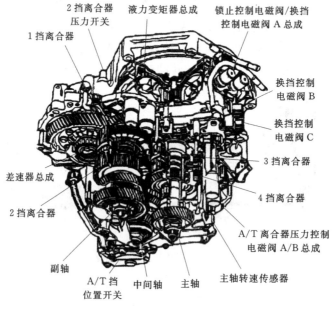

图 3.109　PAX 型自动变速器结构图

平行轴有 3 根，即主轴、中间轴和副轴。主轴与发动机曲轴主轴颈轴线同轴。主轴上装有 3 挡和 4 挡离合器及 3 挡、4 挡、倒挡齿轮和惰轮（倒挡齿轮、4 挡齿轮制为一体）。中间轴上装有最终主动齿轮及 1 挡、3 挡、4 挡、倒挡、2 挡齿轮及惰轮。中间轴 4 挡齿轮及其倒挡齿轮可在副轴中部锁止，工作时是锁止 4 挡齿轮还是倒挡齿轮则取决于接合套的移动方式。另外，主轴和副轴上的齿轮与中间轴上的齿轮保持常啮状态。平行轴有 3 根，即主轴、中间轴和副轴。主轴与发动机曲轴主轴颈轴线同轴。

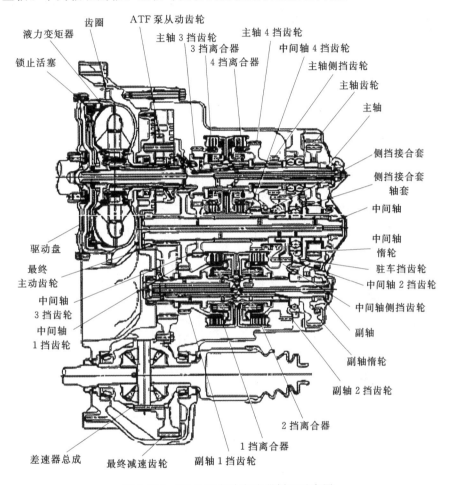

图 3.110　PAX 型自动变速器剖面示意图

　　主轴上装有 3 挡、4 挡齿轮及其倒挡齿轮可在副轴中部锁止，工作时是锁止 4 挡齿轮还是倒挡齿轮则取决于接合套的移动方式。另外，主轴和副轴上的齿轮与中间轴上的齿轮保持常啮状态。

　　行车中，当通过自动变速器控制系统使变速器中某一组齿轮啮合时，动力将从主轴和副轴传递到中间轴，并由中间轴输出，同时仪表板上的 A/T 挡位指示灯显示正在运行的挡位。

　　2. 定轴式自动变速器的主要特点

　　采用平行定轴式齿轮变速传动机构，而不是采用通常的行星齿轮变速器，这种结构与普通的手动齿轮变速器很相似；除液压控制系统外，还增设有电子控制系统，使车辆在各种道路条件下驾驶均具有良好的平顺性和最佳的挡位选择；采用前轮驱动，变速与驱动合为一体，即为变速驱动桥，使动力传递路线短，结构更加紧凑。

3.4.5　自动变速器的液压控制系统

1. 液压控制系统的基本组成与供油系统的作用

（1）基本组成。液压控制系统的基本组成。包括动力源、执行机构和控制机构三大部分，主要元件如图 3.111 所示。

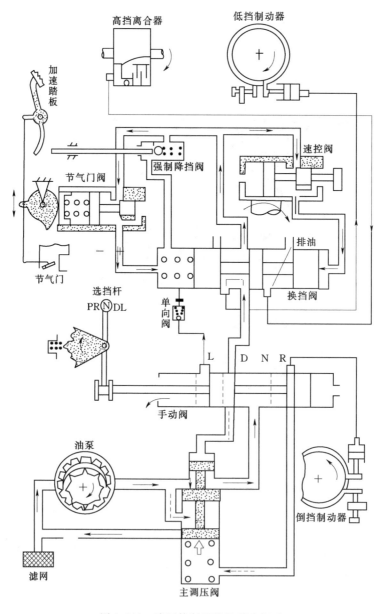

图 3.111　液压控制系统的基本组成

1）液压控制系统的动力源，是油泵（或称为液压泵），它是整个液压控制系统的工作基础，如各种阀体的动作、换挡执行元件的工作等都需要一定压力的 ATF，油泵的基本功用就是提供满足需求的 ATF 量和油压。

2）执行机构，主要由离合器、制动器油缸等组成，其功用是在控制油压的作用下实现离合器的接合和分离、制动器的制动和松开动作，以便得到相应的挡位。

3）控制机构包括阀体和各种阀，包括主调压阀、副调压阀、手动阀、换挡阀、节气门阀、速控阀（调速器）、强制降挡阀等。

液压控制系统还包括一些辅助装置，如用于防止换挡冲击的蓄能器、单向阀等。

（2）供油系统的作用。供油系统的作用是向变速器各部分提供具有一定油压、足够流量、合适温度的液压油，具体作用如下：

1）给变速器（或耦合器）供油，并维持足够的补偿压力和流量，以保证液力元件完成传递动力的功能，防止变矩器产生的气蚀，并及时将变矩器的热量带走，以保持正常的工作温度。

2）在一部分工程车辆和重型运输车辆中，还需向液力减速器提供足够流量及温度适宜的油液，以便能适时地吸收车辆的动能，得到满意的制动效果。

3）向控制系统供油，并维持主油路的工作油压，保证各控制机构顺利工作。

4）保证换挡离合器等的供油，以满足换挡等的操纵需要。

5）为整个变速器各运动零件如齿轮、轴承、止推垫片、离合器摩擦片等提供润滑用油，并保证正常的润滑油温度。

6）通过油料的循环散热冷却，使整个自动变速器的发热量得以散逸，使变速器保持在合理的温度范围内工作。

2. 供油油泵的结构与工作原理

油泵是自动变速器中最重要的总成之一，它通常安装在变矩器的后方，由变矩器壳后端的轴套驱动。在变速器的供油系统中，常用的油泵有内啮合齿轮泵、转子泵和叶片泵。由于自动变速器的液压系统属于低压系统，其工作油压通常不超过 2MPa，所以应用最广泛的仍然是齿轮泵。

（1）内啮合齿轮泵的结构与工作原理。内啮合齿轮泵主要由外齿齿轮、内齿齿轮、月牙形隔板，泵壳、泵盖等组成，图 3.112 所示为典型的内啮合齿轮泵及其主要零件的外形。液压泵的齿轮紧密地装在泵体的内腔里，外齿齿轮为主动齿轮，内齿齿轮为从动齿轮，两者均为渐开线齿轮；月牙形隔板的作是将外齿齿轮和内齿齿轮隔开。内齿和外齿齿轮紧靠着月牙形隔板，但不接触，有微小的间隙。泵体是铸造而成的，经过精加工，泵体内有很多油道，有进油口和出油口，有的还有阀门或电磁阀。泵盖也是一个经精加工的铸件，也有很多油道。泵盖和泵体用螺栓连接在一起。

内啮合齿轮泵的工作原理如图 3.112 所示。月牙形隔板将内齿轮与外齿轮之间空出的容积分隔成两个部分，在齿轮旋转时齿轮的轮齿由啮合到分离的那一部分，其容积由小变大，称为吸油腔；齿轮由分离进入啮合的那一部分，其容积由大变小，称为压油腔。由于内、外齿轮的齿顶和月牙形隔板的配合是很紧密的，所以吸油腔和压油腔是互相密封的。当发动机运转时，变矩器壳体后端的轴套带动小齿轮和内齿轮一起朝图中顺时针方向运

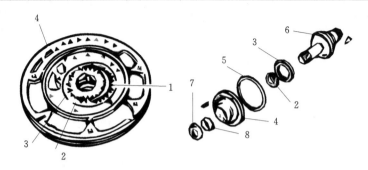

图 3.112　典型的内齿轮泵

1—月牙形隔板；2—驱动齿轮（外齿轮）；3—被动齿轮（内齿轮）；4—泵体；
5—密封环；6—固定支承；7—油封；8—轴承

转，此时在吸油腔内，由于外齿轮和内齿轮不断退出喷合，容积不断增加，以致形成局部真空，将油盘中的液压油从进油口吸入，且随着齿轮旋转，齿间的液压油被带到压油腔；在压油腔，由于小齿轮和内齿轮不断进入啮合，容积不断减少，将液压油从出油口排出。油液就这样源源不断地输往液压系统。

　　油泵的理论泵油量等于油泵的排量与油泵转速的乘积。内啮合齿轮泵的排量取决于外齿齿轮的齿数、模数及齿宽。油泵的实际泵油量会小于理论泵油量，因为油泵的各密封间隙处有一定的泄漏。其泄漏量与间隙的大小和输出压力有关。间隙越大、压力越高，泄漏量就越大。

　　内啮合齿轮泵是自动变速器中应用最为广泛的一种油泵，它具有结构紧凑、尺寸小、重量轻、自吸能力强、流量波动小、噪音低等特点。各种丰田汽车的自动变速器一般都采用这种油泵。

　　（2）摆线转子泵的结构与工作原理。摆线转子泵由一对内啮合的转子、泵壳和泵盖等组成（图 3.114）。内转子为外齿轮，其齿廓曲线是外摆线；外转子为内齿轮，齿廓曲线是圆弧曲线。内外转子的旋转中心不同，两者之间有偏心距 e。一般内转子的齿数为 4、6、8、10 等，而外转子比内转子多一个齿。内转子的齿数越多，出油脉动就越小。通常自动变速器上所用摆线转子泵的内转子都是 10 个齿。

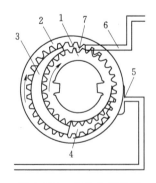

图 3.113　内啮合齿轮泵

1—小齿轮；2—内齿轮；3—月牙形隔板；4—吸油腔；
5—进油道；6—出油道；7—压油腔

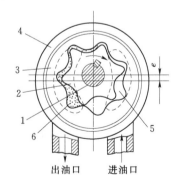

图 3.114　摆线转子泵

1—驱动轴；2—内转子；3—外转子；4—泵壳；
5—进油腔；6—出油腔；e—偏心距

发动机运转时，带动油泵内外转子朝相同的方向旋转。内转子为主动齿，外转子的转速比内转子每圈慢一个齿。内转子的齿廓和外转子的齿廓是一对共轭曲线，它能保证在油泵运转时，不论内外转子转到什么位置，各齿均处于啮合状态，即内转子每个齿的齿廓曲线上总有一点和外转子的齿廓曲线相接触，从而在内转子、外转子之间形成与内转子齿数相同个数的工作腔。这些工作腔的容积随着转子的旋转而不断变化，当转子朝顺时针方向旋转时，内转子、外转子中心线的左侧的各个工作腔的容积由大变小，将液压油从出油口排出。这就是转子泵的工作过程。

摆线转子泵的排量取决于内转子的齿数、齿形、齿宽以内外转子的偏心距。齿数越多，齿形、齿宽及偏心距越大，排量就越大。

摆线转子泵是一种特殊齿形的齿形的内啮合齿轮泵，它具有结构简单、尺寸紧凑、噪音小、运转平稳、高速性能良好等优点；基制点是流量脉动大，加工精度要求高。

（3）叶片泵的结构与工作原理。叶片泵由定子、转子、叶片、壳体及泵盖等组成，如图 3.115 所示。转子由变矩器壳体后端的轴套带动，绕其中心旋转；定子是固定不动的，转子与定子不同心，二者之间有一定的偏心距。

当转子旋转时，叶片在离心力或叶片底部的液压油压力的作用下向外张开，紧靠在定子内表面上，并随着转子的转动，在转子叶片槽内作往复运动。这样在每两个相邻叶片之间便形成密封的工作腔。如果转子朝顺时针方向旋转，在转子与定子中心连线的右半部的工作腔容积逐渐减小，将液压油从出油口压出。这就是叶片泵的工作过程。

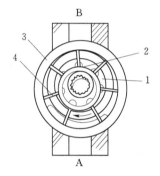

图 3.115 叶片泵
1—转子；2—定位环；
3—定子；4—叶片；
A—进油口；B—出油口

叶片泵的排量取决于转子直径、转子宽度及转子与定子的偏心距。转子直径、转子宽度及转子与定子的偏心距越大，叶片泵的排量就越大。

叶片泵具有运转平稳、噪音小、泵油油量均匀、容积效率高等优点，但它结构复杂，对液压油的污染比较敏感。

（4）变量泵的结构与工作原理。上述三种油泵的排量都是固定不变的。所以也称为定量泵。为保证自动变速器的正常工作，油泵的排量应足够大，以便在发动机怠速运转的低速工况下也能为自动变速器各部分提供足够大的流量和压力的液压油。定量泵的泵油量是随转速的增大而正比地增加的。当发动机在中高速运转时，油泵的泵油量将大大超过自动变速器的实际需要，此时油泵泵出的大部分液压油将通过油压调节阀返回油底壳。由于油泵泵油量越大，其运转阻力也越大，因此这种定量泵在高转速时，过多的泵油量使阻力增大，从而增加了发动机的负荷和油耗，造成了一定的动力损失。

为了减少油泵在高速运转时由于泵油量过多而引起的动力损失，上述用于汽车自动变速器的叶片泵大部分都设计成排量可变的型式（称为变量泵或可变排量式叶片泵）。这种叶片泵的定子不是固定在泵壳上，而是可以绕一个销轴做一定的摆动，以改变定子与转子的偏心距，如图 3.116 所示。从而改变油泵的排量。

在油泵运转时，定子的位置由定子侧面控制腔内来自油压调节阀的反馈油压来控制。

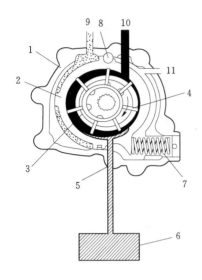

图 3.116 变量泵
1—泵壳；2—定子；3—转子；4—叶片；
5—进油口；6—滤网；7—回位弹簧；
8—销轴；9—反馈油道；10—出
油口；11—卸压口

当油泵转速较低时，泵油量较小，油压调节阀将反馈油路关小，使反馈压力下降，定子在回位弹簧的作用下绕销轴向顺时针方向摆动一个角度，加大了定子与转子的偏心距，油泵的排量随之增大；当油泵转速增高时，泵油量增大，出油压力随之上升，推动油压调节阀将反馈油路开大，使控制腔内的反馈油压上升，定子在反馈油压的推动下绕销轴朝逆时针方向摆动，定子与转子的偏心距减小，油泵的排量也随之减小，从而降低了油泵的泵油量，直到出油压力降至原来的数值。

定量泵的泵油量和发动机的转速成正比，并随发动机转速的增加而不断增加；变量泵的泵油量在发动机转速超过某一数值后就不再增加，保持在一个能满足油路压力的水平上，从而减少了油泵在高转速时的运转阻力，提高了汽车的燃油经济性。

3. 内啮合齿轮泵检修

（1）从动轮与泵体之间的间隙检查。如图 3.117 所示，用厚薄规测量从动轮与泵体之间的间隙。

（2）从动轮齿顶与月牙板之间的间隙。如图 3.118 所示，用厚薄规测量从动轮齿顶与月牙板之间的间隙。

（3）主动轮与从动轮的侧隙。如图 3.119 所示，用直尺和厚薄规测量主动轮与从动轮的侧隙。

如果工作间隙超过规定值，应更换油泵。

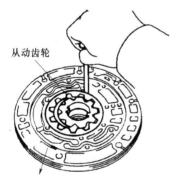

图 3.117 测量从动轮与泵体
之间的间隙

图 3.118 测量从动轮齿顶与
月牙板之间的间隙

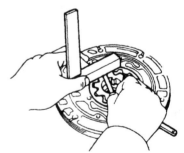

图 3.119 测量主动轮与
从动轮的侧隙

4. 主调压阀

（1）功用。主调压阀是主油路压力调节阀的简称，也称为第一调压阀，其功用是根据车速、节气门开度和选挡杆位置自动控制主油压（管道压力），保证液压系统油压稳定。

前面已经提及，油泵是由发动机驱动的，随着发动机转速的增加，油泵输出油量和油压就会增加，反之亦然。但自动变速器的正常工作需要相对稳定的油压。如果油压过高，会导致离合器、制动器接合过快而出现换挡冲击。如果油压过低，又会导致离合器、制动器接合不紧而打滑、烧毁。所以必须要有油压调节装置。

（2）结构、原理。主调压阀的结构如图3.120所示。当发动机转速增加，油泵输出油压会升高，作用在阀体上部A处的油压升高，使阀体向下移动，回油通道的截面积增大，从回油口排出的油液增加，使主油压下降；反之，阀体向下移动，主油压升高。

当发动机负荷（节气门开度）增加，由于传递的转矩增加，所以需要较大的油压才能保证离合器、制动器的正常工作。此时，随着节气门开度的增加，节气门油压也会增加，作用在主调压阀下端的节气门油压使阀体向上移动，使主油压升高。

当选挡杆置于"R"时，来自手动阀的主油压作用在阀体的B和C处，由于B处的面积大于C处的面积，使得阀体受到向上力的作用，阀体向上移动，主油压升高，满足倒挡较大传动比的要求。

总结：①节气门开度增加，主油压增加；②倒挡油压高于前进挡油压；③车速增加，节气门油压会降低，从而导致主油压降低（具体情况可见下述的"节气门阀"）。

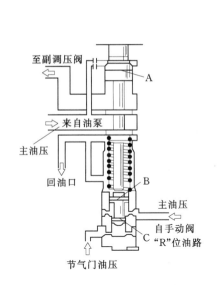

图3.120　主调压阀原理

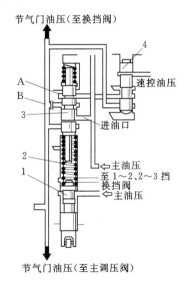

图3.121　机械式节气门阀原理

1—强制降挡柱塞；2—弹簧；3—节气门阀；4—减压阀

5. 节气门阀

（1）功用。反映节气门开度的信号是自动变速器自动换挡的两个重要参数之一，对于液控自动变速器是采用节气门阀来反映节气门开度的大小。节气门阀的功用是产生与节气门开度成正比的控制油压（节气门油压），传给主调压阀和换挡阀，控制主油压和换挡。

（2）结构、原理。节气门阀有两种类型：机械式节气门阀和真空式节气门阀。

机械式节气门阀的结构如图3.121所示，由强制降挡柱塞、节气门阀、弹簧等组成。强制降挡柱塞装有滚轮，与节气门凸轮相接触。节气门凸轮经拉索与加速踏板相连。当踩下加速踏板节气门开度增加时，节气门拉索拉动节气门凸轮转动，将强制降挡柱塞上推，并通过弹簧将节气门阀体上推，使节流口开大，输出的节气门油压增加，使得节气门油压与节气门开度成正比。

当车速增加时，来自速控阀的速控油压也会增加，使减压阀下移，这样节气门油压会通过减压阀作用到节气门阀体的 A 处，由于 A 处的上横截面积小于下横截面积，所以在 A 处作用一个向下的油压，节气门阀下移，减小了节流口的通道面积，使节气门油压下降，从而使主油压下降。

真空式节气门阀的结构如图 3.122 所示。真空气室与发动机节气门后的进气歧管相通，当节气门开度增加，节气门后方的真空度减小，即真空气室的压力增加，使推杆带动滑阀向下移动，增大的节流口的通道面积，使节气门油压增加。同样的，当节气门开度减小时，节气门油压会下降。

6. 速控阀

（1）功用。速控阀又叫调速器或速度调压阀，它的功用是产生与车速成正比的控制油压（速控油压），传给换挡阀，以便控制换挡。速控阀是液控自动变速器反应车速的装置，仅用于液控自动变速器，电控自动变速器采用车速传感器来反映车速。

正确的速控油压对于自动变速器的正常工作非常重要，如果速控油压过高，会导致换挡的车速提前；而速控油压过低，会导致换挡的车速滞后。

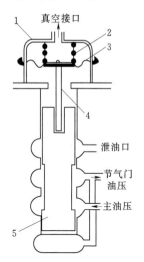

图 3.122　真空式节气门阀原理
1—真空气室；2—弹簧；3—膜片；
4—推杆；5—滑阀

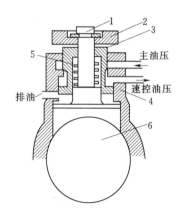

图 3.123　速控阀的结构
1—阀轴；2—重锤；3—滑阀；4—壳体；
5—弹簧；6—变速器输出轴

（2）结构、原理。速控阀的结构如图 3.123 所示。速控阀安装在变速器输出轴上，与输出轴一起旋转。作用在滑阀上的力包括向外的离心力和向内的速控油压力。当汽车低速行驶时，阀轴和滑阀构成一体，在重锤和滑阀的离心力作用下使滑阀向外移动，此时速控油压随着车速的增加而增加。当车速增加到一定程度时，阀轴被壳体内部台阶限位而不再向外移动，此时滑阀向外移动仅能靠自身的离心力，因此，速控油压随着车速的增加而缓慢增加。所以，速控油压与车速的关系分成两个阶段，一般把这种形式的速控阀称为二阶段速控阀，与此类似的还有三阶段速控阀。

提示：自动变速器一般有检测节气门油压和速控油压的的检测口。

7. 强制降挡阀

（1）功用。强制降挡阀的功用是为了加速超车，当节气门开度大于 85％时，使自动变速器在当前挡位降一挡。

（2）结构、原理。对于液控自动变速器，强制降挡阀与节气门阀安装在一起，如图 3.121 所示的强制降挡柱塞。当节气门开度超过 85％时，节气门凸轮将强制降挡柱塞顶起到一定程度，使主油压能到达相应换挡阀，使换挡阀动作，在当前挡位降一挡。

如果是电控自动变速器，一般在蓄电池正极与自动变速器电脑的 KD 端子之间有一个强制降挡开关（KD 开关），当节气门开度超过 85％时，KD 开关闭合，自动变速器电脑在 KD 端子得到 12V 电压，此时自动变速器电脑会控制换挡电磁阀使自动变速器在当前挡位降一挡。

8. 换挡阀

（1）功用。换挡阀的功用是根据换挡控制信号或油压，切换挡位油路，以实现两个挡位的转换。换挡阀直接与换挡控制元件（离合器、制动器）相通，当换挡阀动作后，会切换相应的油道以便给相应挡位的离合器和制动器供油，得到所需要的挡位。换挡阀的数量与自动变速器前进挡的个数有关。一般，四挡自动变速器需要三个换挡阀，即 1-2 挡换挡阀、2～3 挡换挡阀和 3～4 挡换挡阀。

（2）结构原理。换挡阀以 2-3 挡换挡阀为例进行介绍。如图 3.124（a）所示为 2 挡时的情况，此时在节气门油压、速控油压及弹簧作用下，2-3 挡换挡阀处于下方位置，主油压不能到达离合器 C_2，所以自动变速器处于 D_2 挡；当车速增加到一定程度，速控油压大于节气门油压和弹簧伸张力之和时，2～3 挡换挡阀上移处于上方位置，如图 3.124（b）所示，此时主油压经过 2～3 挡换挡阀到达离合器 C_2，自动变速器换至 D_3 挡。

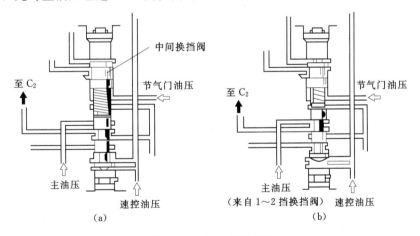

图 3.124 2～3 挡换挡阀
（a）2 挡时；（b）3 挡时

9. 手动阀

手动阀又称为手控阀或手动换挡阀，与驾驶室内的选挡杆相连，其功用是控制各挡位油路的转换。如图 3.125 所示，当驾驶员操纵选挡杆时，手动阀会移动，使主油压通往不同的油道。如当选挡杆置于"P"位时，主油压会通往"P""R"和"L"位油道；当选挡杆置于"R"位时，主油压会同时通往"P""R"和"L"位油道与"R"位油道；当选挡杆置于"N"位时，手动阀会将主油压进油道切断，使不会有主油压通往各换挡阀；当选挡杆置于"D"位时，主油压会通往"D""2"和"L"位油道；当选挡杆置于"2"位时，主油压会同时通往"D""2"和"L"位油道与"2"和"L"位油道；当选挡杆置于"L"位时，主油压会同时通往"D""2"和"L"位油道与"2"和"L"位油道及P""R"和"L"位油道。

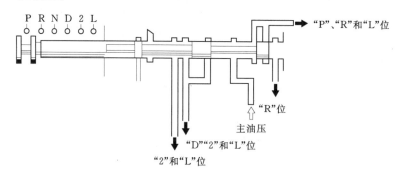

图 3.125 手动阀的结构

10. 限流阀

图 3.126 是一种限流阀的结构简图。它实际上是一种可控制调节的节流阀，串联在供油通道中。

液流自进油口 3 经弹性阀片 1 上的小孔及周边的缝隙流向出口 4，输往液压执行元件。如图所示，弹性阀片 1 的开度则由柱塞 2 来控制，而柱塞 2 又受节气门信号油压控制。当节气门开度增大时，作用在柱塞 2 上的控制油压增大，弹性阀片 1 的开度也增大。反之，节气门开度小时，柱塞上的油压减小，弹性阀片的开度小，这就使得在小节气门开度时供油量减小，液压执行元件完成动作的时间延长。

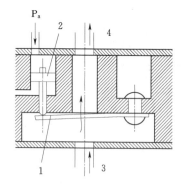

图 3.126 一种限流阀的结构简图

1—弹性阀片；2—柱塞；3—进油口；
4—出油口；P_a—节气门信号油压

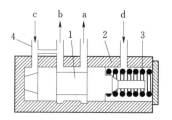

图 3.127 缓冲阀结构示意图

1—滑阀芯；2—阀体；3—弹簧；4—节流孔
a、c—主油压输入油道；b—换挡执行机构油
压输出通道；d—节气门调节压力输入油道

11. 缓冲阀

缓冲阀在有的自动变速器中称软接合阀，图 3.127 所示为一种缓冲阀的结构简图。这主要由滑阀芯 1、阀体 2 和弹簧 3 等组成。在阀体 2 上，有 4 个油道，油道 c 是主压力油进油道，并通过内部油道以及节流孔 4 和油道 a 相通，油道 b 为主压力油的出油道，通往换挡执行机构，使换挡执行机构接合，d 为节气门调节压力输入油道。由图可见，经节流后的主压力作用在滑阀芯 1 的左端，节气门调节压力作用在滑阀芯的右端。在换挡时，主压力油经油道 c 进入滑阀的中间。同时也经节流孔 4 进入左端，并克服变化着的节气门调节油压的作用力和弹簧力使滑阀芯右移，使出油孔 b 开度减小，节制和缓冲了换挡执行机构油压的升高。

12. 蓄能器

蓄能器又称蓄压器或储能器。自动变速器控制系统中采用的一般是弹簧式蓄能器，它由缸筒 1、活塞 2 和弹簧 3 组成，如图 3.128 所示。

图示蓄能器用于储存少量压力油液，其作用是在换挡时，使压力油液迅速流到换挡执行机构的油缸，并吸收和平缓所输送油压的压力波动。当弹簧 3 被压缩时，储存能量，而当弹簧伸长时，释放能量。

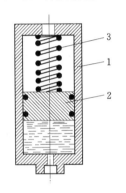

图 3.128 蓄能器的结构简图
1—缸筒；2—活塞；3—弹簧

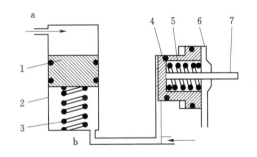

图 3.129 蓄能器工作原理示意图
1—蓄能器活塞；2—油缸；3—弹簧；4—制动器伺服活塞；
5—弹簧；6—制动器伺服油缸；7—推杆
a—来自油泵的主压力油液进油道；
b—来自换挡阀的主压力油液进油道

蓄能器可以只在活塞无弹簧的一侧进油，如图 3.129 所示，也可以从活塞两侧都进油。在图 3.129 油路中设置了蓄能器的带式制动器的工作情况示意图。

当变速器位于空挡或停车挡位置时，主压力油液经油道 a 进入蓄能器活塞 1 无弹簧的一侧，使活塞下移并压缩弹簧。在换挡时，来自换挡阀的主压力油液经油道 b 进入制动器伺服油缸的工作侧（无弹簧的一侧），推动伺服活塞 4，使带式制动器夹紧，同时主压力油液也进入蓄能器有弹簧一侧的油室。当蓄能器的弹簧 3 被压缩时，来自换挡阀的压力油液和蓄能器的油液一起能很快地流到制动器伺服油缸的工作侧。一旦活塞遇到阻力，即制动器开始接合时，蓄能器弹簧一侧的压力升高，弹簧 3 的作用力将活塞往上推，弹簧伸长，结果由进油口流入的主压力油液有一部分流入蓄能器的下方油室，去充填因活塞 1 上移而空出的容积，结果使流入制动器伺服油缸工作侧的主压力油液的数量减少。所以蓄能器使制动器接合平稳、时机合适，减少了冲击和卡住的危险。此外，由于蓄能器在系统中提供了额外的油量，制动器伺服活塞往回运动的速率减慢，也即制动器放松的速率减缓。

13. 单向节流阀

单向节流阀布置在换挡阀至换挡执行元件之间的油路中，其作用是对流向换挡执行元件的液压油产生节流作用，在换挡执行元件接合时延缓油压增大的速率，以减小换挡冲击。在换挡执行元件分离时，单向节流阀对换挡执行元件的泄油不产生节流作用，以加快泄油过程，使换挡执行元件迅速分离。

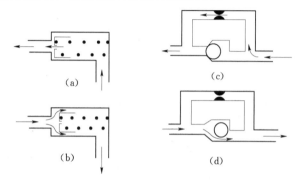

图 3.130　单向节流阀
(a)、(b) 弹簧节流阀式；(c)、(d) 球阀节流孔式

单向节流阀有两种型式：一种是弹簧节流阀式，如图 3.130 (a)、(b) 所示。在充油时，节流阀关闭，液压油只能从节流阀中的节流孔通过，从而产生节流效应；在回油时，液压油将节流阀推开，节流孔不起作用。另一种是是球阀节流孔式，如图 3.130 (c)、(d) 所示。在充油时，球阀关闭，液压油只能从球阀旁的节流孔经过，减缓了充油过程；回油时，球阀开启，加快了回油过程。

14. 变矩器控制装置的结构与工作原理

变矩器控制装置的作用有两个：一是为变矩器提供具有一定压力的液压油，同时将变矩器内受热后的液压油送至散热器冷却，并让一部分冷却后的液压油流回到齿轮变速器，对齿轮变速器中的轴承和齿轮进行润滑；二是控制变矩器中锁止离合器（如果有的话）的工作。

变矩器控制装置由变矩器压力调节阀、泄压阀、回油阀、锁止信号阀、锁止继动阀和相应的油路组成。

（1）变矩器压力调节阀。变矩器压力调节阀的作用是将主油路压力油减压后送入变矩器，使变矩器内的液压油的压力保持在 $196\sim490\mathrm{kPa}$。许多车型自动变速器将变矩器压力调节阀和主油路压力调节阀合并为一阀，该阀让调节后的主油路压力油再次减压后进入变矩器。变矩器内受热后的液压油经变矩器出油道被送至自动变速器外部的液压油散热器，冷却后的液压油被送至齿轮变速器中，用于润滑行星齿轮及各部分的轴承。

有些变矩器控制装置在变矩器进油道上设置了一个限压阀。当进入变矩器的液压油压过高时，限压阀开启，让部分液压油泄回到油底壳，以防止变矩器中的油压过高而导致油封漏油。另外，在变矩器的出油道上常设有一个回油阀，它只有在变矩器内的油压高于一定值时才打开，让受热后的液压油进入液压油散热器。该阀不但可以防止变矩器内的油压过低而影响动力传递，而且可以降低液压油散热器内的油压，使之低于 $196\mathrm{kPa}$，以防止油压过高造成耐压能力较低的散热器及油管漏油或破裂。

（2）锁止信号阀和锁止继动阀。变矩器内锁止离合器的工作是由锁止信号阀和锁止继动阀一同控制的（图 3.131）。锁止信号阀上方作用着调速器压力。当车速较低时，调速器压力也较低，锁止信号阀在弹簧的作用下保持在图中上方位置，将通往锁止继动阀主油路切断，从而使锁止继动阀在上方弹簧弹力及主油路油压的作用下保持在图中下方位置，让变矩器中锁止离合器压盘左侧的油腔与来自变矩器压力调节阀的进油道相通。此时锁止离合器处于分离状态，发动机动力完全由液力来传递，见图 3.131（a）。当汽车以超速挡行驶，且车速及相应的调速器油压升高到一定数值时，锁止信号阀在调速器压力的作用下被推至下方位置，使来自超速挡油路的主油路压力油进入锁止继动阀下端，锁止继动阀在下方主油路油压的作用下上升，让锁止离合器左侧的油腔与泄油口相通，使锁止离合器结合，发动机动力经锁止离合器直接传至涡轮输出，如图 3.131（b）所示。

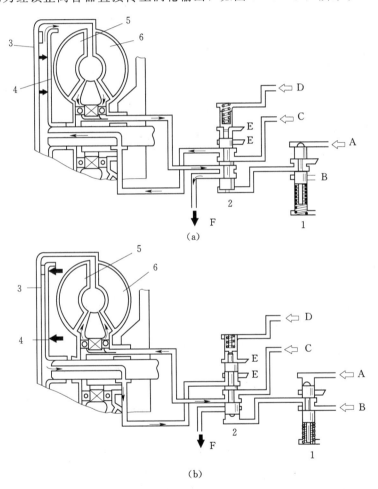

图 3.131   锁止信号阀和锁止继动阀

（a）锁止离合器分离；（b）锁止离合器结合

1—锁止信号阀；2—锁止继动阀；3—变矩器壳；4—锁止离合器；5—涡轮；6—泵轮

A—来自调速器；B—来自超速挡油路；C—来自变矩器阀；

D—来自主油路；E—泄油口；F—至油底壳

3.4.6　自动变速器电子控制系统

1. 电子控制系统的基本组成

（1）电子控制的基本功能。一般而言，所谓电控是指通过对被控系统内在工作条件和外部环境状况的采集与传输、经计算处理后调整或改变系统的各项工作参数而实现对系统的控制。对自动变速器的电控也不例外，即通过对自动变速器液力系统内部工作条件（如挡位、油压、油温）和外界环境状况（发动机负荷、车速、大气压力等）的数据采集，并以电信号传输给中央处理器（ECU），经分析计算后向执行元件发出动作指令，改变相关工作参数而实施对系统的控制。

（2）电控系统的组成。根据电控的基本功能可以将电控系统分为 3 个部分：①数据采集与传输部分，即"信号输入系统"，该系统一般由若干个传感器组成；②数据处理分析装置 ECU 通常称为"电控单元"，其功用是将传感器输入的信号（数据）进行分析计算，并与理想值或规定值对比，最后作出"维持"或"改变"系统工作参数的决定，并通过向执行元件发出动作指令的方式实施；③"指令执行系统"，该系统主要成员是各型电磁阀，其按 ECU 的指令（电信号）动作，正确无误地执行其命令，启闭油路，调节负荷，直到达到新的参数状态。

最基本的电子控制系统见图 3.132 所示。

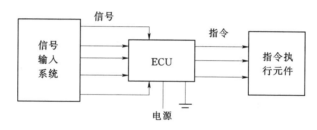

图 3.132　电控控制系统方框图

2. 电控系统工作流程图

电子控制系统是一个独立的工作系统，但不是一个完整的功能系统，其必须与被控制系统组成一体，才能起到应有的作用，完成所谓的"功能"。如图 3.133 所示，将电子控制系统、液力系统及机械传动系统组合为一体，从中可以清楚地了解到电控系统的作用及其和被控系统的关系，这种关系，称之为"工作流程"。图 3.133 的左侧是自动变速器的机械运动传递系统，动力由发动机输入，经液力变矩器进输入轴，通过离合器、制动器等元件的分离，接合由行星齿轮机构经输出轴往往车轮。机械传动系统在流程图中还有两个方面的协调工作功能：一是变矩器（具体而言是其泵轮）带动油泵工作，从而作用于液力控制阀；另一是发动机、输入轴、输出轴将其工作状态（如发动机负荷、转速 n_0，输入轴转速 n_1，输出轴转速 n_2 等）参数传送给 ECU。手控阀作为一个特殊的阀件，既限定了液力控制阀的工作区域，同时联动挡位传感器向 ECU 传送挡位信号。ECU 在接收到图示种种工作状态信息参数后，经分析计算后作出决定，并将其决定通过启闭各种电磁开关和电磁阀操纵液力控制系统（阀和管路）达到调整或改变各离合器和制动器的分离与接合。

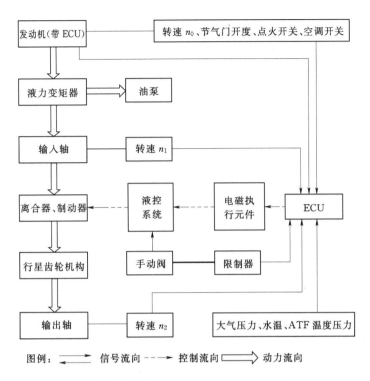

图 3.133　电子控制系统工作流程图

　　电子控制系统是由电子控制装置和阀板两大部分组成的。它与传统的液压控制系统相比，不论是控制原理还是控制过程都有很大的不同，目前越来越多的轿车自动变速器采用这种控制系统。

　　3. 电子控制装置

　　电子控制装置是控制系统的核心，它利用电子自动控制的原理，通过传感器将汽车行驶速度和发动机负荷等参数转变为电信号，电脑根据这些电信号作出是否需要换挡的判断，并按照设定的控制程序发出换挡指令，操纵各种电磁阀（换挡电磁阀、油压电磁阀等）去控制阀板总成中各个控制阀的工作（接通或切断换挡控制油路），驱动离合器、制动器、锁止离合器等液力执行元件，从而实现对自动变速器的全面控制。

　　电子控制装置由各种传感器、控制开关、执行器和电脑等组成，如图 3.134 所示。

　　（1）传感器。电子控制装置中常用的传感器有节气门位置传感器、车速传感器、输入轴转速传感器、液压油温度传感器等。

　　1）节气门位置传感器。汽车发动机的节气门是由驾驶员通过油门踏板来操纵的，以便根据不同的行驶条件控制发动机运转。例如，上坡或加速时节气门开度要大，而下坡或等速行驶时节气门开度要小。这些不同条件对汽车自动变速器的换挡规律的要求往往有很大不同。电子控制自动变速器是利用安装在发动机节气门体上的节气门位置传感器来测得节气门的开度，作为电脑控制自动变速器挡位变换的依据，从而使自动变速器的换挡规律在任何行驶条件下都能满足汽车的实际使用要求。节气门位置传感器有多种类型，装用自

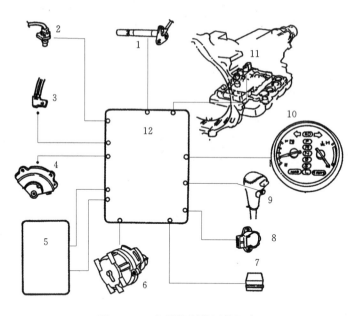

图 3.134 电子控制装置的组成

1—输入轴转速传感器；2—车速传感器；3—液压油温度传感器；4—挡位开关；5—发动机电脑；

6—发动机转速传感器；7—故障检测插座；8—节气门位置传感器；9—模式开关；

10—挡位指示灯；11—电磁阀；12—自动变速器电脑图

动变速器的汽车通常采用线性可变电阻型的节气门位置传感器。这种节气门位置传感器由一个线性电位计和一个怠速开关组成（图 3.135）。节气门轴带动线性电位计及怠速开关的滑动触点。节气门关闭时，怠速开关接通；节气门开启时，怠速开关断开。当节气门处于不同位置时，电位计的电阻也不同。这样，节气门开度的变化被转变为电阻或电压信号输送给电脑。电脑通过节气门传感器可以获得表示节气门由全闭到全开的所有开启角度的连续变化的模拟信号以及节气门开度的变化速率，以作为其控制不同行驶条件下的挡位变换的主要依据之一。

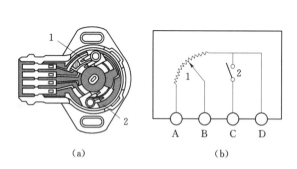

图 3.135 节气门位置传感器

（a）结构；（b）电路

1—怠速开关滑动触点；2—线性电位计滑动触点

A—基准电压；B—节气门开度信号；

C—怠速信号；D—接地

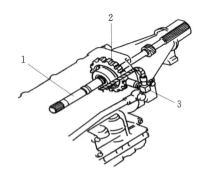

图 3.136 车速传感器

1—输出轴；2—停车锁止齿轮；3—车速传感器

2）车速传感器。车速传感器安装在自动变速器输出轴附近，如图 3.136 所示。它是一种电磁感应式转速传感器，用于检测自动变速器输出轴的转速。电脑根据车速传感器的信号计算出车速，作为其换挡控制的依据。车速传感器由永久磁铁和电磁感应线圈组成，见图 3.137（a）。它固定在自动变速器输出轴附近的壳体上，靠近安装在输出的轴上停车锁止齿轮或感应转子。当输出轴转动时，停车锁止齿轮或感应转子的凸齿不断地靠近或离开车速传感器，使感应线圈的磁通量发生变化，从而产生交流感应电压，见图 3.137（b）。车速越高，输出轴的转速也越高，感应电压的脉冲频率也越大。电脑根据感应电压脉冲频率的大小计算出车速。

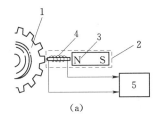 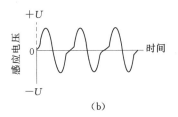

图 3.137　车速传感器工作原理示意图
（a）结构；（b）感应电压曲线图
1—停车锁止齿轮；2—车速传感器；3—永久磁铁；
4—感应线圈；5—电脑

3）输入轴转速传感器。输入轴转速传感器的结构、工作原理与车速传感器相同。它安装在行星齿轮变速器的输入轴或与输入轴连接的离合器毂附近的壳体上（图 3.138），用于检测输入轴转速。并将信号送入电脑。使电脑更精确地控制换挡过程。此外，电脑还将该信号和来自动发动机控制系统的发动机转速信号进行比较，计算出变矩器的传动比，使油路压力控制过程和锁止离合器控制过程得到进一步的优化，以改善换挡感觉，提高汽车的行驶性能。

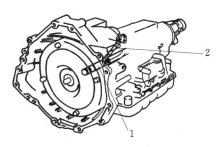

图 3.138　输入轴转速传感器
1—行星齿轮变速器输入轴；
2—输入轴转速传感器

4）液压油温度传感器。液压油温度传感器安装在自动变速器油底壳内的阀板上，用于检测自动变速器的液压油的温度，以作为电脑进行换挡控制、油压控制和锁止离合器控制的依据。液压油温度传感器内部是一个半导体热敏电阻，它具有负的温度电阻系数。温度越高，电阻越低，电脑根据其电阻的变化测出自动变速器的液压油的温度。除了上述各种传感器之外，自动变速器的控制系统还将发动机控制系统中的一些信号，如发动机转速信号、发动机水温信号、大气压力信号、进气温度信号等，作为控制自动变速器的参考信号。

（2）控制开关。电子控制装置中的控制开关有：空挡起动开关、自动跳合开关（降挡开关）、制动灯开关、超速挡开关、模式开关、挡位开关等。

1）空挡起动开关。空挡起动开关用以判断选挡手柄的位置，防止发动机在驱动挡位时起动。当选挡手柄位于空挡或驻车位置时，起动开关接通。这时起动发动机，起动开关便向电控单元输出起动信号，使发动机得以起动。如果选挡手柄位于任一驱动位置，则起动开关断开，发动机不能起动，从而保证使用安全。再者，当选挡手柄置于不同位置时，空挡起动开关便接通相关电路，电控单元根据接通电路的信号，控制变速器进行自动换挡。

2）自动跳合开关。自动跳合开关又称降挡开关，它是用来检测加速踏板是否超过节气门全开的位置。当加速踏板超过节气门全开位置时，自动跳合开关便接通，并向电控单元输送信号，这时电控单元即按其内存设置的程序控制换挡，并使变压器自动下降一个挡位，以提高汽车的加速性能。如果跳合开关短路，则电控单元不计其信号，按选挡手柄位置控制换挡。

3）制动灯开关。制动灯开关用以判断制动踏板是否踩下。如果踩下，则该开关便将信号输给电控单元，以解除锁止离合器的结合，防止突然制动时发动机熄火。

4）超速挡开关。这一开关用来控制自动变速器的超速挡。当这个开关打开后，超速挡控制电路接通，此时若操纵手柄位于 D 位，自动变速器随着车速的升高而升挡时，最高可升入 4 挡（即超速挡）。该开关关闭后，调速挡控制电路被断开，仪表盘上的"O/D OFF"指示灯随之亮起（表示限制超速挡的使用），自动变速器随着车速的提高而升挡时，最高只能升入 3 挡，不能升入超速挡。

5）模式开关。大部分电子控制自动变速器都有一个模式开关，用来选择自动变速器的控制模块，以满足不同的使用要求。所谓控制模式主要是指自动变速器的换挡规律。常见的自动变速器的控制模式有以下几种：①经济模式，这种控制模式是以汽车获得最佳的燃油经济性为目标来设计换挡规律的；当自动变速器在经济模式状态下工作时，其换挡规律应能使发动机在汽车行驶过程中经常处在经济转速范围内运转，从而提高了燃油经济性；②动力模式，这种控制模式是以汽车获得最大的动力性为目标来设计换挡规律的；在这种控制模式下，自动变速器的换挡规律能使发动机在汽车行驶过程中经常处在大功率范围内运转，从而提高了汽车的动力性能和爬坡能力；③标准模式，标准模式是指换挡规律介于经济模式和动力模式之间的一种换挡模式。它兼顾了动力性和经济性，使汽车既保证一定的动力性，又有较佳的燃油经济性。

6）挡位开关。挡位开关位于自动变速器手动阀摇臂轴上或操纵手柄下方，用于检测操纵手柄的位置。它由几个触点组成。当操纵手柄位于不同位置时，相应的触点被接通。电脑根据被接触的触点，测得操纵手柄的位置，从而按照不同的程序控制自动变速器的工作。

（3）执行器。电子控制装置中的执行器是各种电磁阀。常见的有开关式电磁阀和脉冲线性式电磁阀两种。

1）开关式电磁阀。开关式电磁阀的作用是开启或关闭液压油路，通常用于控制换挡阀及变矩器锁止控制阀的工作。开关式电磁阀由电磁线圈、衔铁、回位弹簧、阀芯和阀球所组成（图 3.139）。它有两种工作方式：一种是让某一条油路保持油压或泄空，如图 3.139（a），即当电磁线圈不通电时，阀芯被油压推开，打开泄油孔，该油路的液压油经电磁阀泄空，油路压力为零；当电磁阀线圈通电时，电磁阀使阀芯下移，关闭泄油孔，使油路油压上升；另一种是开启或关闭某一条油路，即当电磁线圈不通电时，油压将阀芯推开，阀球在油压作用下关闭泄油孔，打开进油孔，使主油路压力油进入控制油道，如图3.139（b）；当电磁线圈通电时，电磁力使阀芯下移，推动阀球关闭进油孔，打开泄油孔，控制油道内的压力油由泄油孔泄空，如图3.139（c）。

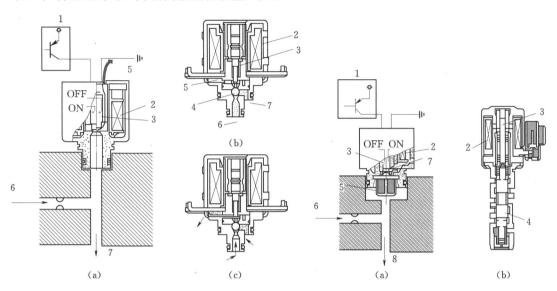

图 3.139　开关式电磁阀
（a）泄油控制器；（b）控制油道进油；（c）控制油道泄油
1—电脑；2—电磁线圈；3—衔铁和阀芯；4—阀球；
5—泄油孔；6—主油道；7—控制油道

图 3.140　脉冲线性式电磁阀
（a）普通脉冲线性电磁阀；（b）带滑阀脉冲线性电磁阀
1—电脑；2—电磁线圈；3—衔铁和阀芯；4—滑阀；
5—滤网；6—主油道；7—泄油孔；8—控制油道

2）脉冲线性式电磁阀的结构与电磁式相似，也是由电磁线圈、衔铁、阀芯或滑阀等组成（图3.140）。它通常用来控制油路中的油压。当电磁线圈通电时，电磁力使阀芯或滑阀开启，液压油经泄油孔排出，油路压力随之下降。当电磁线圈断电时，阀芯或滑阀在弹簧弹力的作用下将泄油孔关闭，使油路压力上升。脉冲线性式电磁阀和开关式电磁阀的不同之处在于控制它的电信号不是恒定不变的电压信号，而是一个固定频率的脉冲电信号。电磁阀在脉冲电信号的作用下不断反复地开启和关闭泄油孔，电脑通过改变每个脉冲周期内电流接通和断开的时间比率（称为占空比，变化范围为0~100%），用改变电磁阀开启和关闭时间的比率，来控制油路的压力。占空比越大，经电磁阀泄出的液压油越多，油路压力就越低；反之，占空比越小，油路压力就越高。

脉冲线性式电磁阀一般安装在主油路或减振器背压油路上，电脑通过这种电磁阀在自动变速器升挡或降挡的瞬间使油压下降，进一步减少换挡冲击，使挡位的变换更加柔顺。

（4）电脑及控制电路。各种车型自动变速器的电子控制装置的结构，特别是电脑内部结构及控制程序的内容，传感器、执行器及控制开关的配置和类型，控制电路的布置方式等往往有很大的不同。

有些车型的自动变速器自身有电脑，该电脑专门用于控制自动变速器的工作。这种电脑除了和自动变速器工作有关的传感器、控制开关、执行器连接之外，往往还通过电路和汽车其他系统的电脑连接，如发动机控制系统的电脑、巡航控制系统的电脑等，并从这些电脑中获取与控制自动变速器有关的信号，或将自动变速器的工作情况通过电信号传给其他系统的电脑，让发动机或汽车其他系统的工作能与自动变速器相配合。

也有许多车型的自动变速器和发动机由同一个电脑来控制，从而使自动变速器的工作能更好地与发动机的工作相匹配。例如大部分丰田汽车的电子控制自动变速器就是采用这种控制方式的。

各种自动变速器电脑的控制内容和控制方式虽然不完全相同，但却有很多相似之处，通常有以下一些控制内容：

1）换挡控制。换挡控制即控制自动变速器的换挡时刻，也就是在汽车达到某一车速时，让自动变速器升挡或降挡。它是自动变速器电脑最基本的控制内容。自动变速器的换挡时刻（即换挡车速，包括升挡车速和降挡车速）对汽车的动力性和燃料经济性有很大影响。对于汽车的某一特定行驶工况来说，有一个与之相对应的最佳换挡时机或换挡车速。电脑应使自动变速器在汽车任何行驶条件下都按最佳换挡时刻进行换挡，从而使汽车的动力性和燃料经济性等各项指标达到最优。汽车的最佳换挡车速主要取决于汽车行驶时的节气门开度。

2）油路压力控制。电液式控制系统中的主油路油压也是由主油路调压阀来调节的。早期的电液式控制系统还保留了液力式控制系统中由节气门拉索控制的节气门阀，并让主油路调压阀的工作受控于节气门阀产生的节气门油压，使主油路油压随着发动机负荷的增大而增加，以满足传递大扭矩时对离合器、制动器等换挡执行元件液压缸工作压力的需要。目前一些新型电子控制自动变速器的电流式控制系统则完全取消了由节气门拉索控制的节气门阀，它们的节气门油压由一个油压电磁阀来产生。油压电磁阀是一种脉冲线性式电磁阀，电脑根据节气门位置传感器测得的节气门开度，计算并控制送往油压电磁阀的脉冲信号的占空比，以改变油压电磁阀排油孔的开度，产生随节气门开度变化的油压（即节气门油压）。节气门开度越大，脉冲电信号的占空比越小，油压电磁阀的排油孔开度越小，节气门油压越高。这一节气门油压被反馈到主油路调压阀，作为主油路调压阀的控制压力，使主油路调压阀随着节气门的开度的变化改变所调节的主油路油压的高低，以获得不同的发动机负荷下主油路油压的最佳值，并将驱动油泵的动力损失减到最小。此外电脑还能根据挡位开关的信号，在操纵手柄处于倒挡位置时提高节气门油压，使倒挡时的主油路油压升高，以满足倒挡时对主油路油压的需要。除正常的主油路油压控制外，电脑还可以根据各个传感器测得的自动变速器的工作条件，在一些特殊情况下，对主油路油压作适当的修正，使油路压力控制获得最佳效果。例如，在操纵手柄位于前进低挡（S、L 或 2、1）位置时，由于汽车的驱动力相应较大，电脑自动使主油路油压高于前进挡时的油压，以满足传递的需要。为减小换挡冲击，电脑还在自动变速器换挡过程中按照换挡时节气门开度的大小，通过油压电磁阀适当减小主油路油压，以改善换挡感觉。电脑还可以根据液压油温度传感器的信号，在液压油温度未达到正常工作温度时（低于 60℃），将主油路油压调整为低于正常值，以防止因液压油在低温下粘度较大而产生换挡冲击；当液压油温度过低时（低于−30℃），电脑使主油路油压升到最大值，以加速离合器、制动器的接合，防止温度过低时因液压油黏度过大而导致换挡过程过于缓慢。在海拔较高时，发动机输出功率降低，电脑将主油路油压控制为低于正常值，以防止换挡时产生冲击。

3）自动模式选择控制。液力控制自动变速器和早期的电子控制自动变速器都设有模式开关，驾驶员可以通过这一开关来改变自动变速器的控制模式，选择经济模式、普通模式或动力模式。在不同的模式下，自动变速器的换挡规律有所不同，以满足不同的使用要求。例如，在经济模式中，是以获得最小的燃油消耗为目的进行换挡控制，因此换挡车速相对较低，动力性能稍差；在动力模式中，是以满足最大动力性为目的进行换挡控制，因此换挡车速相对较高，油耗也较大。目前一些新型的电子控制自动变速器由于采用了由大规模集成电路组成的电脑，具有很强的运算和控制功能，并具有一定的智能控制能力，因此这种自动变速器可以取消模式开关，由电脑进行自动模式选择控制。电脑通过各个传感器侧得汽车行驶情况和驾驶员的操作方式，经过运算分析，自动选择采用经济模式、普通模式或动力模式进行换挡控制，以满足不同的驾驶员操作要求。电脑在进行自动模式选择控制时，主要参考换挡手柄的位置及加速踏板被踩下的速率，以判断驾驶员的操作目的，自动选择控制模式。①当操纵手柄位于前进低挡（S、L 或 2、1）时，电脑只选择动力模式；②当操纵手柄位于前进挡（D）且加速踏板被踩下的速率较低时，电脑选择经济模式；当加速踏板被踩下的速率超过控制程序中所设定的速率时，电脑由经济模式转变为动力模式；在这种选择控制中，电脑将车速和节气门开度的组合划分为一定数量的区域，每个区域有不同节气门开启速率的程序值；当驾驶员踩加速踏板的速率大于汽车行驶车速和节气门开度对应区域的节气门开启速率程序值时，电脑即选择动力模式；反之，当踩下加速踏板的速率小于车速或节气门开度所对应区域的节气门开启速率程序值时，电脑即选择经济模式；这些区域中节气门开启速率程序值的分布规律是：车速越低或节气门开度越大，其程序值越小，即越容易选择动力模式；③在前进挡（D）中，电脑选择动力模式之后，一旦节气门开度小于 1/8 时，电脑即由动力模式转换为经济模式。

4）锁止离合器控制。电子控制自动变速器的变矩器中的锁止离合器，其工作是由电脑控制的。电脑按照设定的控制程序，通过一个电磁阀（称为锁止电磁阀）来控制锁止离合器的结合或分离。正确的锁止离合器控制程序应当是既能满足自动变速器的工作要求，保证汽车的行驶能力，又能最大限度地降低燃油消耗。自动变速器在各种工作条件下的最佳锁止离合器控制程序被事先储存在电脑的存储器内。电脑根据变速器的挡位、控制模式等工作条件从存储器内选择出相应的锁止控制程序，再将车速、节气门开度与锁止控制程序进行比较。当车速足够高，且其他各种因素均满足锁止条件时，电脑即向锁止电磁阀输出电信号，使锁止离合器结合，实现变矩器的锁止。电脑在对锁止离合器进行控制时，还要根据自动变速器的工作条件，在下述一些特殊工况下禁止锁止离合器结合，以保证汽车的行驶性能。这些禁止锁止离合器结合的条件有：液压油温度低于 60℃；车速低于 140km/h，且怠速开关接通。早期的电子控制自动变速器中，控制锁止离合器工作的锁止电磁阀是采用开关电磁阀，即通电时锁止离合器结合，断电时锁止离合器分离。目前许多新型电子控制自动变速器采用脉冲线性式电磁阀作为锁止电磁阀，电脑在控制锁止离合器结合时，通过改变脉冲电信号的占空比，让锁止电磁阀的开度缓慢增大，以减小锁止离合器结合时所产生的冲击，使锁止离合器的结合过程变得更加柔和。

5）发动机制动控制。目前一些新型电子控制自动变速器的强制离合器或强制制动器的工作也是由电脑通过电磁阀控制的。电脑控照设定的发动机制动控制程序，在操纵手柄位置、车速、节气门开度等因素满足一定条件（如：操纵手柄位于前进低挡位置，且车速大于10km/h，节气门开度小于1/8）时，向强制离合器电磁阀或强制制动器电磁阀发出电信号，打开强制离合器或强制制动器的控制油路，使之结合或制动，让自动变速器具有反向传递动力的能力，在汽车滑行时以实现发动机制动。

6）改善换挡感觉的控制。随着电脑性能的不断提高，电子控制自动变速器控制系统的控制范围越来越广泛，控制功能也越来越多，可以采用多种方法来控制自动变速器的换挡过程，以改善换挡感觉，提高汽车的乘坐舒适性。目前常见的改善换挡感觉的控制功能有以下几种：①换挡油压控制，在升挡或降挡的瞬间，电脑通过油路压力电磁阀适当降低主油路油压，以减小换挡冲击，改善换挡感觉；也有一些控制系统是通过电磁阀在换挡时降低减振器活塞的背压，以减缓离合器或制动器液压缸内油压的增长速度，达到减小换挡冲击的目的；②减扭矩控制，在换挡的瞬间，通过延迟发动机的点火时间以减少喷油量，暂时减小发动机的输出扭矩，以减小换挡冲击和输出轴的扭矩波动；这种控制的执行过程是：自动变速器的电脑在自动升挡或降挡的瞬间，通过电路向发动机电脑发出减小扭矩控制信号，发动机电脑接收到这一信号后，立即延迟发动机点火时间或减少喷油量，执行减扭矩控制，并在执行完这一控制后，向自动变速器电脑发回已减扭矩信号；③N-D换挡控制，这种控制是在操纵手柄由停车挡或空挡（P或N）位置换至前进挡或倒挡（D或R）位置，或相反地由D位或R位换至P位或N位时，通过调整发动机喷油量，将发动机的转速变化减至最低程度，以改善换挡感觉。没有这种控制时，当自动变速器的操纵手柄由P位或N位换至D位或R位时，由于发动机负荷增加，转速随之下降；反之，由D位或R位换至P位或N位时，由于发动机负荷减小，转速将上升。具有N-D换挡控制功能的自动变速器的电脑在操纵手柄由P位或N位换至D位或R位时，若输入轴传感器所测得的输入轴转速变化超过规定值，即向发动机电脑发出N-D换挡控制信号，发动机电脑根据这一信号增加或减小喷油量，以防止发动机转速变化过大。

7）使用输入轴转速传感器的控制。目前一些新型电子控制自动变速器设有输入轴转速传感器，电脑通过这一传感器可以检测出自动变速器输入轴的转速，并由此计算出变矩器的传动比（即泵轮和涡轮的转速之比）以及发动机曲轴和自动变速器输入轴的转速差，从而使电脑更精确地控制自动变速器的工作。特别是电脑在进行换挡油路压力控制、减扭矩控制、锁止离合器控制时，利用这一参数进行计算，可使这些控制的持续时间更加精确，从而获得最佳的换挡感觉和乘坐舒适性。

8）故障自诊断和失效保护功能。电子控制自动变速器是在电子控制装置中电脑的控制下工作的。电脑根据各个传感器测得的有关信号，按预先设定的控制程序，通过向各个执行器发出相应的控制信号来控制自动变速器的工作。如果电子控制装置中的某个传感器出现的故障，不能向电脑输送信号，或某个执行元件损坏，不能完成电脑的控制指令，就会影响电脑对自动变速器的控制，使自动变速器不能正常工作。为了及时地发现电子控制装置中的故障，并在出现故障时尽可能使自动变速器保持最基本的工作能力，以维持汽车行驶，便于汽车进厂维修。目前许多电子控制自动变速器的电子控制装置具有故障自诊断和失效保持功能。这种电子控制装置在电脑内设有专门的故障自诊断电路，它在汽车行驶过程中不停地监测自动变速器电子控制装置中所有传感器和部分执行器的工作。一旦发现某个传感器或执行器有故障，工作不正常，它立即采取以下几种保护措施：①在汽车行驶时，仪表盘上的自动变速器故障警告灯亮起，提醒驾驶员立即将汽车送至维修厂检修；②将检测到的故障内容以故障代码的形式储存在电脑的存储器内，为查找故障部位提供可靠的依据；③传感器出现故障时，电脑所采取的失效保护功能见表 3.6；④执行器出现故障时，电脑所采取的失效保护功能见表 3.6。

表 3.6　　　　　　　传感器和执行器出现故障电脑所采取的失效保护功能

序号	故障类别	故障部位	电脑功能措施	功　能　说　明
1	传感器出现故障	节气门位置传感器	根据怠速开关的状态进行控制	当怠速开关断开时（加速踏板被踩下），按节气门开度为 1/2 进行控制，同时节气门油压为最高值；当怠速开关接通时（加速踏板完全放松），按节气门处于全闭状态进行控制，同时节气门油压为最低值
2		车速传感器	自动变速器的挡位由操纵手柄的位置决定	在 D 位和 S（或 2）位固定为超速挡或 3 挡，在 L（或 1）位固定为 2 挡或 1 挡；或不论操纵手柄在任何前进挡位，都固定为 1 挡，以保持汽车最基本的行驶能力。许多车型的自动变速器有 2 个车速传感器，其中一个用于自动变速器的换挡控制，另一个为仪表盘上车速表的传感器。这两个传感器都与电脑相连，当用于换挡控制的车速传感器损坏时，电脑可利用车速表传感器的信号来控制换挡
3		输入轴转速传感器	电脑不能进行自动换挡控制	电脑停止减扭矩控制，换挡冲击增大
4		液压油温度传感器	电脑按液压油温度为 80℃ 的设定进行控制	
5	执行器出现故障	换挡电磁阀出现故障	不同的电脑有两种不同的失效保护功能	有多个换挡电磁阀出现故障，电脑都将停止所有换挡电磁阀的工作，此时自动变速器的挡位将完全由操纵手柄的位置决定；在 D 位和 S（或 2）位时被固定为 3 挡，在 L（或 1）位时被固定为 2 挡。只有一个换挡电磁阀中有一个出现故障时，电脑控制其他无故障的电磁阀工作，以保证自动变速器仍能自动升挡或降挡，但会失去某些挡位，而且升挡或降挡规律有所变化，例如，可能直接由 1 挡升到 3 挡或超速挡
6		强制离合器或制动器电磁阀故障	停止电磁阀的工作	让强制离合器或强制制动器始终处于接合状态，这样汽车减速时总有发动机制动作用
7		锁止电磁阀故障	停止锁止离合器控制	锁止离合器始终处于分离状态
8		油压电磁阀故障	停止锁止离合器控制	油路压力保持为最高

3.4.7　自动变速器的故障诊断

1. 自动变速器油的检验

（1）油面检查。在对变速器进行检查前或故障诊断前，首先要对变速器油面高度进行检查，一般在车辆行驶1万km后检查油液面。

变速器与差速器有一公用的油池，其间是相通的。在拉出油尺之前，应将护罩及手柄上的脏东西都擦干净。

把选挡手柄放在P位或N位（空挡），将发动机在怠速时至少运转1min，汽车必须停放在水平路面上，这样才能确保在差速器和变速器之间的油面高度正常、稳定。检查应在油液正常工作温度50～90℃时进行。

自动变速器油面检查的具体方法是：①将汽车停放在水平地面上，并拉紧手制动；②让发动机怠速运转1min以上；③踩住制动踏板，将操纵手柄拨至倒挡（R）、前进挡（D）、前进低挡（S、L或2、1）等位置，并在每个挡位上停留几秒钟，使液力变矩器和所有换挡执行元件中都充满液压油。最后将操纵手柄拨至停车挡（P）位置；④从加油管内拔出自动变速器油尺，将擦干净的油尺全部插入加油管后再拔出，检查油尺上的油面高度。

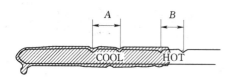

图3.141　自动变速器油面高度的检查

液压油油面高度的标准是：如果自动变速器处于冷态（即冷车刚刚起动，液压油的温度较低，为室温或低于25℃时），液压油油面高度应在油尺刻线的下限附近；如果自动变速器处于热态（如低速行驶5min以上，液压油温度已达70～80℃），油面高度应在油尺刻线的上限附近（图3.141）。

这是因为低温时液压油的黏度大，运转时有较多的液压油附着在行星齿轮等零件上，所以油面高度较低；高温时液压油黏度小，容易流回油底壳。因此油面较高。

若油面高度过低，应从加油管处添加合适的液压油，直至油面高度符合标准为止。

继续运转发动机，检查自动变速器油底壳，油管接头等处有无漏油。如有漏油，应立即予以修复。

在自动变速器调整、加注液压油，并经试车之后，应重新检查自动变速器液压油的油面高度是否正常，油底壳、油管接头等处有无漏油。

（2）油质检查。变速器在正常工作温度下一般能行驶约4万km或24个月，影响油液和变速器使用寿命的最重要因素之一是油液的温度，而影响油液温度的主要因素是液力变矩器有故障，离合器、制动器滑转或分离不彻底，单向离合器滑转和油冷却器堵塞等，所以油液温度过高或急剧上升是十分重要和危险的信号，说明自动变速器内部有故障或油量不够。若发现温度过高，应当立即停止检查。延长自动变速器使用寿命的关键就在于经常检查油面、检查油液的温度和状态。

油液温度过高，将会使油液黏性下降、性能变坏（产生油膏沉淀和积炭）、堵塞细小量孔、卡滞控制阀门、降低润滑效果、破坏橡胶密封部件，从而导致变速器损坏。

检查变速器油的气味和状态，也是十分重要的。油液的气味和状态可以表明自动变速器的工作状态。检查油液时，从油尺上嗅一嗅油液的气味，在手指上点少许油液，用手指互相摩擦看是否有渣粒，或将油尺上的液压油滴在干净的白纸上，检查液压油的颜色及气味。正常液压油的颜色一般为粉红色，且无气味。如液压油呈棕色或有焦味，说明已变质（变质原因详见表3.7的分析），应立即换油。

表 3.7　　　　　　　　　　　　　　　　油 质 与 故 障 原 因

油液状态	变 质 原 因
油液变为深褐色或深红色	（1）没有及时更换油液。 （2）长期重载荷运转，某些部件打滑或损坏引起变速器过热
油液中有金属屑	离合器盘、制动器盘或单向离合器严重磨损
油尺上黏附胶质油膏	变速器油温过高
油液有烧焦气味	（1）油温过高、油面过低。 （2）油冷却器或管路堵塞
油液从加油管溢出	油面过高或通气孔堵塞

　　换油时应优先采用车辆随车手册上推荐使用的变速器油，也可使用 8 号自动传动油，无推荐用油时，可用国内的 22 号透平油、液力变矩器Ⅰ号、Ⅱ号油。某些轿车自动变速器使用 DEXRON-Ⅱ或 M-Ⅲ型液压油。这两种液压油稳定性好，使用寿命长。注意切不可用齿轮油或机油代替液压油。否则会造成自动变速器的严重损坏。

　　（3）液压控制系统漏油检查与液压油的更换。液压控制系统漏油必须认真检查。液压控制系统的各连接部位上都有油封和密封垫，这些部件是常发生漏油的地方。液压系统漏油会引起油路压力下降，油位下降是换挡打滑和延迟的常见原因。图 3.142 是自动变速器易发生漏油部位，应逐一进行检查。

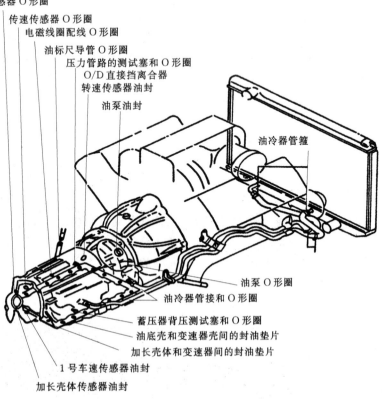

图 3.142　变速器各油封位置图

自动变速器换油的具体方法可参照如下方法进行：

1）车辆运行至自动变速器达到正常工作油温70～80℃后停车熄火。

2）拆下自动变速器油底壳上的放油螺塞，将油底壳内的液压油放净。有些车型的自动变速器油底壳上没有放油螺塞，应拆下整个油底壳，然后放油。拆油底壳时应先将后半部油底壳螺钉拆下，拧松前半部油底壳螺钉，再将后半部油底壳撬离变速器壳体，放出部分液压油，最后再将整个油底壳拆下。

3）拆下油底壳，将油底壳清洗干净。有些自动变速器的油底壳上的放油螺塞为磁性螺塞，也有些自动变速器在油底壳内专门放置一块磁铁，以吸附铁屑。清洗时必须注意将螺塞或磁铁上的铁屑清洗干净后放回。

4）拆下自动变速器液压油散热器油管接头，用压缩空气将散热器的残余液压油吹出，再装好油管接头。

5）装好油底壳和放油螺塞。

6）从自动变速器加油管中加入规定牌号的液压油。一般自动变速器油底壳内的储油量为4L左右。

7）起动发动机，检查自动变速器油面高度。要注意由于新加入的油液温度较低，油面高度应在油尺刻线的下限附近。如油面高度太低，应继续加油至规定油面高度。

8）让汽车行驶至发动机和自动变速器达到正常工作温度，再次检查油面高度是否在油尺线的上限附近。如过低，应继续加油，直至满足规定要求为止。

9）如果不慎加入过多液压油，使油面高于规定的高度，切不可凑合使用。因为当油面过高时，行驶中油液被行星排剧烈地搅动，会产生大量的泡沫。这些带有泡沫的液压油进入油泵和控制系统后，对自动变速器的工作极为不利。其后果和油面高度不足一样，会造成油压过低，导致自动变速器内的摩擦元件打滑磨损。因此油面过高时，应把油放掉一些。有放油螺塞的自动变速器只要把螺塞打开即可放油；没有放油螺塞的自动变速器在做少量放油时，可从加油管处往外吸。

一般自动变速器的总油量为10L左右，按上述方法换油时，变矩器内的液压油是无法放出的。若液压油严重变质，必须全部更换时，可先按上述方法换油，然后让汽车行驶约5min后再次换油。

2. 自动变速器的试验

（1）自动变速器的失速试验。失速试验是检查发动机、变矩器及自动变速器中有关换挡执行元件的工作是否正常的一种方法。失速试验的目的：检查发动机功率大小、液力变矩器性能好坏及自动变速器中有关换挡执行元件的工作是否正常的一种常用方法。用来诊断可能的机械故障部位，如离合器、制动器的磨损情况等。

1）准备工作：①让汽车行驶至发动机和自动变速器均达到正常工作温度；②检查汽车的脚制动和手制动，确认其性能好；③检查自动变速器液压油面高度，应正常。

2）试验步骤：①将汽车停放在宽阔的水平地面上，前后车轮用三角块塞住；②拉紧手制动，左脚用力踩住制动踏板；③起动发动机；④将操纵手柄拨入D位置；⑤在左脚踩紧制动踏板的同时，用右脚将油门踏板踩到底，在发动机转速不再升高时，迅速读取此时的发动机转速；⑥读取发动机转速后，立即松开油门踏板；⑦将操纵手柄拨入P或N

位置，让发动机怠速运转超过 1min，以防止液压油因温度过高而变质；⑧将操纵手柄拨入其他挡位（R、S、L 或 2、1），分别做同样的试验。

3）注意事项：①在一个挡位的试验完成之后，不要立即进行下一个挡位的试验，要等油温下降之后再进行；②试验结束后不要立即熄火，应将操纵手柄拨入空挡或停止挡，让发动机怠速运转几分钟，以便让液压油温度降至正常；③如果在试验中发现驱动轮因制动力不足而转动，应立即松开油门踏板，停止试验。

不同车型的自动变速器都有其失速转速标准。大部分自动变速器的失速转速标准为 2300rpm 左右。

若失速转速高于标准值，说明主油路油压过低或换挡执行元件打滑；若失速转速低于标准值，则可能是发动机动力不足或液力变矩器有故障。

（2）自动变速器的时滞试验。在发动机怠速运转时将操纵手柄从空挡拨至前进挡或倒挡后，需要有一段短暂时间的迟滞或延时才能使自动变速器完成挡位的接合（此时汽车会产生一个轻微的震动），这一短暂的时间称为自动变速器换挡的迟滞时间。时滞试验就是测出自动变速器换挡的迟滞时间，根据迟滞时间的长短来判断主油路油压及换挡执行元件的工作是否正常。

时滞试验步骤如下：

1）让汽车行驶，使发动机和自动变速器达到正常工作温度。

2）将汽车停放在水平地面上，拉紧手制动。

3）检查发动机怠速。如不正常，应按标准予以调整。

4）将自动变速器操纵手柄从空挡"N"位置拨至前进挡"D"位置，用秒表测量从拨动操纵手柄开始到感觉汽车震动为止所需的时间，该时间称为 N-D 延时时间。

5）将操纵手柄拨至 N 位置，让发动机怠速运转 1min 后，再做一次同样的试验。

6）做 3 次试验，并取平均值。

7）按上述方法，将操纵手柄由 N 位置拨至 R 位置，测量 N-R 延时时间。

对于大部分自动变速器：N-D 延时时间小于 1.0~1.2s，N-R 延时时间小于 1.2~1.5s。若 N-D 延时时间过长，说明主油路油压过低，前进离合器摩擦片磨损过甚或前进单向超越离合器工作不良；若 N-R 延时时间过长，说明倒挡主油路油压过低，倒挡离合器或倒挡制动器磨损过甚或工作不良。

（3）自动变速器的液压试验。液压试验是在自动变速器工作时，通过测量液压控制系统各回路的压力来判断各元件的功能是否正常，目的是检查液压控制系统各管路及元件是否漏油及各元件（如液力变矩器、蓄能器等）是否工作正常，是判别故障在液压控制系统还是在机械系统的主要依据。

液压试验是在自动变速器运转时，对控制系统各个特征点进行液压测量。油压过高，会使自动变速器出现严重的换挡冲击，甚至损坏控制系统；油压过低，会造成换挡执行元件打滑，加剧其摩擦片的磨损，甚至使换挡执行元件烧毁。

1）前进挡主油路油压测试方法：①拆下变速器壳体上主油路测压孔或前进挡油路测压孔螺塞，接上油压表；②起动发动机；③将操纵手柄拨至前进挡"D"位置；④读出发动机怠速运转时的油压；该油压即为怠速工况下的前进挡主油路油压；⑤用左脚踩紧制动踏板，同时用右脚将油门踏板完全踩下，在失速工况下读取油压，该油压即为失速工况下的前进挡主油路油压；⑥将操纵手柄拨至空挡或停车挡，让发动机怠速运转 1min 以上；⑦将操纵手柄拨至各个前进低挡（S、L 或 2、1）位置，分别重复①～⑥的步骤，读出各个前进低挡在怠速工况和失速工况下的主油路油压。

2）倒挡主油路油压测试方法：①拆下自动变速器壳体上的主油路测压孔或倒挡油路测压孔螺塞，接上油压表；②起动发动机；③将操纵手柄拨至倒挡"R"位置；④在发动机怠速运转工况下读取油压，该油压即为怠速工况下的倒挡主油路油压；⑤用左脚踩紧制动踏板，同时用右脚将油门踏板完全踩下，在发动机失速工况下读取油压，该油压即为失速工况下的倒挡主油路油压；⑥操纵手柄拨至空挡"N"位置，让发动机怠速运转 1min 以上。

（4）自动变速器的道路试验。道路试验是诊断、分析自动变速器故障的最有效的手段之一。此外，自动变速器在修复之后，也应进行道路试验，以检查其工作性能，检验修理质量。自动变速器的道路试验内容主要有：检查换挡车速、换挡质量以及检查换挡执行元件有无打滑等。

在道路试验之前，应先让汽车以中低速行驶 5～10min，让发动机和自动变速器都达到正常工作温度。在试验中，如特殊需要，通常应将超速挡开关置于 ON 位置（即超速指示灯熄灭），并将模式开关置于普通模式或经济模式的位置。

1）升挡检查。将操纵手柄拨至前进挡"D"位置，踩下油门踏板，使节气门保持在 1/2 开度左右，让汽车起步加速，检查自动变速器的升挡情况。自动变速器在升挡时发动机会有瞬时的转速下降，同时车身有轻微的闯动感。正常情况下，汽车起步后随着车速的升高，试车者应能感觉到自动变速器能顺利地由 1 挡升入 2 挡，随后再由 2 挡升入 3 挡，最后升入超速挡。若自动变速器不能升入高挡（3 挡或超速挡），说明控制系统或换挡执行元件有故障。

2）升挡车速的检查。将操纵手柄拨至前进挡"D"位置，踩下油门踏板，并使节气门保持在某一固定开度，让汽车起步并加速。当察觉到自动变速器升挡时，记下升挡车速。一般 4 挡自动变速器在节气门开度保持在 1/2 时由 1 挡升至 2 挡的升挡车速为 25～35km/h，由 2 挡升至 3 挡的升挡车速为 55～70km/h，由 3 挡升至 4 挡（超速挡）的升挡车速为 90～120km/h。由于升挡车速和节气门开度有很大的关系，即节气门开度不同时，升挡车速也不同，而且不同车型的自动变速器各挡位传动比的大小都不相同，其升挡车速也不完全一样，因此，只要升挡车速基本保持在上述范围内，而且汽车行驶中加速良好，无明显的换挡冲击，都可认为其升挡车速基本正常。若汽车行驶中加速无力，升挡车速明显低于上述范围，说明升挡车速过低（即过早升挡）；若汽车行驶中有明显的换挡冲击，升挡车速明显示高于上述范围，说明升挡车速过高（即太迟升挡）。

3）升挡时发动机转速的检查。在正常情况下，若自动变速器处于经济模式或普通模式，节气门保持在低于 1/2 开度范围内，则汽车在由起步加速直至升入高速挡的整个行驶过程中，发动机转速都将低于 3000r/min。通常发动机在加速至即将要升挡时的转速可达到 2500～3000r/min，在刚刚升挡后的短时间内发动机转速将下降至 2000r/min，说明升挡时间过早或发动机动力不足；如果在行驶过程中发动机转速始终偏高，升挡前后的转速为 2500～3500r/min，且换挡冲击明显，说明升挡时间过迟；如果在行驶中发动机转速过高，常高于 3000r/min，在加速时达到 4000～5000r/min，甚至更高，则说明自动变速器的换挡执行元件（离合器或制动器）打滑，应拆修自动变速器。

4）换挡质量的检查。换挡质量的检查内容主要是检查有无换挡冲击。正常的自动变速器只能有不太明显的换挡冲击，特别是电子控制自动变速器的换挡冲击应十分微弱。若换挡冲击太大，说明自动变速器的控制系统或换挡执行元件有故障，其原因可能是油路油压高或换挡执行元件打滑，应做进一步的检查。

5）锁止离合器工作状况的检查。可以采用道路试验的方法进行检查。让汽车加速至超速挡，以高于 80km/h 的车速行驶，并让节气门开度保持在低于 1/2 的位置，使变矩器进入锁止状态。此时，快速将油门踏板踩下至 2/3 开度，同时检查发动机转速的变化情况。若发动机转速没有太大的变化，说明锁止离合器处于结合状态；反之，若发动机转速升高很多，则表明锁止离合器没有结合，其原因通常是锁止控制系统有故障。

6）发动机制动作用的检查。检查自动变速器有无发动机制动作用时，应将操纵从手柄拨至前进低挡（S、L 或 2、1）位置，在汽车以 2 挡或 1 挡行驶时，突然松开油门踏板，检查是否有发动机制动作用。若松开油门踏板后车速立即随之下降，说明有发动机制动作用；否则说明控制系统或前进强制离合器有故障。

7）强制降挡功能的检查。检查自动变速器强制降挡功能时，应将操纵手柄拨至前进挡"D"位置，保持节气门开度为 1/3 左右，在以 2 挡、3 挡或超速挡行驶时突然将油门踏板完全踩到底，检查自动变速器是否被强制降低一个挡位。在强制降挡时，发动机转速会突然上升至 4000r/min 左右，并随着加速升挡，转速逐渐下降。若踩下油门踏板后没有出现强制降挡，说明强制降挡功能失效。若在强制降挡时发动机转速升高反常。达 5000～6000r/min，并在升挡时出现换挡冲击，则说明换挡执行元件打滑，应拆修自动变速器。

（5）手动换挡试验与检查。对于电子控制自动变速器而言，为了确定故障存在的部位，区分故障是由机械系统、液压系统引起，还是由电子控制系统引起的，可进行手动换挡试验。所谓手动换挡试验就是将电子控制自动变速器所有换挡电磁阀的线束插头全部脱开，此时电脑不能通过换挡电磁阀来控制换挡，自动变速器的换挡取决于操纵手柄的位置。

手动换挡试验的步骤如下：

1）脱开电子控制自动变速器的所有换挡电磁阀线束插头。

2）起动发动机，将操纵手柄拨至不同位置，然后做道路试验（也可以将驱动轮悬空，进行台架试验）。

3）观察发动机转速和车速的对应关系对照表 3.8，以判断自动变速器所处的挡位。

表3.8　　　　　　　　　自动变速器不同挡位时发动机转速和车速的关系表

挡　　位	发动机转速/(r/min)	车速/(km/h)
1挡	2000	18～22
2挡	2000	34～38
3挡	2000	50～55
超速挡	2000	70～75

4）若操纵手柄位于不同位置时，自动变速器所处的挡位与表中相同。说明电子控制自动变速器的阀板及换挡执行元件基本上工作正常。否则，说明自动变速器的阀板或换挡执行元件有故障。

5）试验结束后，接上电磁阀线束插头。

6）清除电脑中的故障代码，防止因脱开电磁阀线束插头而产生的故障代码保存在电脑中，影响自动变速器的故障自诊断工作。

3. 汽车不能行驶的故障诊断

（1）故障现象。

1）无论操纵手柄位于倒挡、前进挡或前进低挡，汽车都不能行驶。

2）冷车起动后汽车能行驶一小段路程，但热车状态下汽车不能行驶。

（2）故障原因。

1）自动变速器油底渗漏，液压油全部漏光。

2）操纵手柄和手动阀摇臂之间的连杆或拉索松脱，手动阀保持在空挡或停车挡位置。

3）油泵进油滤网堵塞。

4）主油路严重泄漏。

5）油泵损坏。

（3）故障诊断与排除。

1）检查自动变速器内有无液压油。其方法是：拔出自动变速器的油尺，观察油尺上有无液压油。若油尺上没有液压油，说明自动变速器内的液压油已漏光。对此，应检查油底壳，液压油散热器、油管等处有无破损而导致漏油。如有严重漏油处，应修复后重新加油。

2）检查自动变速器操纵手柄与手动阀摇臂之间的连杆或拉索有无松脱。如果有松脱，应予以装复，并重新调整好操纵手柄的位置。

3）拆下主油路测压孔上的螺塞，起动发动机，将操纵手柄拨至前进挡或倒挡位置，检查测压孔内有无液压油流出。

4）若主油路侧压孔内没有液压油流出，应打开油底壳，检查手动阀摇臂轴与摇臂间有无松脱，手动阀阀芯有无折断或脱钩。若手动阀工作正常，则说明油泵损坏。对此，应拆卸分解自动变速器，更换油泵。

5）若主油路测压孔内只有少量液压油流出，油压很低或基本上没有油压，应打开油底壳，检查油泵进油滤网有无堵塞。如无堵塞，说明油泵损坏或主油路严重泄漏，对此，应拆卸分解自动变速器，予以修理。

6）若冷车起动时主油路有一定的油压，但热车后油压即明显下降，说明油泵磨损过甚。对此，应更换油泵。

7）若测压孔内有大量液压油喷出，说明主油路油压正常，故障出在自动变速器中的输入轴，行星排或输出轴。对此，应拆检自动变速器。

汽车不能行驶的故障诊断与排除程序如图 3.143 所示。

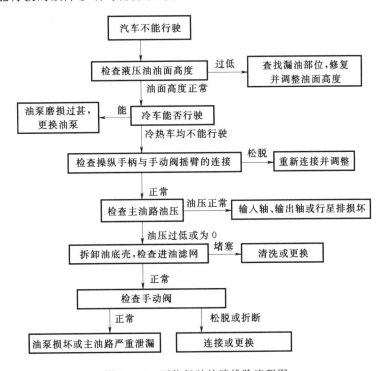

图 3.143　不能行驶故障排除流程图

4. 自动变速器打滑的故障诊断

（1）故障现象。

1）起步时踩下油门踏板，发动机转速很快升高但车速升高缓慢。

2）行驶中踩下油门踏板加速时，发动机转速升高但车速没有很快提高。

3）平路行驶基本正常，但上坡无力，且发动机转速很高。

（2）故障原因。

1）液压油油面太低。

2）液压油油面太高，运转中被行星排剧烈搅动后产生大量气泡。

3）离合器或制动器摩擦片、制动带磨损过甚或烧焦。

4）油泵磨损过甚或主油路泄漏，造成油路油压过低。

5）单向超越离合器打滑。

6）离合器或制动器活塞密封圈损坏，导致漏油。

7）减振器活塞密封圈损坏，导致漏油。

（3）故障分析。打滑是自动变速器中最常见的故障之一。虽然自动变速器打滑往往都伴有离合器或制动器摩擦片严重磨损甚至烧焦等现象，但如果只是简单地更换磨损的摩擦片而没有找出打滑的真正原因，则会使修后的自动变速器使用一段时间后又出现打滑现象。因此，对于出现打滑的自动变速器，不要急于拆卸分解，应先做各种检查测试，以找出造成打滑的真正原因。

1) 对于出现打滑现象的自动变速器，应先检查其液压油的油面高度。若油面过低或过高，应先调整至正常后再做检查。若油面调整正常后自动变速器不再打滑，可不必拆修自动变速器。

2) 检查液压油的品质。若液压油呈棕黑色或有烧焦味，说明离合器或制动器的摩擦片或制动带有烧焦，应拆修自动变速器。

3) 做路试，以确定自动变速器是否打滑，并检查出现打滑的挡位和打滑的程度。将操纵手柄拨入不同的位置，让汽车行驶。若自动变速器升至某1挡位时发动机转速突然升高，但车速没有相应地提高，即说明该挡位有打滑。打滑时发动机的转速愈容易升高，说明打滑愈严重。根据出现打滑的规律，还可以判断产生打滑的是哪一个换挡执行元件：①若自动变速器在所有前进挡都有打滑现象，则为前进离合器打滑；②若自动变速器在操纵手柄位于D位时的1挡有打滑，而在操纵手柄位于L位或1位时的1挡不打滑，则为前进单向超越离合器打滑；若不论操纵手柄位于D位或L位或1位时，1挡都有打滑现象，则为低挡及倒挡制动器打滑；③若自动变速器只在操纵手柄位于D位时的2挡有打滑，而在操纵手柄位于S位或2位时的2挡不打滑，则为2挡单向超越离合器打滑。若不论操纵手柄位于D位或S位或2位时，2挡都有打滑现象，则为2挡制动器打滑；④若自动变速器只在3挡有打滑现象，则为倒挡及高挡离合器打滑；⑤若自动变速器只在超速挡时有打滑现象，则为超速制动器打滑；⑥若自动变速器在倒挡和高挡时都有打滑现象，则为倒挡及高挡离合器打滑；⑦若自动变速器在倒挡和1挡时都有打滑现象，则为低挡及倒挡制动器打滑。

(4) 自动变速器打滑故障的诊断与排除。对于有打滑故障的自动变速器，在拆卸分解之前，应先检查自动变速器的主油路油压，以找出造成自动变速器打滑的原因。自动变速器不论前进挡或倒挡均打滑，其原因往往是主油路油压过低。若主油路油压正常，则只要更换磨损或烧焦的摩擦元件即可。若主油路油压不正常，则在拆修自动变速器的过程中，应根据主油路油压，相应地对油泵或阀根据进行检修，并更换自动变速器的所有密封圈和密封环。

自动变速器打滑故障诊断与排除程序如图3.144所示。

5. 换挡时冲击较大的故障诊断

(1) 故障现象。

1) 在起步时，由停车挡或空挡挂入倒挡或前进挡时，汽车振动较严重。

2) 行驶中，在自动变速器升挡的瞬间汽车有较明显的振动。

(2) 故障原因。导致自动变速器换挡冲击大的故障原因很多，主要原因在于调整不当，机构元件性能下降或损坏，电子控制系统有故障，具体原因有：①发动机怠速过高；②节气门拉索或节气门位置传感器调整不当，使主油路油压过高；③升挡过迟；④真空式节气门阀的真空软管破裂或松脱；⑤主油路调压阀有故障，使主油路油压过高；⑥减振器活塞卡住，不能起减振作用；⑦单向阀钢球漏装，换挡执行元件（离合器或制动器）接合

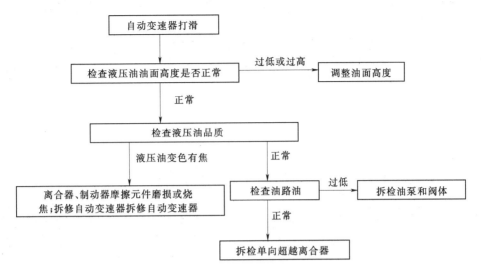

图 3.144　自动变速器打滑故障诊断与排除程序

过快；⑧换挡执行元件打滑；⑨油压电磁阀不工作；⑩电脑有故障。

（3）故障诊断与排除。由于引起换挡冲击的原因较多，因此，在诊断故障的过程中，必须循序渐进，对自动变速器的各个部分做认真的检查。一定要在全面检测的基础上，有针对性地进行分解修理，切不可盲目地拆修。总体而言，若是由于调整不当所造成的，只要稍作调整即可排除；若是自动变速器内部控制阀、减振器或换挡执行元件有故障，应分解自动变速器，予以修理；若是电子控制系统有故障，应对电子控制系统进行检测，找出具体原因，加以排除。具体检查诊断与排除步骤如下。

1）检查发动机怠速。装用自动变速器的汽车的发动机怠速一般为 750r/min 左右。若怠速过高，应按标准予以调整。

2）检查节气门拉索或节气门位置传感器的调整情况。如不符合标准，应重新予以调整。

3）检查真空式节气门阀的真空软管。如有破裂，应更换；如有松脱，应重新连接。

4）做道路试验。如果有升挡过迟的现象，则说明换挡冲击大的故障是升挡过迟所致。如果在升挡之前发动机转速异常升高，导致在升挡的瞬间有较大的换挡冲击，则说明离合器或制动器打滑，应分解自动变速器，予以修理。

5）检测主油路油压。如果怠速时的主油路油压高，则说明主油路调压阀或节气门阀有故障，可能是调压弹簧的预紧力过大或阀芯卡滞所致；如果怠速时主油路油压正常，但起步进挡时有较大的冲击，则说明前进离合器或倒挡及高挡离合器的进油单向阀阀球损坏或漏装。对此，应拆卸阀板，予以修理。

6）检测换挡时的主油路油压。在正常情况下，换挡时的主油路油压会有瞬时的下降。如果换挡时主油路油压没有下降，则说明减振器活塞卡滞。对此，应拆检阀板和减振器。

7）电子控制自动变速器如果出现换挡冲击过大的故障，应检查油压电磁阀的线路以及油压电磁阀工作是否正常、电脑是否在换挡的瞬间向油压电磁阀发出控制信号。如果线路有故障，应予以修复；如果电磁阀损坏，应更换电磁阀；如果电脑在换挡的瞬间没有向油压电磁阀发出控制信号，说明电脑有故障，对此，应更换电脑。

自动变速器换挡冲击大的故障诊断与排除程序如图 3.145 所示。

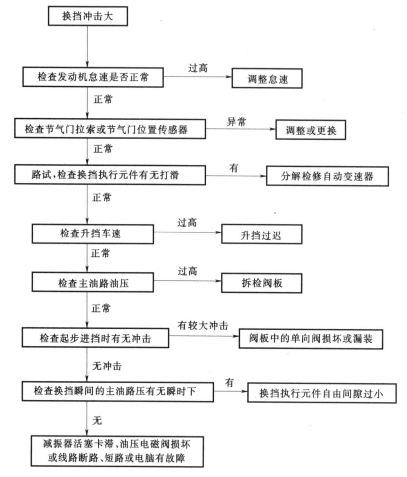

图 3.145 换挡冲击大故障排除流程图

6. 不能升挡的故障诊断

（1）故障现象。

1）汽车行驶中自动变速器始终保持在 1 挡，不能升入 2 挡和高速挡。

2）行驶中自动变速器可以升入 2 挡，但不能升入 3 挡和超速挡。

（2）故障原因。造成自动变速器不能升挡的主要原因有：①节气门拉索或节气门位置传感器调整不当；②调速器有故障；③调速器油路严重泄漏；④车速传感器有故障；⑤2挡制动器或高挡离合器有故障；⑥换挡阀卡滞；⑦挡位开关有故障。

（3）故障诊断与排除。

1）对于电子控制自动变速器，应先进行故障自诊断。影响换挡控制的传感器有节气门位置传感器、车速传感器等。按所显示的故障代码查找故障原因。

2）按标准重新调整节气门拉索或节气门位置传感器。

3）检查车速传感器。如有损坏，应予以更换。

4）检查挡位开关的信号。如有异常，应予以调整或更换。

5）测量调速器油压。若车速升高后调速器油压仍为0或很低，说明调速器有故障或调速器油路严重泄漏。对此，应拆检调速器。调速器阀芯如有卡滞，应分解清洗，并将阀芯和阀孔用金相砂纸抛光。若清洗抛光后仍有卡滞，应更换调速器。

6）用压缩空气检查调速器油路有无泄漏。如有泄漏，应更换密封圈或密封环。

7）若调速器油压正常，应拆卸阀板，检查各个换挡阀。换挡阀如有卡带，可将阀芯取出，用金相砂纸抛光，再清洗后装入。如不能修复，应更换阀板。

8）若控制系统无故障，应分解自动变速器，检查各个换挡执行元件有无打滑现象，用压缩空气检查各个离合器、制动器油路或活塞有无泄漏。

自动变速器不能升挡的故障诊断与排除程序如图3.146所示。

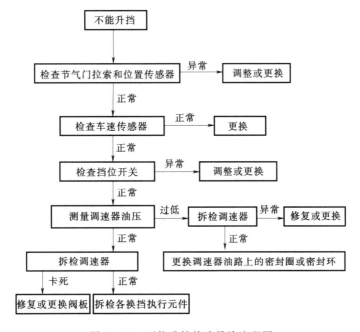

图3.146 不能升挡故障排除流程图

7. 无超速挡的故障诊断

（1）故障现象。

1）在汽车行驶中，车速已升高至超速挡工作范围，但自动变速器不能从3挡换入超速挡。

2）在车速已达到超速挡工作范围后，采用提前升挡（即松开油门踏板几秒后再踩下）的方法也不能使自动变速器升入超速挡。

（2）故障原因。造成自动变速器无超速挡故障的主要原因有：①超速挡开关有故障；②超速电磁阀故障；③超速制动器打滑；④超速行星排上的直接离合器或直接单向超越离合器卡死；⑤挡位开关有故障；⑥液压油温度传感器有故障；⑦节气门位置传感器有故障；⑧3~4换挡阀卡滞。

（3）故障诊断与排除。

1）对于电子控制自动变速器。应先进行故障自诊断，检查有无故障代码。液压油温度传感器、节气门位置传感器、超速电磁阀等部件的故障都会影响超速挡的换挡控制。按显示的故障代码查找故障原因。

2）检查液压油温度传感器在不同温度下的电阻值。并与标准值进行比较。如有异常，应更换液压油温度传感器。

3）检查挡位开关和节气门位置传感器的信号。挡位开关的信号应和操纵手柄的位置相符。节气门位置传感器的电阻或输出电压应能随节气门的开大而上升，并与标准相符。如有异常，应予以调整。若调整无效，应更换挡位开关或节气位置传感器。

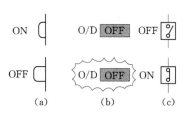

图 3.147　超速挡开关的检查

(a) 按钮状态；(b) 指示灯状态；(c) 触点状态

4）检查超速挡开关。在 ON 位置时，超速挡开关的解点应断开，闭合超速指示灯不亮；在 OFF 位置时，超速挡开关触点应闭合，超速指示灯亮起（图 3.147）。如有异常，应检查电路或更换超速挡开关。

5）检查超速电磁阀的工作情况。打开点火开关，但不要起动发动机，在按下超速挡开关时，检查超速电磁阀有无工作的声音。如果超速电磁阀不工作，应检查控制线路或更换超速电磁阀。

6）用举升器将汽车升起，让驱动轮悬空。运转发动机，让自动变速器以前进挡工作，检查在空载状态下自动变速器的升挡情况。如果在空载状态下自动变速器能升入超速挡，且升挡车速正常，说明控制系统工作正常，不能升挡的故障原因为超速制动器打滑，在有负荷的状态下不能实现超速挡。如果能升入超速挡，但升挡后车速不能提高，发动机转速下降，说明超速行星排中的直接离合器或直接单向超越离合器卡死，使超速行星排在超速挡状态下出现运动干涉，加大了发动机运转阻力。如果在无负荷状态下仍不能升入超速挡，说明控制系统有故障。对此，应拆卸阀板，检查 3～4 换挡阀。如有卡滞，可将阀心拆下，予以清洗并抛光。如不能修复，应更换阀板总成。

自动变速器无超速挡的故障诊断与排除程序如图 3.148 所示。

8. 自动变速器异响诊断

（1）故障现象。

1）在汽车运转过程中，自动变速器内始终有一异常响声。

2）汽车行驶中自动变速器有异响，停车挂空挡后异响消失。

（2）故障原因。引起自动变速器异响的主要原因有：①油泵因磨损过甚或液压油油面高度过低、过高而产生异响；②变矩器因锁止离合器、导轮单向超越离合器等损坏而产生异响；③行星齿轮机构异响；④换挡执行元件异响。

（3）故障诊断与排除。

1）检查自动变速器液压油油面高度。若太高或太低，应调整至正常高度。

2）用举升器将汽车升起，起动发动机，在空挡、前进挡、倒挡等状态下检查自动变速器产生异响的部位和时刻。

3）若在任何挡位下自动变速器中始终有一连续的异响，通常为油泵或变矩器异响。对此，应拆检自动变速器，检查油泵有无磨损、变矩器内有无大量摩擦粉末。如有异常，

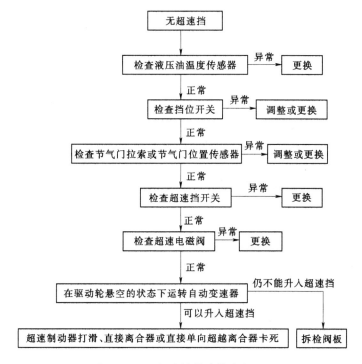

图 3.148　无超速挡故障排除流程图

应更换油泵或变矩器。

　　4）若自动变速器只在行驶中才有异响，空挡时无异响，则为行星齿轮机构异响。对此，应分解自动变速器，检查行星排各个零件有无磨损痕迹，齿轮有无断裂，单向超越离合器有无磨损、卡滞，轴承或止推垫片有无损坏。如有异常，应予以更换。

　　自动变速器异响的故障诊断与排除程序如图 3.149 所示。

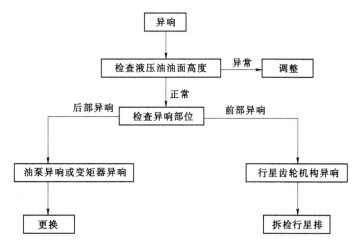

图 3.149　异响故障诊断排除流程图

9. 电控自动变速器的故障自诊断

电控自动变速器 ECU 内部有一个故障自诊断电路，它能在汽车行驶过程中不断检测自动变速器控制系统各部分的工作情况，并能将检测到的故障以代码的形式存储在 ECU 存储器中。维修人员可以通过读取故障代码确定故障部位，以便进行维修。读取故障代码有两种方式：

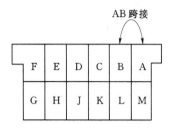

图 3.150　跨接诊断座上的 A、B 端子

（1）人工读取故障代码。不同车型的电控自动变速器故障代码的人工读取方法各不相同，目前大部分车型的人工读取方法是：用一根导线将故障检测插座内特定的两个插孔短接，然后通过观察仪表上自动变速器故障代码指示灯的闪烁规律读取故障代码。例如：通用车系人工读取和清除故障码的方法。

1）读取故障码。跨接诊断座上的 A、B 端子，如图 3.150 所示。然后点火开关 ON，但不要起动发动机，仪表盘上的 SERVICE ENGINE SOON 指示灯会闪烁故障码。

2）清除故障码。拆下 ECU 保险丝，等待 30s 以后，取下跨接线，故障码即可清除。

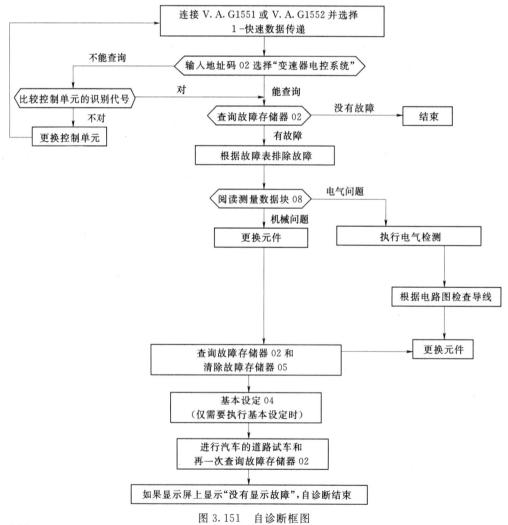

图 3.151　自诊断框图

（2）仪器读取和清除故障码。目前很少采用人工方法读取故障码，各车系都有自己的专用电脑检测仪来读取和清除故障码，如大众/奥迪车系采用 VAG1551/1552、VAS5051/5052，丰田车系采用 INTELLIGENT 高智能检测仪，日产车系采用 CONSULT Ⅱ 检测仪，通用车系采用 TECH Ⅱ 检测仪，宝马车系采用 GT1 等。

采用仪器读取和清除故障码只需按照仪器屏幕的提示操作即可。例如用诊断仪器对 01N 自动变速器进行故障码的读取和清除。自动变速器电子控制系统的核心是控制单元（J217）。J217 中装有故障存储器，如果被监测的传感器或部件发生了故障，传感器或部件以及故障的类型被存储在故障存储器内。仅发生一次的故障被称为偶然（临时）故障，偶然故障是作为补充信号加以识别的。可以利用故障诊断仪 V.A.G1551 或 V.A.G1552 对自动变速器进行查找，具体步骤如图 3.151 所示。

1）查询故障检测条件。①换挡杆放在"P"位置上，并且拉上驻车制动操纵杆；②蓄电池电压正常；③相关的熔丝完好；④变速器的接地点无腐蚀、接触良好；⑤蓄电池接地线以及蓄电池和变速器之间的接地线完好。

2）连接仪器。关闭点火开关，打开诊断插头接口盖板（位于换挡杆前端的防尘罩下），将诊断线 V.A.G1551/3 的 5 针插头与 V.A.G1551 或 V.A.G1552 连接，另一端的 16 针插头与诊断插头接口连接。显示屏上显示见表 3.9（以 V.A.G1551 为例）。

表 3.9　　　　　　用故障诊断仪对自动变速器故障进行查找的具体步骤

序号	操　作	屏　幕　显　示
0	连接仪器	V. A. G – SELF – DLAGNOSIS　　　　HELP 1 – Raid data transfer[1] 2 – Flash code output[1] V. A. G – 自诊断　　　　帮助 1 – 快速数据传递[1] 2 – 闪光码输出[1]
1	交替地显示可以按"HELP"键	调出附加的操作说明；可以按"→"键，执行后续步骤
2	接通点火开关，按"Print"键接通打印机	（键内的指示灯亮）。
3	按"1"键选择"快速数据传递"	Read data transfer　　　　HELP Enter address word　　　　×× 快速数据传递　　　　帮助 输入地址码　　　　××
4	按"0"和"2"键选择"变速器电控系统"	Read data transfer　　　　Q 02 – Gearbox electronics 快速数据传递 02 – 变速器电控系统

续表

序号	操 作	屏 幕 显 示
5	按"Q"键确认，显示屏显示控制单元的识别代码	01N 927 733BA AG4 Gearbox 01N 2754 Coding 00000　　　　　　　　　　　WSC 00000 01N 927 733BA：控制单元配件号 AG4 Gearbox 01N：4 挡自动变速器 01N 型 2754：控制单元（EPROM）程序版本 Coding 00000：目前不需要 WSC 00000：V. A. G1551 经销商代号
6	按"→"键	Read data transfer　　　　　HELP Select function　　　　　　×× 快速数据传递　　　　帮助 选择功能　　　　　　××
7	在上述第 6 步的基础上，按"0"和"2"键选择"查询故障存储器"	Read data transfer　　　　　Q 02 - Interrogate fault mernory 快速数据传递 02 -查询故障存储器
8	按"Q"键确认，显示屏显示所存储故障的数量或"No fault recognizes"（没有识别到故障）	×Faults reooginsed! ×故障被识别! 存储的故障依次显示并打印出来。显示和打印之后，根据故障表的描述排除故障。
9	按"→"键，显示屏的显示	与"2 连接 V. A. G1551 或 V. A. G1552"中的第（6）步相同
10	按"0"和"5"键选择"清除故障存储器"	
11	按"Q"键确认	Rapid data transfer Fault memory is erased! 快速数据传递 故障存储器被清除

注　故障表中自动变速器的故障码相应的含义要查相应的维修手册。查询故障存储器并排除故障后，应清除故障存储器。

【拓展知识】 无级变速器（CVT）与直接换挡变速器

1. 无级变速器（CVT）

（1）无级变速器的分类。无级变速传动是一种输出转速在一定范围内可以调节的独立工作单元，无级变速器的传动比在设计预定的范围内无级地进行改变。依靠摩擦传动，改变主动件和从动件的输出半径，实现传动比的无级变化。

无级变速器的类型有滚轮—平板式变速器、钢球无级变速器、菱锥无级变速器、宽 V 带无级变速器。

（2）无级变速器的使用特性。

1）结构简单，体积小，大批量生产后的成本肯定低于当前液力自动变速器的成本。

2）工作速比范围宽，容易与发动机形成理想的匹配，从而改善燃烧过程，降低油耗和排放。

3）具有较高的传动效率，功率损失少，经济性高。

4）汽车的后备功率决定了汽车的爬坡能力和加速能力，汽车的后备功率越大，汽车的动力性越好。由于 CVT 的无级变速特性，能够获得后备功率最大的传动比，所以 CVT 的动力性能明显优于机械变速器（MT）和自动变速器（AT）。

（3）无级变速器技术的发展趋势。CVT 技术即无级变速技术，采用传动带和工作直径可变的主、从动轮相配合传递动力。由于 CVT 可以实现传动比的连续改变，从而得到传动系与发动机工况的最佳匹配，提高整车的燃油经济性和动力性，改善驾驶员的操纵方便性和乘员的乘坐舒适性，所以它是理想的汽车传动装置。

我国汽车业的自动变速器（AT）几乎全部依赖进口，这使得国产汽车配备 AT 后成本增加很大，而装备自行开发生产的 CVT 变速器的成本提高不大，说明 CVT 市场前景令人乐观。

目前我国 CVT 已经进入实用阶段。国内目前有多款配置 CVT 的汽车产品，如奥迪、飞度、南京菲亚特西耶那、派力奥和奇瑞旗云轿车等。广州本田飞度 1.3L/1.5L CVT 型轿车、奇瑞 CVT 版旗云轿车（CVT 配备来自于 ZF 公司的 VTIF 无级变速器）、南京菲亚特两厢派力奥、三厢西耶那的 Speedgear 型和一汽大众生产的奥迪 A6 2.4 和奥迪 A6 2.8 以及奥迪 A4 1.8T 轿车上，都已选装 CVT 无级变速器。奥迪 A6 轿车的 CVT 变速器，其代号为 01J，它采用带/链传动，是奥迪公司首家推出能够应用于功率和转矩分别达到 147KW 和 300N·m 的 V6 2.8L 发动机系统的 VCT 变速器，并且正在制定一个在行驶性能、燃油经济性和动力性及舒适性等方面的新标准。

（4）无级变速器结构分析。

1）V 形钢带无级变速传动的基本原理。无级变速器主要由无级变速传动机构和液压及电子控制系统两部分组成。

一般无级变速机构所形成的传动比为 0.44～4.69，在其后需要增加主减速器，在其前一般还配有电磁离合器或带有锁止离合器的液力变矩器。如图 3.152 所示为带液力变矩器的无级变速器。

如图 3.153 所示是无级变速器的关键部件金属带。它是由一层层带有 V 形斜面的金属片通过柔性的钢带所组成，靠 V 形金属片传递动力，而柔性钢带则只起支撑与保持作用。和普通的带传动不一样，这种带在工作的时候相当于由主动轮通过钢带推着从动轮旋转来传递动力。一般钢带总长约 600mm，由 300 块金属片组成，每片厚约 2mm，宽约 25mm，高约 12mm。每条带包含柔性的钢带 2～11 条，每条厚约 0.18mm。

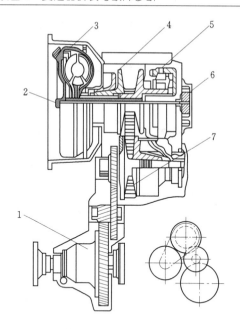

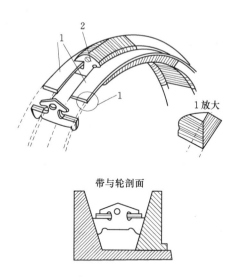

图 3.152　带液力变矩器的无级变速器

1—差速器；2—输入轴；3—液力变矩器；4—主动带轮；

5—前进倒车换挡机构；6—液压泵；7—从动带轮

图 3.153　金属带的结构

1—柔性钢带；2—金属块

如图 3.154 所示为金属带式无级变速器的变速原理图。变速部分由主动带轮（也称初级轮）、金属带和从动带轮所组成。每个带轮都是由两个带有斜面的半个带轮组成一体，其中一个半轮是固定的，另一个半轮可以通过液压控制系统控制其轴向移动，两个带轮之间的中心矩是固定的，由于两个带轮的直径可以连续无级变化，所以形成的传动比也是连续无级变化的。

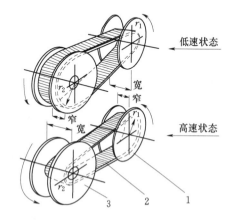

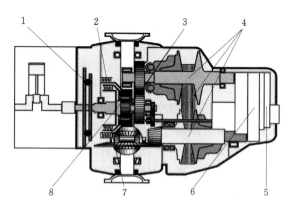

图 3.154　金属带式无级变速器的变速原理图

1—主动带轮；2—金属传动带；3—从动带轮

图 3.155　奥迪 01J CVT 的基本组成

1—飞轮减振装置；2—倒挡制动器；3—辅助减速齿轮；

4—速比变换器；5—电子控制系统；6—液压控制系统；

7—前进挡离合器；8—行星齿轮机构

2）典型 V 形钢带无级变速器的结构组成。以奥迪 Multitronic CVT 为例进行介绍，该无级变速器的内部编号为01J。

奥迪01J CVT主要由飞轮减振装置、前进挡离合器/倒挡制动器及行星齿轮装置、速比变换器、液压控制单元和电控单元组成，如图3.155所示。

发动机输出转矩通过飞轮减振装置或双质量飞轮传递给变速器，前进挡离合器和倒挡制动器都是湿式摩擦元件，两者均为起动装置。倒挡的旋转方向是通过行星齿轮机构改变的。发动机的转矩通过辅助减速齿轮传到速比变换器，并由此传到主减速器、差速器。液压控制系统和电子控制系统集成一体，位于变速器内部。

2. 直接换挡变速器

（1）概述。直接换挡变速器也称为S-Tronic变速器或者双离合变速器DCG（Double-clutch Gearbox），它特殊的地方在于它比别的变速器换挡更快，传递的扭矩更大而且效率更高。

DSG中文表面意思为"直接换挡变速器"，DSG有别于一般的半自动变速器系统，它是基于手动变速器而不是自动变速器，因此，它也是AMT（机械式自动变速器）的一员。

（2）双离合变速器的技术特点。双离合变速器结合了手动变速器和自动变速器的优点，没有使用变矩器，转而采用两套离合器，通过两套离合器的相互交替工作，来到达无间隙换挡的效果，如图3.156所示。两组离合器分别控制奇数挡与偶数挡，具体说来就是在换挡之前，DSG已经预先将下一挡位齿轮啮合，在得到换挡指令之后，DSG迅速向发动机发出指令，发动机转速升高，此时先前啮合的齿轮连接的离合器迅速结合，同时第一组离合器完全放开，完成一次升挡动作，后面的动作以此类推。

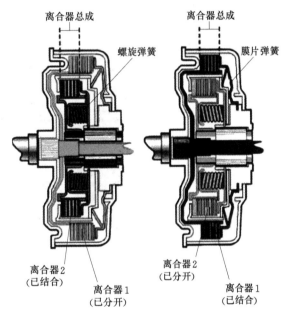

图3.156　直接换挡变速器工作原理

因为没有了液力变矩器，所以发动机的动力可以完全发挥出来，同时两组离合器相互交替工作，使得换挡时间极短，发动机的动力断层也就非常有限。作为驾驶者最直接的感觉就是，切换挡动作极其迅速而且平顺，动力传输过程几乎没有间断，车辆动力性能可以得到完全的发挥。与采用液力变矩器的传统自动变速器比较起来，由于DSG的换挡更直接，动力损失更小，所以其燃油消耗可以降低10%以上。

（3）双离合变速箱的种类。双离合变速箱可以分为双离合变速箱湿式双离合（图3.157）和干式双离合（图3.158）两类。

湿式双离合是指双离合器为一大一小2组同轴安装在一起的多片式离合器，它们都被安装在一个充满液压油的密闭油腔里，因此湿式离合器结构有着更好的调节能力和优异的

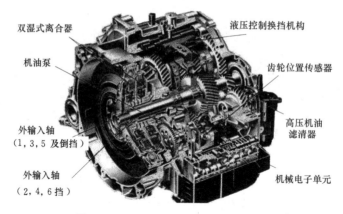

图 3.157 湿式双离合变速箱基本组成

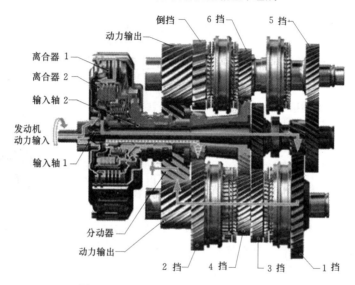

图 3.158 干式双离合变速箱基本组成

热熔性,它能够传递比较大的扭矩。

干式双离合是在湿式双离合的技术基础上开发而来的,简化了相关的液力系统。

它的工作原理为,双离合器由 3 个尺寸相近的离合片同轴相叠安装组成,位于两侧的 2 个离合器片分别连接 1、3、5 挡和 2、4、6、倒挡,中间盘在其间移动,分别与 2 个离合器片"结合"或者"分离"通过切换来进行换挡。因为这套"双离合器"不像湿式双离合那样变速器是安装于密闭的油腔里,动盘上的干式摩擦片相互结合固然可以带来最直接的传递效率,但是它也更容易发热,所以它热熔性不如湿式离合器,因此所承受扭矩也就相对较小。

习　　题

实操题

1. 手动变速器的拆装。

2. 01N 自动变速器的拆装。

3. 手动变速器自锁与互锁机构检修。

4. 换挡操纵机构的调整。

5. 更换变速器油。

6. 同步器的拆装与检修。

理论题

一、填空题

1. 液力变矩器的主要组成是_____、_____和_____。

2. 如果行星齿轮机构中任意两元件以相同的_____和相同的_____转动，则第三元件与前二者一起同速转动，而形成_____挡。

3. 行星齿轮机构的主要组成是_____、_____和_____。

4. 拉威挪行星齿轮机构有两个_____，两组_____和一个共用的_____。

5. _____阀用于改变油压，以控制变速器换挡时机。_____阀把压力油导至相应的执行机构，以实现改变传动比。

6. 如果发动机的转速_____，则泵轮转动_____，从泵轮到涡轮由工作油液传递的力就_____。

7. 简单的液力变矩器由三个基本元件组成：_____、_____和_____。

8. 为了提高自动变速器的换挡品质，ECU 通常采用的控制功能有：

①_____控制；②_____的控制；③_____控制。

9. 自动变速器的模式选择中，当选择经济模式时，变速器就会提前_____，延迟_____；当选择动力模式时，变速器就会提前_____，延迟_____。

10. 离合器和制动器是以_____控制行星齿轮机构元件的旋转，而单向离合器则是以_____对行星齿轮机构的元件进行锁止。

11. 行星架固定、太阳轮_____运动、齿圈输出运动，该运动为_____，而且是_____运动。

12. 节气门位置传感器主要作用是将发动机_____的变化转变为电信号输入电子控制单元，电子控制单元根据这一信号对液压系统的_____及_____系统进行控制。

13. 电控自动变速器的换挡执行机构包括_____、_____和_____三种。

14. 存在_____流动才可以增大转矩。当泵轮转速_____涡轮转速才发生转矩增大。

15. 目前自动变速器中常用的液压泵有_____、_____、_____和_____四种。

二、选择题

以下各题，请在 A、B、C、D 四个答案中选一个你认为正确的答案：

A. 甲正确；B. 乙正确；C. 两人均正确；D. 两人均不正确

1. 技师甲说，发动机和驱动桥支座破裂或磨损可能引起驱动桥换挡故障；技师乙说，

变速杆罩对中不良能使驱动桥齿轮脱开。请问谁正确？（　　）

2. 当检查驱动桥齿轮时，技师甲说，齿轮轮齿后端面的磨损是正常的，技师乙说，倒挡中间齿轮啮合侧有小缺口是正常的。请问谁正确？（　　）

3. 当检查驱动桥同步器时，技师甲说，如果同步器接合齿变圆，就必须更换同步器组件，技师乙说，应当检查同步器接合套在轴上的移动量。请问谁正确？（　　）

4. 技师甲说，在分解装置前，必须给每个同步器零件做定位记号，技师乙说，大多数同步器毂用花键与轴连接，易在轴上滑动并从轴上滑出。请问谁正确？（　　）

5. 分解驱动桥时，发现第二挡同步器锁环磨损严重，技师甲说，这将使驱动桥齿轮脱开，技师乙说，这将造成第二挡换挡困难。请问谁的说法正确？（　　）

6. 技师甲说，变速器的正确油位通常到注油孔的底边，技师乙说，润滑油油位过低可能使变速器换挡时齿轮产生撞击。请问谁正确？（　　）

7. 技师甲说，不管有无故障，都应当仔细检查变速器的每个零件，技师乙说，如果润滑剂中有金粉痕迹，很可能齿轮磨损严重。请问谁正确？（　　）

8. 当将轴装入变速器箱体时，技师甲说，应当检查第二轴的轴向间隙，技师乙说，在安装抽前，应当润滑止推垫圈和轴承。请问谁正确？（　　）

9. 检查变速器齿轮时，在每个齿轮轮齿中部发现磨损，技师甲说，这是由轴上轴承磨损引起的，技师乙说，这是由同步器磨损引起的。请问谁的说法正确？（　　）

10. 讨论同步器的维修过程时，技师甲说，不管锁环是否磨损，通常都要更换它，技师乙说，应当检查离合器接合套内花键棱边是否变尖，如果不圆就要更换它。请问谁正确？（　　）

11. 车静止的时候有自手动变速器内部的轴承类型的噪声。当离合器分离的时候噪音就停止了。技师甲说是输入轴承有毛病。技师乙说是中间轴后支撑轴承出了毛病。请问谁正确？（　　）

12. 装有五挡手动变速器的汽车有的时候从高挡位上跳下来。技师甲说可能是由一组磨损的轮齿引起的。技师乙说是中间轴导向轴承的磨损引起的。请问谁的说法正确？（　　）

13. 技师甲说手动变速驱动桥内部的变速操纵杆有时需要调整。技师乙说磨损了的内部操纵杆能导致较大的离合器踏板的自由行程。请问谁的说法正确？（　　）

14. 技师甲说手动变速器的输入轴和中间轴的端间隙是在拆卸之前测量的；技师乙说在尺的中间部分有磨损的变速器齿轮应该被更换。请问谁的说法正确？（　　）

15. 当讨论液力系统时：技师甲说变速器的油泵是液力系统的动力源；技师乙说液力系统也保持液力变矩器充满工作油液。谁正确？（　　）

16. 技师甲说：行星架作为输入元件时，行星齿轮机构就产生降速挡；技师乙说：行星架固定时，行星齿轮机构的输出与输入转向相反，而产生倒挡。谁正确？（　　）

17. 当讨论行星齿轮机构中的倒挡时，技师甲说：如果齿圈被固定，行星齿轮机构的输出与输入转向相反；技师乙说：如果太阳轮被固定，行星齿轮机构的输出与输入转向相反。谁正确？（　　）

18. 当讨论从行星齿轮机构所能实现的适用传动比时，技师甲说：单排行星齿轮机构

只能提供一个倒挡；技师乙说：单排行星齿轮机构只能提供一个前进降速挡。谁正确？（　　）

19．技师甲说：如果小齿轮驱动大齿轮，输出转矩增大，而输出转速降低；技师乙说：当大齿轮驱动小齿轮时，输出转矩减小而输出转速升高。谁正确？（　　）

20．技师甲说：如果行星架作为输出元件，它的转动方向总与输入元件转向相同；技师乙说：如果行星架作为输入元件，输出元件的转动方向总与行星架的转向相反。谁正确？（　　）

21．技师甲说：如果一个外齿轮驱动另一个外齿轮，两个齿轮的转动方向相反；技师乙说：如果一个外齿轮与一个内齿轮相啮合，两个齿轮的转向相同。谁正确？（　　）

22．技师甲说：如果齿圈与行星架同时自由转动，行星齿轮总是与齿圈同向转动；技师乙说：太阳轮总是与行星齿轮转向相反。谁正确？（　　）

23．技师甲说：辛普森行星齿轮机构是两组行星齿轮共用一个太阳轮；技师乙说：拉威挪行星齿轮机构有两个太阳轮、两组行星齿轮和一个共用齿圈。谁正确？（　　）

24．技师甲说：简单的单向阀可以用于关闭油液通路；技师乙说：单向阀只允许油液向一个方向流动。谁正确？（　　）

25．当讨论制动带的工作时，技师甲说伺服装置是用于对制动带施力的液压工作活塞组件；技师乙说蓄压器是帮助对制动带快速施力的液压活塞组件。谁正确？（　　）

26．技师甲说：多片式离合器可用于固定行星齿轮机构的一个元件；技师乙说：多片多离合器可用于驱动行星齿轮机构的一元件。谁正确？（　　）

27．技师甲说：调压阀主要用途之一是用油液充满变矩器；技师乙说：调压阀直接控制节气门油压。谁正确？（　　）

28．技师甲说：在叶片式油泵中，叶子转子装有一些滑动叶片，滑动叶片与安装在泵体中的滑座紧密地密封；技师乙说：叶片式油泵是变量油泵，当不需要高油压时，可以减少油泵的输出。谁正确？（　　）

29．技师甲说辛普林齿轮机构是两排齿轮机构共用一个太阳轮；技师乙说拉威挪齿轮机构有两个太阳轮、两组行星齿轮和一个共用齿圈。谁正确？（　　）

30．当讨论离合器锁止电磁阀时，技师甲说：有些系统采用磁电感应式传感器电磁阀，它可以在全部时间提供控制，但控制了离合器打滑的程度；技师乙说：有些液力变矩器控制系统采用脉冲宽度可调电磁阀。谁正确？（　　）

31．技师甲说：当涡轮的转速接近泵轮的转速时，流向导轮叶片工作液的方向与来自泵轮的液流方向相同；技师乙说：当工作液的循环流动很弱，而发动机的转矩由工作液的圆周运动传递时，液力变矩器转入液力偶合器工作状况，而不产生转矩增大作用。谁正确？（　　）

32．当讨论导轮的工作时，技师甲说：导轮改变从涡轮流出的油液方向，使油液返回泵轮；技师乙说：只有部分工作油液从涡轮经导轮流回泵轮。谁正确？（　　）

33．技师甲说：在大多数电控换挡系统中，节气门开度是一个重要的输入信息；技师乙说：对于电控换挡系统，车速是一个重要的输入信息。谁正确？（　　）

34．技师甲说：在变速器中，由换挡电磁阀引导油流进入和离开各种施力装置；技师

乙说：换挡电磁阀用于机械力制动带或多片离合器。谁正确？（　　　）

35. 技师甲说行星齿轮部件的磨损会造成换挡延迟；技师乙说液压系统的泄漏或阀体内的滑阀黏着会造成换挡延迟或打滑。谁正确？（　　　）

36. 讨论检查ATF的情况时，技师甲说如果ATF呈深褐色或黑色或并有烧焦的味道，那么ATF已经过热了；技师乙说若ATF呈奶白色，这说明发动机冷却液已被泄漏到变速器的冷却器中。谁正确？（　　　）

37. 讨论正确的分析降挡开关的方法时，技师甲说当油门踏板被全部踩下时，在踏到底之前应听到一声"咔"声，如果听不到，那么开关应被更换；技师乙说如果变速器不能被强迫自动降挡，则开关应被更换。谁正确？（　　　）

38. 技师甲说在一些变速器上，节气门连接不仅控制着降挡阀，还有节气门阀；技师乙说一些变速器上用真空调节器控制降挡阀。谁正确？（　　　）

39. 技师甲说多数的振动故障由不平衡的变矩器引起；技师乙说出故障的输出轴会引起振动故障。谁正确？（　　　）

40. 技师甲说：在重新装配之前应把所有的阀体零件泡在清洁剂中；技师乙说：在擦拭阀体时，一定要用不起毛的擦布。谁正确？（　　　）

41. 在讨论清除阀体划痕时，技师甲说：用细金刚石砂石清除划痕；技师乙说：用喷砂或玻璃球磨机抛光阀体表面。谁正确？（　　　）

42. 技师甲说：可变排量油泵中的叶片如果其边缘被磨平，就必须更换；技师乙说：所有叶片泵的尺寸都是可变的。谁正确？（　　　）

43. 在讨论变速器的安装时，技师甲说：离合器钢片应该涂上凡士林；技师乙说：在安装摩擦片之前应先把它泡在干净的ATF中。谁正确？（　　　）

44. 技师甲说TPS故障会延迟换挡；技师乙说开路的换挡电磁阀会延迟换挡。谁正确？（　　　）

45. 在装备变速驱动桥时，技师甲说：只要密封件未被破坏就可再用；技师乙说：在安装密封件和轴承之前用干净的轴承润滑脂润滑它们。谁正确？（　　　）

46. 当讨论导轮时：技师甲说导轮帮助引导从泵轮抛向涡轮的油流；技师乙说导轮装备有单向离合器，它使导轮在一定条件下保持固定。谁正确？（　　　）

47. 当讨论手动换挡阀时：技师甲说选挡杆和联动装置带动变速器中的手动换挡阀；技师乙说手动换挡阀位于阀体中由节气门踏板间接带动。谁正确？（　　　）

48. 当讨论泵轮时：技师甲说液力变矩器的泵轮被变矩器壳驱动，并且其后部的轮毂驱动变速器油泵；技师乙说泵轮是用花键连接在变速器输入轴上而被从涡轮抛出的液流驱动。谁正确？（　　　）

49. 当讨论油泵时：技师甲说油泵被变矩器油泵驱动毂驱动；技师乙说油泵被变矩器的导轮间接的驱动。谁正确？（　　　）

三、简答题

1. 简述变速箱的类型和作用。

2. 同步器的主要工作是什么？描述同步器的作用和结合过程的三个步骤。

3. 变速箱如何实现倒挡？

4. 描述变速箱与变速驱动桥之间的主要差别。

5. 描述并解释后轮驱动汽车和前轮驱动汽车的主减速器的主要区别。

6. 描述变速驱动桥处于 1 挡时的动力流线。

7. 描述对一辆变速器异响的汽车进行路试时要做哪些测试?

8. 自动变速器的主要组成是什么?

9. 液力变矩器中导轮的作用是什么?

10. 怎样在行星齿轮机构中实现直接挡?

11. 怎样在行星齿轮机构中实现倒挡?

12. 在行星齿轮机构中,如果没有固定件会产生什么情况?

13. 离合器的工作原理。

14. 怎样驱动变速器油泵?

15. 怎样利用多片式离合器驱动或固定行星齿轮机构元件?

16. 液力变矩器三个主要元件的名称和各自的用途?

17. 在液力变矩器中什么使转矩增大?

18. 在变速器中采用电控比采用传统液压控制的优点是什么?

19. 单向离合器的工作原理。

20. 辛普森行星齿轮变速器 D3 挡的动力传递?

21. 拉威挪行星齿轮变速器 D2 挡的动力传递?

22. 辛普森行星齿轮变速器 R 挡的动力传递?

项目 4

万向传动装置检修

【学习目标】

知识目标：

（1）理解常见后轮驱动传动轴的作用和结构。

（2）理解和描述普通万向节（等速万向节）的构造和作用及工作原理。

（3）掌握传动轴平衡的重要性。

（4）熟悉传动轴及中间支承的结构。

技能目标：

（1）会诊断传动轴和普通万向节（等速万向节）的噪声和振动故障，确定需要修理的部件。

（2）会检查、修理和更换传动轴、滑动叉、防尘罩和万向节、中间支承。

（3）会检查和校正传动轴的平衡。

（4）会测量轴的径向圆跳动。

【教学实施】

将学生分小组，每组 3～5 人，在实训室更换万向传动装置并利用现场与多媒体结合讲解其基本结构和工作原理拆卸方法，然后介绍普通万向节、等速万向节的结构和指标。

任务 4.1　万向传动装置拆装与维护

【本任务内容简介】

本任务学习万向传动装置的拆卸维护和万向节检修的典型操作及注意事项。

4.1.1　万向传动装置的拆卸与检修

1. 万向传动装置的拆卸

以东风 EQ1092 汽车为例对万向传动装置的拆装进行介绍，如图 4.1 所示。

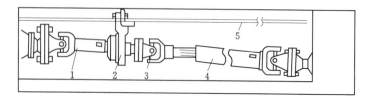

图 4.1　东风 EQ1092 汽车的万向传动装置

1—后传动轴；2—中间支承；3—万向节；4—前传动轴；5—车架

（1）将车辆停放在平坦的场地上，顶住汽车的前后轮，防止拆卸传动轴时汽车的移动造成事故。

（2）在每个万向节叉的凸缘上做好标记，以确保作业后的原位装复，否则极易破坏万向传动装置的平衡性，造成运转噪声强烈。

（3）拆下后传动轴与主减速器凸缘相连的螺栓，拆下后传动轴总成。

（4）拆下前传动轴与驻车制动鼓的连接螺母，拆下中间支承支架与车架横梁的连接螺栓，取下前传动轴总成。

2. 万向节的检修

万向节一旦失效必须整体更换，不允许使用其他万向节的零件组装成一个新万向节。更换万向节时，必须使其与传动轴分离，再分解万向节。虽然单个万向节类型很多，但分解步骤基本一致，十字轴式万向节的结构组成如图 4.2 所示，表 4.1 为十字轴式万向节的分解过程和要求。

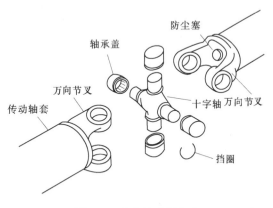

图 4.2　十字轴式万向节

表 4.1	十字轴式万向节的典型分解步骤
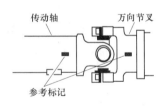	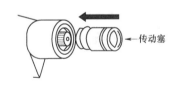
（1）在拆卸传动轴之前，在万向节叉处做上标记	（2）在变速器延伸壳上装塞子以防拆卸传动轴时泄漏

（3）把花键套叉端夹紧在台虎钳上，支撑住传动轴的另一端；分解之前要在万向节轴承盖、传动轴叉上作记号	（4）拆下轴承盖顶端的锁圈，塑料挡圈打破或烧溶即可；在叉上作记号，以便万向节组装时具有正确相位	（5）选择一个内径大于轴承盖的套筒或短管子，通常 1/4in 的套筒就足够了

（6）选择第二个套筒或短管子，它可以放入轴的轴承盖孔里，通常选用 9/l 6in 的套筒	（7）用大套筒顶住一个钳口，调整传动轴叉的位置，使套筒套在轴承盖上	（8）把另一个套筒套在与轴承盖相反一端的中心处，与大套筒在一条直线上

（9）小心拧紧台虎钳，把轴承盖压出叉，进入大套筒中。油压机、C 形钳都可用来代替台虎钳	（10）在台虎钳上转动传动轴，使万向节分解，从叉上打出十字轴，拆下轴承盖	（11）用冲子和锤子把万向节从另一叉中打出来

万向节分解完成后，需要用汽油清洗各零件，以便暴露出零件的损伤、磨损情况，而且应按以下要求检查和修复。

（1）检查滚针轴承，如果滚针断裂、油封失效，应更换新件。

（2）检查十字轴轴颈表面，若有严重损伤，如金属剥落、明显凹陷或滚针压痕深度大于 0.1mm 以上，均应更换。轴颈表面如有轻微剥落，可用油石打光剥落表面后继续使用。

（3）检查万向节叉，不得有裂纹或其他严重损伤，否则应更换新件。

（4）万向节装配完毕后，可用手扳动十字轴进行检验，以转动自如、没有松旷感为合适。若装配过紧或过松，应查明原因，必要时应拆检并重新装配。

重新组装十字轴式万向节的步骤基本上是分解步骤的相反过程。重新组装万向节就是把它们装入传动轴万向节叉，分解万向节时使用的套筒同样适用于重装；在开始重装万向节之前要阅读维修手册；表 4.2 为重装万向节的典型步骤。

表 4.2　　　　　　　　　　　　重新组装单万向节的典型步骤

（1）清洁叉和挡圈凹槽里的污物	（2）小心地从新万向节上拆下轴承	（3）把新的十字轴装进第一轴叉中，推到一边备用

（4）把一个轴承放入第一轴叉耳，套在十字轴颈上	（5）把十字轴放在台虎钳上，收紧钳口把轴承压入叉耳中，套在轴颈上，然后安装弹性挡圈	（6）把另一个轴承放入第一轴叉耳，套在轴颈上

（7）把十字轴放在台虎钳上，收紧钳口把另一个轴承压入叉耳中，套在轴颈上，然后安装弹性挡圈	（8）把十字轴另两个轴放入传动轴叉耳，安装剩下的两个轴承盖

4.1.2　万向传动装置的维护

1. 万向传动装置的平衡

为了使传动轴重新安装后获得与原来同样的平衡效果，必须对上所有标记，然后把花键套接头插入变速器外伸壳内，把万向节推到最前位置。然后小心提起传动轴的另一端，使其与主传动输入法兰相互配合。对准标记线，将连接螺栓拧紧到推荐力矩值。

安装好传动轴之后，润滑所有装有黄油嘴的万向节，然后对汽车进行路试。

如果传动轴上有凹坑，或丢失了平衡片，就会失去平衡。任何不平衡状态都会使传动系统在各种运转速度下产生振动。一旦传动轴失去平衡，就必须拆下，并且在有条件的车间里重新平衡。

　　一般情况下万向传动装置的输入与输出的平均转速是相等的，但是瞬时转速是不相等的。只有传动轴两端的万向节叉在同一平面上（称为万向节同相）时，才能得到瞬时转速相等效果。

　　2. 更换等速万向节

　　更换等速万向节和其他前轮驱动汽车零件的典型步骤：首先拆下传动轴。在橡胶防尘罩端部的半轴上蚀刻一个标记。先拆下卡箍，后拆下防尘罩。防尘罩要更换，所以可剪掉旧的。擦掉轴和万向节上所有多余的润滑脂。查阅维修手册，确定万向节固定在轴上的方法（图4.3）。检查万向节里的弹性挡圈，它们经常埋在旧润滑脂里。更换所有在维修中拆下的弹性挡圈。弹性挡圈随时间推移或拆卸时反复张开或夹紧会使弹力丧失。

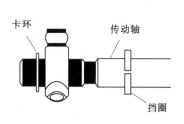
图4.3　用卡环和弹性挡圈固定万向节

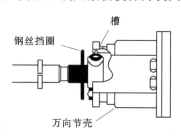
图4.4　从外壳上拆下挡圈

　　从外侧拆下挡圈和万向节，但球和滚针轴承不动。拆下最靠近半轴端的卡环并且将它扔掉。不要拆下内圈，应当将它留在轴上，当重新安装时有助于万向节正确定位。为从外壳上拆下十字轴，先将挡圈从槽中拿出（图4.4）。对于三销轴式万向节，在从外壳上拆下它内部的十字轴时，才能让3个球及滚针轴承从万向节上掉下来。拆下十字轴后，要擦去所有多余的润滑脂，由于万向节在外壳的外面，所以，要用带子或橡胶条捆住球和十字轴，以防分开。用黄铜铳子将万向节从轴上拆卸下来，注意只能在万向节上靠近轴的一边敲打（图4.5）。

　　如果是球笼式万向节，则标记这些零件，用铳子把等速万向节组件从半轴上轻轻敲打下来。在万向节上靠近花键一边敲打（图4.6）。

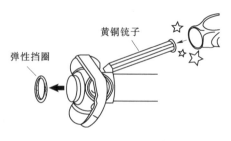
图4.5　将万向节从车轴上轻轻敲出

图4.6　标记位置

　　彻底清洁轴，检查是否磨损。检查润滑脂是否有灰尘和水污染。擦干净花键和轴上所有遗留的润滑脂。用溶剂清洁半轴上防尘罩卡箍处的表面。把新的卡箍和防尘罩套在半轴上，然后，把新万向节装在花键上，轻轻敲打万向节直到听见卡嗒声，表明卡环已放入万向节内的槽中（图4.7）。拉一下万向节，检查它是否正确锁定在轴上。

安装新卡环。安装时不要让卡环过分膨胀或者弯曲。在组件或万向节中填满润滑脂。

把防尘罩与蚀刻记号对齐，然后拧紧小端卡箍。把剩余的润滑脂挤入套在万向节外壳上的防尘罩中。要确保工具箱中所有润滑脂都用于万向节。防尘罩不要歪扭或塌陷。如果塌陷，要用一字螺丝刀撬开防尘罩，排出空气。

拽住套在万向节外壳上的防尘罩的大端，把第二管润滑脂挤入防尘罩。重新固定防尘罩大端，安装卡箍并拧紧它。这时，轴可以重新装入汽车。

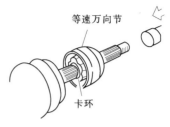

图4.7 用软金属锤头把万向节打到相应位置

考虑到等长度的左右半轴，很多前轮驱动的汽车都使用中间轴。中间轴有支承轴承和密封（图4.8），它们是可维修的。为了能提供一个没有噪声的运转，必须对轴承进行润滑。密封能够将润滑脂保持在轴承当中，同时防止轴承中进入污染物。如果中间轴是湿润的或者是被润滑脂覆盖了，应该仔细检查支撑轴承，并且更换密封。

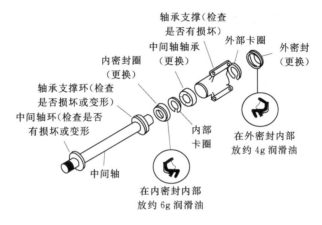

图4.8 典型的中间轴维修指导

任务4.2 万向传动装置结构分析

【本任务内容简介】

本任务学习万向传动装置的组成，传动轴的结构分析，普通十字轴万向节、等速万向节的结构分析。

4.2.1 万向传动装置与传动轴

1. 万向传动装置的结构组成

在前置发动机后轮驱动汽车上，变速器输出轴的旋转运动通过传动轴传入主减速器及差速器。传动轴通常用无缝钢管两端焊有万向节叉制作（图4.9）。为了减轻重量，一些制造商使用环氧碳纤维传动轴。有些动力传动系统有两根传动轴和三个万向节，中间采用一个中间支承（图4.10）。

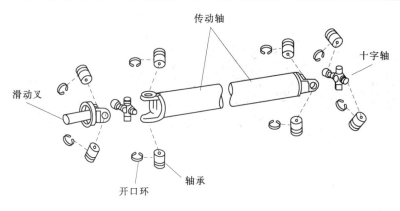

图 4.9　典型传动轴组件

图 4.10　两段式传动轴的中间支承

四轮驱动汽车使用两根传动轴，一根用于驱动前车轮，另一根驱动后车轮。前轮驱动汽车，装备有独立前悬架的四轮驱动汽车和装备有独立后悬架的后轮驱动汽车均使用额外一对短传动轴。这些轴实际上是汽车的驱动轴，将来自差速器的转矩传递至每一驱动轮。

2. 传动轴的结构分析

设计传动轴时必须考虑到两个情况：①发动机和变速器大都是刚性连接于车架；②后桥壳体与车轮和主减速器及差速器通过弹簧一起连于车架。这样一来，当车轮遇到路面不平时弹簧会产生压缩或伸张，由此改变了两个参数：①改变了变速箱和桥体之间动力传动在立面上的角度；②改变了变速箱和桥体之间的距离。为适应这两个参数的变化，传动装置在结构上也相应设计有两个特别结构。

（1）有一个滑动花键套连接，以获得传动有效长度的变化，适应变速箱和差速器之间的距离变化。

（2）有两个或多个万向节，以适应变速箱和桥体之间动力传动在立面上的角度变化。

具备上述能适应长度变化和传动角度变化两项功能的传动装置，称为万向传动装置。主要由传动轴、滑动花键套连接副和万向节、万向节叉等组成。

如图 4.11 所示为传动轴的典型结构，它通常由无缝钢管制成，两端各焊接或压入一叉状定位架（突缘叉）。此叉状定位架用来将两根或多根轴连接在一起。由于传动轴作高速和变角度旋转，因而必须对其做动平衡以减小振动。实现传动轴平衡的方法有多种，

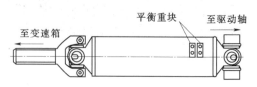

图 4.11　传动轴上平衡重块位置

制造商最常用的技术之一是在传动轴外侧焊接平衡重块来平衡传动轴。将硬纸衬板、橡胶块塞入传动轴的管中，也对减小振动效应和产生的噪声有一定的效果。

还有一种传动轴设计为管中管，在这种设计中，输入驱动叉固一输入轴，此轴插入空心传动轴内，两轴之间黏结有胶橡块。这种设计可降低传动轴的噪声并极大地减少了

振动。

近来，传动轴已开始采用纤维合成物制造。这些合成物使轴的线性刚度增强，而纤维的放置则提供了扭转强度。纤维合成传动轴的优点是重量轻，扭转强度高，疲劳抗力强，易于较好地平衡，并降低了冲击负载和扭力问题产生的干涉。

4.2.2 万向节的结构分析

1. 普通十字轴万向节

最初的作用是连接两个直接连接的传动轴叉来驱动轴转动，如图 4.12 所示。万向节为一个十字轴，其上带有四个机械加工的耳轴或绕轴中心均匀分布的点。轴承中装入滚针轴承，用来减小摩擦和使运行平稳。十字轴的耳轴上装入轴承组件，该组件再适当装入主动或从动万向节叉。万向节在耳轴、滚针轴承和轴承之间运动。轴承在万向节叉中的孔之间不应产生运动。轴承通常用嵌入万向节叉轴承孔中槽内的开口环加以固定。轴承帽可以在耳轴和叉之间运动。滚针轴承帽亦可压入万向节叉，或用螺栓连于万向节叉，或通过 U 形螺栓或金属片定位。

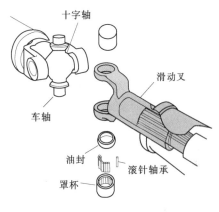

图 4.12 单万向节分解

2. 等速万向节

在传动距离较短的场合，上述普通传动装置要实现等速传动是困难的，因此，需要设计一种传动距离短、能等速传递动力的装置——等速万向节。等速万向节主要使用在前轮驱动汽车的驱动轴上，但有些带有独立后悬架后轮驱动的高档汽车，如宝马（BMW）和保时捷（Porsche）型轿车上也常使用等速万向节。

等速万向节按其等速传动原理分为两类：①从上述普通万向传动装置的万向节同相安装演变而来的；设想把普通万向传动装置的传动轴减短，甚至其长度为零，就变成了等速万向节；这一类等速万向节常用的有双联式和三销轴式；②让传力点总是处于传动角的角平分线上，这一类等速万向节常用的是球笼式。

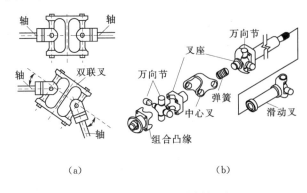

图 4.13 双联万向节拆解图

(a) 原理简图；(b) 结构分解图

（1）双联式等速万向节。这种万向节把普通同相安装的万向传动装置的传动轴做得很短，使两个十字轴万向节可以看成一个关节。因为传动轴做得再短也有一定长度，故有人还是把这种装置归类于普通十字轴万向传动装置。其结构如图 4.13 所示，主要由中心叉、叉座、十字轴万向节、带花键轴凸缘、组合凸缘等组成。

（2）三销轴式等速万向节。这种万向节把普通同相安装的万向传动装

置的传动轴做到长度为零，使两个十字轴
万向节同心，成为一个关节。其结构如图
4.14所示，主要由两个偏心轴叉、两个三
销轴、六个滑动轴承（衬套）及其密封件
组成。三销轴的大端有两个同轴线的销轴，
在这两个销轴中间与之垂直地还开有一个
轴孔，用以插入另一个三销轴的小端销轴；
三销轴的小端就是一个销轴，通过轴承支
承在另一个三销轴的大端轴孔内。安装时
两三销轴的小端相互插进对方的大端，形
成小端销轴同轴大端销轴同平面垂直交叉
的结构；余下的大端销轴分别支承于偏心
轴叉上。

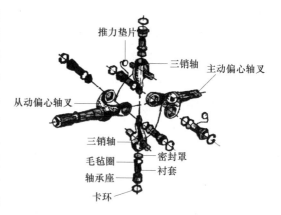

图4.14 三销轴式等速万向节

（3）球笼式等速万向节。采用使传力点总是处于传动角的角平分线上获得等角速度的
原理设计的万向节有二球叉式、三球叉式和球笼式，球笼式等速万向节如图4.15所示，
主要由滚珠、内滚道、外滚道、保持架和保护罩组成。球笼式等速万向节的特别之处，是
驱动轴与内滚道通过花键连接，可以做轴向相对移动，有改变传动长度的功能。

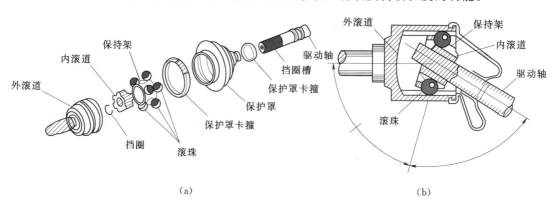

（a）   （b）

图4.15 球笼式等速万向节分解图
（a）结构分解图；（b）结构原理图

习 题

实操题
万向传动装置的拆装。

理论题
一、填空题

1.传动轴通常由_____管制造，其两端固定有_____。传动轴实际上是变
速箱_____的延伸。

2. 传动轴上的_____提供了将轴连接在一起的方法。

3. _____焊于传动轴的外侧，用来对轴_____，并降低其自然_____。

4. _____由附着于较大钢管中的小直径实心轴组成，刚性联于变速箱和后桥总成。

5. 常用万向节结构有三种：由内或外开口环固定的_____、_____和由 U 形螺栓或锁定板固定在叉中的_____。

6. 等速万向节可按位置_____或_____、功能_____或_____、结构_____或_____分为各种类型。

7. 球笼式万向节的主要部件为三至六个_____，一个内_____，一个外_____。

8. 等速万向节通过三种不同方法固定在半轴上：_____、_____和_____。

二、选择题

以下各题，请在 A、B、C、D 四个答案中选一个你认为正确的答案：

A. 只有 A 对；B. 只有 B 对；C. A 和 B 都对；D. A 和 B 都不对

1. 当讨论传动轴设计时，技师 A 说，轴越短越不容易保持平衡；技师 B 说，常在轴内插入硬厚纸板使之强度增加。请问谁正确？（　　）

2. 当讨论传动轴的设计时，技师 A 说，传动轴的构成是将小直径实心轴附于大管轴中。技师 B 说，传动轴的每一端连一个万向节。请问谁正确？（　　）

3. 讨论万向节相位时，技师 A 说，相位可使每一万向节的速度变化被另一万向节抵消。技师 B 说，这意味着两万向节相互位置相同、角度相反。请问谁正确？（　　）

4. 技师 A 说，万向节的速度脉动在从动叉与主动叉旋转平面相同时可消除；技师 B 说，万向节速度脉动可通过使两万向节同相而消除。请问谁的说法正确？（　　）

5. 当讨论双联式万向节时，技师 A 说，它实际上是两个万向节组装在一起，中部用轴承支承；技师 B 说，双联式万向节可看作等速万向节。请问谁正确？（　　）

6. 技师 A 说，万向节过大的轴交角会增加轴的振动。技师 B 说，若汽车以高速驱动，传动轴会发生振动。请问谁正确？（　　）

7. 当讨论等速万向节时，技师 A 说，它之所以称为等速万向节是因为其旋转速度不随其轴交角变化。技师 B 说，所有前轮驱动和有些四轮驱动汽车在其前驱动轴上使用等速万向节。请问谁法正确？（　　）

8. 当讨论用于前轮驱动汽车上的等速万向节类型时，技师 A 说，大多使用固定式内侧万向节，技师 B 说，每一驱动轴上至少使用一个插入式万向节。请问谁正确？（　　）

9. 当试图确定哪种为最常使用类型的等速万向节时，技师 A 说，三销轴为最常用，技师乙说，球笼式为最常用。请问谁的说法正确？（　　）

10. 当对用户解释力矩偏向现象时，技师 A 说，较长的半轴要比较短的产生的扭转大。技师 B 说，半轴上的扭转阻尼减振器并不能有助于纠正力矩致生偏向问题。请问谁正确？（　　）

三、简答题

1. 简述普通万向节、等速万向节的作用。

2. 有些汽车制造商使用什么方法来降低传动轴的扭转振动？

3. 决定万向节轴交角的因素是什么？

4. 解释为什么万向节会发生振动？何时发生？

5. 同相的万向节对传动轴的运行产生什么效应？

6. 为什么有些汽车装备两节传动轴？

7. 描述十字轴和球笼式等速万向节之间的区别。

8. 描述球笼式和三销轴型等速万向节之间的差异。

9. 解释球笼型等速万向节是如何构成的。

项目 5

驱 动 桥 的 检 修

【学习目标】

知识目标：

（1）了解主减器和差速器及主要部件的功能、作用和工作原理。

（2）理解主减器和差速器轴承的支承方法及轴承预紧度的调整，理解前轮驱动差速器及其驱动桥的工作原理。

（3）理解半轴和后桥壳的结构型式、种类及工作情况。

技能目标：

（1）会诊断主减速器、差速器（含防滑差速器）和后桥的各种故障，确定需要修理的部位。

（2）会检查和测量主减速器、差速器轴承的轴向间隙和预紧力，检查和测量主减速器齿轮的啮合间隙及接触印痕。

（3）能按技术要求检查和测量各相关零件，确定修理和更换方案。

【教学实施】

将学生分小组，每组 5 人以内，在实训室用车桥总成及其他零部件实物进行拆解检修，讲解基本结构和工作原理，然后介绍多种类型结构和主减速器的调整。

任务 5.1　驱 动 桥 的 检 修

【本任务内容简介】

（1）可拆式和整体式驱动桥中主减速器总成的拆卸及主要零部件检查。

（2）主减速器总成装配。齿圈和主动齿轮的安装，齿圈和主动小齿轮的轮齿接触区调整，主动小齿轮深度、侧隙、端轴承预紧力调整，密封的检修。

（3）驱动桥主减速器中半轴齿轮轴向间隙测量和调整步骤，差速器轴承预紧力测量和调整的典型步骤。

5.1.1　主减速器总成的检修

拆下和分解主减速器总成的步骤随汽车生产厂家和型号的不同而各不相同，因此，在对该总成进行维修之前必须事先参阅相应的维修手册。

1. 可拆式驱动桥中主减速器总成的拆卸

可拆式驱动桥中主减速器的维修要在将其从驱动桥中拆下之后进行。表 5.1 给出了拆卸和分解可拆式驱动桥中主减速器总成的典型步骤，仅供参考。拆卸时必须遵循车间手册上给出的特定步骤。

表 5.1　　　　　拆下和分解可拆式驱动桥中主减速器总成的典型步骤

	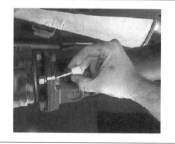	
（1）提升汽车把润滑油排出桥壳	（2）传动轴上作定位记号后拆下来	（3）百分表检查记录轴的轴向间隙

（4）拧松主减速器壳的固定螺栓	（5）把主减速器总成拉出桥壳	（6）把主减速器总成放在工作台上或适当的夹具上

（7）在差速器轴承盖和配合轴承底座上做记号	（8）用百分表测量齿圈的侧隙和径向圆跳动	（9）拆下调整螺母锁片

（10）拆下轴承盖和调整螺母	（11）把差速器从主减速器壳脱开	（12）用适当工具拆下差速器端轴承

（13）在差速器壳和齿圈上作定位记号	（14）拆下连接齿圈和差速器壳的螺栓，然后将齿圈与壳分离	（15）用凿子或其他工具弄平差速器壳螺栓的锁紧接头处

（16）拆下差速器壳螺栓	（17）在差速器壳组件的配合面上做定位记号，然后拆下壳	（18）拆下半轴齿轮的止推垫圈和一个半轴齿轮

（19）打出差速器行星齿轮锁销，拆下定位块、行星轮、止推垫圈	（20）拧松并拆下主动小齿轮螺母	（21）用软金属的锤将轴承敲出并从腔内后部取出
		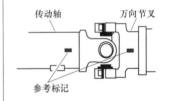
（22）把前轴承外圈打出壳，并拆下前密封	（23）把主动小齿轮打出前轴承，从壳中压出齿轮轴，拆下并记录小齿轮轴承后的垫片厚度	（24）在拆卸传动轴之前，在法兰凸缘和传动轴上做标记。当花键套拉出时应装上塞子以防止进一步漏油

对于某些型号的汽车，为了拆下半轴，在轴承保持架被拆卸之后有必要使用滑锤敲出（图5.1），然后用手拉出半轴。其他汽车则用一组螺钉把半轴固定，这些螺钉必须拆掉才能把半轴拉出壳外。

为了在拧松螺栓之后比较容易地从壳上拆下主减速器壳，在拉出壳时应上下晃动。

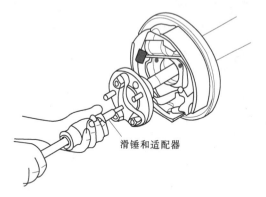

滑锤和适配器

图5.1　用滑锤将半轴从壳上拆卸下来　　　图5.2　检查差速器的侧向间隙

齿圈和主动小齿轮在检查之后，要先检查侧隙（图5.2）。用一字螺丝刀试图使差速器壳组件侧向移动，其移动量就是侧隙。有侧隙通常表明差速器轴承磨损。这些轴承经常由于预紧力调整不当而产生磨损。如果经过检查发现，侧隙是由于差速器壳毂上的轴承内圈松动所致，则必须更换差速器壳。

如果差速器在半轴齿轮上使用选配垫片，则在拆下轴承时，要使垫片有序排列，放在一边，以备选用。对于止推垫圈也一样，把止推垫圈和垫片分放在组件两边，以免混淆。有些差速器使用第三个轴承代替导向轴承或轴套，支撑在主动小齿轮轴的端部，这个轴承应该从壳上拆下来。

2. 整体式驱动桥中主减速器的拆卸

整体驱动桥中主减速器总成是在桥壳内修理。表5.2给出了分解整体式驱动桥主减速器总成的典型步骤。在拆下传动轴时，要在轴和主动小齿轮凸缘上作定位记号。同样，在拉出传动轴滑动花键套之前把废油盆放在变速器外伸壳下面，因为在拉出滑动花键套时会有油漏出，应马上在壳上开口处装塞子，以防再漏油。有时，把整体式驱动桥从汽车上拆下来后再修理更为容易。

表5.2　　　　　　　　分解整体式驱动桥中主减速器总成的典型步骤

（1）提升汽车，将润滑油排出。并作好定位标记	（2）拆下传动轴	（3）拆掉桥壳后盖

续表

（4）清洁桥壳内和涂密封胶部位

（5）卸差速器行星齿轮轴锁紧螺栓

（6）卸下差速器行星齿轮轴

（7）把半轴向桥壳中心推，卸下 C 形锁环后拉出半轴

（8）检查差速器总成有无侧隙

（9）测量齿圈径向圆跳动

（10）在后桥壳和差速器轴承盖上作记号

（11）拧松并卸下轴承盖螺栓

（12）拆下轴承盖

（13）轻轻地把差速器壳部分地撬出外壳

（14）握住轴承和垫片，把差速器总成拉出外壳

（15）把差速器总成放在合适的夹具上，卸下齿圈螺栓

 （16）用黄铜铳子敲打齿圈，使之与差速器壳脱开，然后卸下齿圈	 （17）旋转半轴齿轮直到壳口出现行星齿轮	 （18）拆下行星齿轮、半轴齿轮和止推垫圈
 （19）用拉具拆下两端轴承	 （20）用夹具固定主动小齿轮，用套筒卸下轴头螺母和垫圈	 （21）检查小齿轮密封
 （22）把主动小齿轮轴打出	 （23）从桥壳后拆下主动小齿轮轴	 （24）压出前轴承外圈，拆卸主动小齿轮轴承和垫片并测量其厚度

3. 零部件检查

在分解任何类型主减速器和差速器总成的步骤中，最重要的一步是仔细检查拆下来的每个零件。可以看出和感觉出差速器轴承是否有缺陷或损坏。

为了检查一对齿轮，用清洁剂尽可能去掉齿轮上所有润滑油，擦干或用压缩空气吹干。检查每个齿轮是否有裂纹、擦伤或坏齿（图 5.3）。如果齿轮既被擦伤又严重损坏，则应该更换。如果齿轮碎裂或损坏，则必须全面清洗主减速器壳和桥壳，去掉所

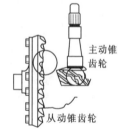

图 5.3 损坏的锥齿轮和主动小齿轮

有金属屑或磨粒。

也应该检查主减速器和差速器中的所有其他零件。分别清洗每个零件将有助于检查。必须更换任何损坏零件。在清洗零件准备检查时要小心防滑装置，不能有任何溶剂进入防滑离合器，因溶剂会导致离合器表面损坏。离合器损坏是差速器振动的最常见原因。

5.1.2　主减速器总成装配

可拆式驱动桥主减速器总成在工作台上修理后要重新装配。装配要在工作台上完成。表 5.3 和表 5.4 分别给出了装配和安装可拆式和整体式驱动桥主减速器总成的典型步骤，其中必须做一定的检查和测量。必须遵照维修手册的规定步骤进行修理。

应该注意到，在安装主减速器之前，必须润滑驱动桥主减速器壳或桥壳里两端轴承孔，使轴承在调整侧隙和预紧力时可以较容易地移动。安装主减速器壳或把桥壳盖装在桥壳上之前，必须全面清洁桥壳的底座和密封表面。用新的衬垫或密封胶密封开口，并且在主减速器壳固定螺母下加铜垫圈。

1. 齿圈和主动齿轮的安装

只要齿圈或主动小齿轮需要更换。必须成对更换，因为是一对，所以两个齿轮已经由生产者磨合过，这比没经过磨合的齿轮寿命更长，运转起来声音更小。齿轮对通常有一个预先印上的接触区，根据它在主动小齿轮上适当加垫片。

当齿圈安装到差速器壳上时，齿轮压到位之前一定要对准螺栓孔（图 5.4），压入齿轮时要压力均匀。同样，在拧紧螺栓时，必须逐渐拧紧到规定力矩。这些步骤可减少毁坏齿轮的机会。一些生产厂家在齿圈紧固螺栓下面有锁止片（图 5.5），使用凿子和锤子将锁止片锁住，在每个螺栓旁有两个爪子，使一个爪子和螺栓平面接触；另一个爪子和螺栓头部表面接触，这样做是为了防止螺栓松动。

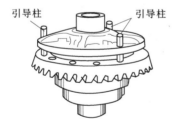

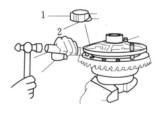

图 5.4　用引导柱将锥齿轮和差速器壳对中

图 5.5　使每个爪与螺母头的侧平面接触良好
1—平面锁爪；2—螺栓头锁爪

检查齿轮，找出齿轮对上生产厂家磨合齿轮时的同步记号。通常，主动小齿轮的一个齿上切个槽，并刷上漆，而齿圈上两个刷了漆的齿之间有一个切口。如果油漆不清楚，则可寻找切口。齿轮的同步调整就是把开了槽的小齿轮轮齿放在做了记号的齿圈两个齿之间。有些齿轮对没有同步记号，这种齿轮是"自稳定"齿轮，不需要同步调整。

在重新安装原有的齿圈和主动小齿轮对时，用磨石磨去齿圈内圈上的所有尖角。

分别按照表 5.3、表 5.4 的步骤，装配和安装可拆式驱动桥主减速器和差速器总成和整体式驱动桥主减速器。

表 5.3　　　　　　　　　　装配和安装可拆式驱动桥主减速器和差速器总成的步骤

（1）把轴承压到差速器壳上	（2）把半轴齿轮和止推垫放入壳孔	（3）将行星齿轮组件装入差速器壳

（4）定位块装入差速器壳	（5）另一个半轴齿轮放入差速器壳内相应位置	（6）两半差速器壳定位和对正

（7）安装和拧紧差速器壳螺栓	（8）把齿圈固定在差速器壳上。有时，装入之前，必须加热齿轮	（9）安装新的齿圈螺栓，拧紧到规定值

（10）把主动小齿轮轴承压到轴上，轴承后面要加适当尺寸的垫片	（11）用相应的量规测量并调整主动小齿轮深度	（12）主动小齿轮轴连同垫片一起装入主减速器壳

续表

| （13）安装主动小齿轮密封、凸缘和螺母，拧紧螺母到规定预紧力 | （14）用轴承外圈定位把齿圈及差速器组件小心地放入主减速器壳中 | （15）齿轮对一定要恰好对准，然后装上轴承盖 |

| （16）检查侧隙和端轴承预紧力 | （17）转动调整螺母以达到理想读数 | （18）安装和拧紧调整螺母锁 |

| （19）安装主减速器总成时使用新衬垫，在桥壳密封面上涂密封胶 | （20）安装主减速器固定螺栓涂一薄层密封胶，拧紧到力矩规定值 | （21）接好主减速器壳上所有钢丝和管子 |

| （22）对中并安装传动轴 | （23）安装带密封的半轴 | （24）用适当型号润滑油加满桥壳 |

表 5.4　　　　　　　　　装配和安装整体式驱动桥主减速器的典型步骤

（1）在差速器半轴齿轮上装止推垫圈	（2）把半轴齿轮固定在差速器壳里	（3）在行星齿轮上放止推垫圈，安装行星齿轮轴，装入锁销

（4）用加热灯或热水把齿圈加热，然后装到差速器壳上	（5）安装并拧紧新的齿圈螺栓	（6）把端轴承压到差速器壳上

（7）把主动小齿轮轴承压到主动小齿轮轴上	（8）用相应的量规调整主动小齿轮深度	（9）把主动小齿轮装入外壳

（10）安装主动小齿轮螺母并拧紧，达到适当的轴承预紧力	（11）装差速器和轴承内圈、适当的垫片	（12）装上轴承盖，拧紧到力矩规定值

续表

(13) 检查顶紧力和齿轮对侧隙	(14) 把半轴装入桥壳	(15) 插入 C 形锁环

(16) 装上差速器行星齿轮轴和行星齿轮轴的锁紧螺栓	(17) 在后盖上涂一圈薄薄的密封胶，安装后桥壳，将螺栓和螺母拧紧到规定力矩	(18) 安装制动鼓、车轮和传动轴，然后，用适当数量和型号的润滑油重新注入桥壳

2. 齿圈和主动小齿轮的调整

更换齿圈和主动小齿轮或更换主动小齿轮和（或）差速器壳轴承，就必须检查和调整主动小齿轮深度、轴承预紧力，以及齿圈和主动小齿轮轮齿接触区。这一点适用于所有型号的主减速器。前轮驱动汽车的主减速器除外，因为它采用螺旋齿轮传动，不需要检查轮齿接触区。准双曲面齿轮主减速器必须互相对准位置，以保证运转噪声小。

在重新组装的过程中，认真安装调整螺母直至触到轴承外圈，并确保合适的啮合侧隙。一定要保证螺母拧进螺纹的圈数在每一边都相同，然后，安装轴承盖，一定要对准分解时作的定位记号（图 5.6）。先提起轴承盖，拧入螺栓，拧紧螺栓到力矩规定值，完全固定住轴承盖，然后将每一个螺栓拧松大约半圈。而后，重新拧紧螺栓至 150N·m 力矩使得轴承在调整中可以移动。这样调整之后，再重新拧紧螺栓到规定值。

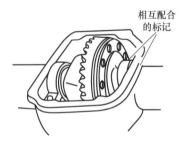

相互配合的标记

图 5.6 对准定位记号

（1）主动小齿轮深度。主动小齿轮基本装配深度指主动小齿轮端部到驱动桥中心线或差速器壳轴承孔轴线之间的距离（图 5.7）。通常可以通过改变主动小齿轮底座上的垫片厚度来调整主动小齿轮深度。主动小齿轮后轴承垫片的厚度决定主动小齿轮和齿圈的啮合深度。根据主动小齿轮基本装配深度，用辅助调整仪在主动小齿轮上作记号。检查主动小齿轮柄上是否有漆过或冲出的记号，或在小端上是否有配合记号冲出的代码号（图 5.8）。如果记号是正数或负数（如 +3 或 −2），则基本装配深度要加上或减去这个数的千分之儿。如果主动小齿轮上没有记号，则安装时只依照基本装配尺寸，不考虑附加值。

需要用专用工具调整主动小齿轮深度，如深度千分卡尺、定长心轴、量块和百分表。用深度千分卡尺确定实际深度和规定深度之差，这个差值决定了所选择垫片的厚薄。如果实际值大于规定值，则选择垫片组要薄；如果小于规定值，垫片组就应该厚些。

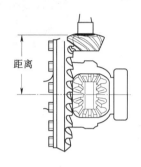

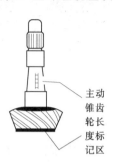

主动锥齿轮长度标记区

图 5.7　主动小齿轮深度　　　　图 5.8　主动小齿轮深度标记位置

当采用一套包括心轴和量块的量规时，对于特殊主减速器可以用一个百分表或管规确定实际深度与规定深度的差值。把心轴夹紧在主减速器壳上或桥壳轴承孔里，量块放在主动小齿轮上（图 5.9）。测量心轴和测量量块之间的差值，从而确定调整主动小齿轮深度所需要的垫片厚度。

不同类型主减速器调整主动小齿轮深度的方法是一样的，只是采用的测量工具或成套量规随所要求的调整量而不同，因此，调整主动小齿轮深度时必须参阅相应的维修手册。下面是用一套量规和百分表来测量和调整主动小齿轮深度的一般步骤（注意：这种方法适用于可拆主减速器壳式主减速器，主动小齿轮深度是从主减速器壳轴承孔轴线测量，而不是从桥壳测量）。

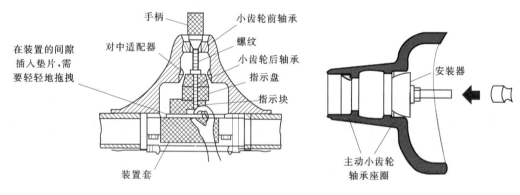

图 5.9　典型深度测量的位置　　　　图 5.10　安装主动小齿轮轴承座圈

1）装上主动小齿轮轴承座圈（图 5.10），润滑并安装主动小齿轮轴承。

2）把量块和主动小齿轮后轴承导向环固定到预紧双头螺柱上（图 5.11）。通过主动小齿轮后轴承、前轴承和导向环安装量块；安装主动小齿轮螺母直到贴合；旋转轴承以适当固定，用扳手握住预紧双头螺柱；拧紧主动小齿轮螺母，达到转动轴承所需的 90N·m 力矩；在心轴的端部装上端轴承圆盘规；把心轴放入主减速器壳，圆盘一定要正确定位。

3）安装端轴承盖（图 5.12）。在心轴的安装杆上装百分表，拧紧螺栓以防移动，将百分表预紧半圈，然后在这个位置上拧紧柱塞；把柱塞放在量块的测量面上；在测量面上慢慢前后移动柱塞杆，直到百分表读出最大偏移；把百分表置于零；摇动柱塞，直到它移出测量面；此时的百分表读数即是正常主动小齿轮深度所要求的主动小齿轮垫片厚度；加上或减去主动小齿轮上的数值来修正读数，这个修正后的读数即是需要的垫片组的厚度；从外壳上拆下轴承盖和测量工具；把经过挑选的垫片组放在主动小齿轮上。

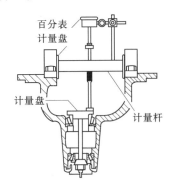

图 5.11　主动小齿轮深度的测量

图 5.12　主动小齿轮垫片位置

　　（2）主动小齿轮轴承预紧力。通过拧紧主动小齿轮螺母，达到能转动轴的力矩值为止。拧紧螺母压紧主动小齿轮垫片，以保持理想的预紧力。拧紧和拧松主动小齿轮螺母都有可能损坏可拆卸垫片，这时必须更换垫片。关于轴承预紧的精确步骤和规范，请参阅相应的维修手册。

　　轴承预紧力不正确会引起主减速器噪声，运行载荷会使啮合印痕移动到齿圈外侧，可拆卸垫片（图 5.13）可作为弹簧保持轴承预紧力。有的装有整体式垫片，这种垫片的尺寸决定轴承的预紧力。整体式垫片可以用可拆卸垫片替换，以省去确定垫片尺寸的额外工作。但是，如果这辆汽车行车条件恶劣，则不能用可拆卸垫片替换整体式垫片。

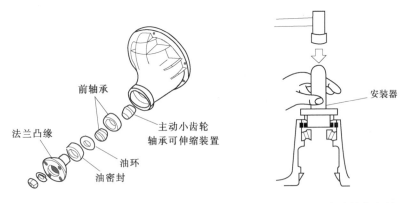

图 5.13　隔离装置的位置　　　　　　　　图 5.14　小齿轮的密封

　　（3）主动小齿轮密封的维修。一旦主动小齿轮轴从主减速器上拆下来，就要求安装新的主动小齿轮密封圈。为了安装新密封圈，先要全面润滑，然后用适当的密封锤（图5.14）把密封圈压到位。

一定要保证密封唇处的弹簧固定到位。安装好密封圈后，把配对凸缘小心地推进密封圈里，要确保密封不被损伤。拧上一个新的主动小齿轮凸缘螺母，设定轴承预紧力。

新的主动小齿轮密封圈可能对主动小齿轮轴的旋转产生阻力，因此，它会影响主动小齿轮轴承预紧力读数。通常，在安装新的主动小齿轮密封圈之后，为获得恰当的预紧力。在规定预紧力上加 25N·m 的力矩。当然，在增加这个预紧力之前要参阅维修手册。

（4）侧隙和端轴承预紧力。为了检查侧隙，在齿圈的一个齿面上安装一个百分表（图5.15），通过相对于主动小齿轮的轮齿前后摇动齿圈来测量侧隙。指针移动的总的范围即是侧隙。应该在齿圈几个点上检查侧隙。

轴承预紧力限制了差速器壳在桥壳或主减速器壳里侧向移动的量。预紧力用百分表检查。把差速器壳撬到主减速器壳或桥壳的一边，用百分表或塞尺记录移动量。

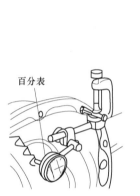
图 5.15　测量侧隙的安装位置

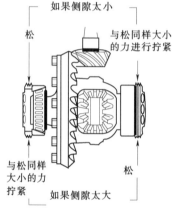
图 5.16　调整侧隙

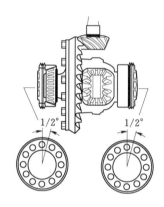
图 5.17　设置摩擦预紧力

调整端轴承预紧力的同时也要调整齿圈和主动小齿轮的侧隙，可通过改变垫片厚度或转动端轴承调整螺母来调整预紧力和侧隙。如果差速器在端轴承外端带有调整螺母，则转动调整螺母以获得规定的侧隙（图5.16），然后，按生产厂家规定，将两个螺母拧紧，超出零侧隙几分之一圈，以设定预紧力（图5.17）。

当用垫片组设定侧隙和端轴承预紧力时，垫片装在端轴承的外座圈后面（图5.18）。增加或减少垫片以获得理想的侧隙和零侧隙（图5.19）。然后，在两个垫片组各增加一个规定厚度的垫片，以设定预紧度。

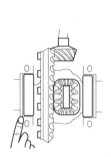
图 5.18　侧隙位置和预紧垫片

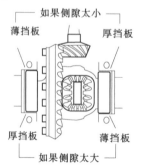
图 5.19　用垫片调整侧隙和预紧力

图 5.20　装调整垫片到适当位置

（5）设定侧隙和端轴承预紧力指南。工作垫片用于测量预紧力，而不用来代替垫片。只有在测量预紧力时才使用工作垫片。如果没有工作垫片，可以用原有垫片测量预紧力。

把差速器壳撬到边上之后的百分表读数即为侧隙值。这个值表明了应该增加的垫片厚度或调整螺母应进给的量，以达到零预紧力和零侧隙。在往桥壳里安装新垫片时，必须适当轻敲垫片到位（图 5.20）。要确保垫片完全放好和差速器壳能自由转动。在重新安装有垫片时要特别小心，因为敲击时垫片可能破损。

设定端轴承预紧力首先要拧松右边的调整螺母，转动左边螺母使侧隙为零。然后，用右边螺母设定预紧力。对于新的和使用过的轴承以及不同的轴，其预紧力规范可能不同，必须按照维修手册中的规定设定。

齿轮啮合侧隙应该在已经设定端轴承预紧力之后进行检查。为增加侧隙可在齿圈一侧装上一个薄垫片并在另一侧装一个厚垫片。反之亦然。必须在齿圈周围等距离的 4 个点上重新测量侧隙，如果这些点的变动量大于 0.05mm 则表明齿圈的径向圆跳动过大。在安装好垫片或拧紧调整螺母后，用一种齿轮标记涂料检查轮齿接触区，重新检查侧隙和端轴承预紧力。

（6）轮齿接触区。齿轮接触区（也称啮合印痕）表明两齿轮啮合的位置，决定两啮合齿轮能否低噪声运转。应在下列情况下检查接触区：拆卸齿轮进行齿轮噪声诊断时；调整侧隙和（或）端轴承预紧力之后；更换主动小齿轮和（或）设定主动小齿轮轴承预紧力后。

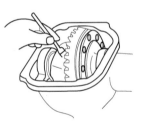

为了精确显示轮齿接触区，必须按规范设定主动小齿轮轴承预紧力、端轴承预紧力，以及主动小齿轮和齿圈侧隙。用非干性油质铅标记涂料涂在齿圈的几个齿面上（图 5.21）。转动齿圈使涂过的轮齿接触到主动小齿轮。往复转动齿圈直至得到一个清晰的接触区。然后，检查齿圈上的接触区。

许多新的齿轮对都预先在轮齿上印上一个接触区，这一接触区将使该齿轮对运转声音最小，装配过程中不要擦掉或覆盖这个接触区。在检查新齿轮对的接触区时，在印有接触区的每

图 5.21　给锥齿轮上做复合标记

个齿上用标记涂料涂一半。转动齿圈，对比新的和预先印上的接触区。首先检查工作齿侧的接触区，确定是否需要调整，调整预紧力和侧隙以适合预先印上的接触区。通常，理想的接触区是在轮齿工作齿侧的中部偏小端，见表 5.5。

表 5.5　在齿轮驱动一侧所需的齿轮印痕

（1）印痕在大端成根接触。应把小齿轮移近大齿轮	（2）印痕在小端成角接触。应把小齿轮移离大齿轮	（3）印痕偏顶偏小端成齿顶面接触。应把小齿轮移近大齿轮	（4）印痕偏低偏小端成齿根面接触。应把小齿轮移离大齿轮	（5）印痕在中部偏小端为正确接触

对于可拆式主减速器，厚垫片使主动小齿轮远离大齿轮。对于整体主减速器，增加垫

片尺寸将使主动小齿轮靠近大齿轮。因此，如果工作齿侧接触区低，则对于可拆式主减速器要增加垫片厚度，而对于整体主减速器要减小垫片厚度。如果接触区高，则正相反。由于齿的形状和接触面不会移动太远。因此，如果工作齿侧和不工作齿侧的接触区都高，或两者都低，则接触区是正确的；如果一个接触区高，另一个低，则应该更换齿轮对；如果接触区从中心移开，则有可能脱开轮齿。

测量和调整差速器侧隙及端轴承预紧力的步骤见表 5.6 和表 5.7。

表 5.6　用垫片组测量和调整差速器总成的侧隙及端轴承预紧力的步骤

		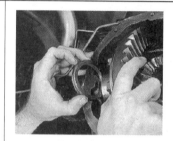
（1）测量端轴承原有预紧垫片厚度	（2）把差速器壳装入桥壳	（3）在每个轴承外圈与桥壳之间安装垫片，厚度与原有预紧垫片的相同

（4）装上轴承盖，用手拧紧螺栓	（5）在桥壳装上百分表，触头抵到齿圈背，用两个螺丝刀插在垫片与桥壳之间，撬向一边并调零，然后撬向另一边，记录读数	（6）挑选两个垫片，厚度之和等于原有垫片厚度加上百分表读数，然后装上这两个垫片

（7）用适当的工具把垫片打到位，直到完全放置好为止	（8）安装并拧紧轴承盖到规定力矩值	（9）检查齿轮侧隙和预紧力。摇动齿圈，据百分表读数调整垫片组使侧隙达到规范。宜均匀测 4 个点

表 5.7   用调整螺母测量和调整差速器的侧隙及端轴承预紧力的步骤

（1）润滑差速器的轴承、外圈和调整螺母	（2）把差速器装入桥壳盖	（3）在桥壳盖上安装轴承外圈和调整螺母

（4）安装百分表并调零，用两把螺丝刀插在差速器壳和桥壳间，观察百分表的变化	（5）转动两边调整螺母，设定预紧力	（6）摇动齿圈，检查侧隙

（7）将两个调整螺母反方向转动相同的量来调整侧隙	（8）在调整螺母上加锁片	（9）拧紧轴承盖螺栓到规定力矩

5.1.3　前轮驱动汽车主减速器的检修

    驱动桥是把变速器和主减速器总成装在同一壳内的装置。维修前轮驱动汽车中主减速器的大部分步骤与维修后轮驱动汽车的差速器相同，因为这些总成都以输出轴端作为主动小齿轮，所以，所有标准小齿轮轴都不需要调整。齿圈和端轴承的调整仍然必要。这些调整可装上差速器壳之后，在驱动桥壳外进行。各种车型的调整步骤略有差别，以下步骤仅供参考，在调整驱动桥之前应参阅维修手册。

1. 测量和调整驱动桥主减速器中半轴齿轮轴向间隙步骤

（1）把适当附件装入差速器轴承（图 5.22）。

（2）把百分表装到齿圈上，测头顶住附件；用手指或一字螺丝刀上下拨动齿圈（图 5.23）；记录测量到的轴向间隙。

（3）用千分尺测量旧的止推垫圈，安装正确尺寸的垫片（图 5.24）。

（4）在另一边重复以上步骤。

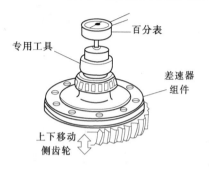

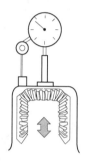

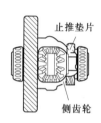

图 5.22　测量侧齿端间隙的装置　　　图 5.23　测量小锥齿轮轴向间隙　　　图 5.24　止推垫片的位置

2. 测量和调整驱动桥中差速器轴承预紧力的典型步骤

（1）从差速器轴承挡圈上拆下轴承外圈和原有垫片。选择一个测量垫片，可测量 0.025～0.25mm 的轴向间隙。

（2）把测量垫片装入差速器轴承挡圈（图 5.25）；压入轴承外圈；轴承经润滑后装入壳中；安装轴承挡圈；拧紧夹紧螺栓。

（3）安装百分表，测头顶住差速器壳（图 5.26）；向下施加中等大小的压力，同时前后几次转动差速器总成；百分表调零；向上施加中等大小的压力，前后几次转动差速器总成。

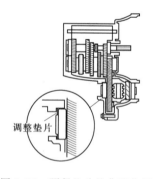

图 5.25　预紧垫片的典型位置　　　图 5.26　测量差速器预紧力　　　图 5.27　检查驱动桥的转矩

（4）设定预紧力所需要的垫片厚度是测量垫片的厚度加上记录的轴向间隙；拆掉轴承挡圈、外圈和测量垫片；安装所需要的垫片；把轴承外圈压入轴承挡圈；安装轴承挡圈，拧紧螺栓。

（5）检查驱动桥的转矩（图 5.27）。如果小于规定值，则换装一个稍厚垫圈。如果力矩太大，则换装一个稍微薄点的垫片。

（6）重复以上步骤直至达到预想力矩。

大多数主减速器总成中的端轴承必须拉出和压入差速器壳中（图5.28）。必须使用正确的工具拆下和安装轴承。

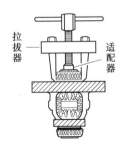

图 5.28 从差速器壳上拆下轴承

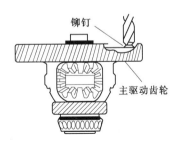

图 5.29 取掉主驱动齿轮铆钉

许多驱动桥里的齿圈是铆接到差速器壳上的。铆钉上必须钻孔，然后用锤子打出，使齿圈与壳分离（图5.29）。为了在壳上安装一个新的齿圈，必须使用螺母和螺栓（图5.30）。这些螺母和螺栓必须具有规定硬度，并且应该按要求拧紧到规定力矩。

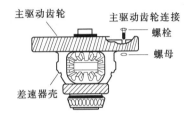

图 5.30 将主驱动齿轮与差速器壳固定

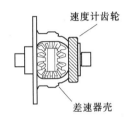

图 5.31 速度计齿轮位置

大多数驱动桥差速器壳里的主减速器总成装有被压进壳里并在一个端轴承下的车速表齿轮（图5.31）。这些齿轮需拉出并压入壳里。

任务 5.2　主 减 速 器 与 驱 动 桥

【本任务内容简介】

（1）驱动桥的功用和组成减速器和普通行星齿轮差速器的结构原理。

（2）驱动桥的半轴、轴承、桥壳、后独立悬架驱动轴等的结构分析。

（3）限滑差速器基本工作原理及典型结构分析。

5.2.1　驱动桥的结构分析

1. 驱动桥的功用和组成

后轮驱动汽车的驱动桥安装在汽车的后部。这些部件使用一个单独的桥壳来安装主减速器和差速器的齿轮和轴（图5.32）。整个壳是悬架的一部分并可帮助后车轮定位。

另一种类型的后驱动桥与后独立悬架（IRS）一起使用。这种差速器用螺栓固定在车架上，并且不随悬架一起运动。驱动轴通过万向节联接到差速器和驱动车轮上。由于驱动轴随悬架一起运动，而差速器被螺栓固定在车架上，因此这些部件不可能采用共同的

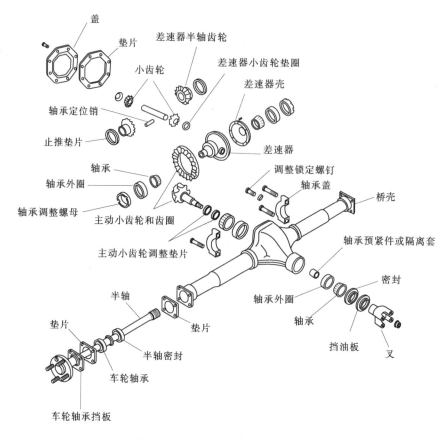

图 5.32　典型后轮驱动驱动桥总成

外壳。

　　在大多数后轮驱动车型上，主减速器安装于后桥壳中。而在大多数前轮驱动车型上，主减速器安装在变速驱动桥内。一些现代的轿车发动机和变速驱动桥是纵向布置得的。这个布置所使用的差速器与前驱车使用的类似。一些发动机纵置的前驱车配有一个特殊的变速箱，其上有一个单独的差速器。

　　无论是后轮驱动、前轮驱动或四轮驱动汽车，其任两个驱动车轮之间都需要差速器。当汽车转弯时，这两个驱动车轮必须以不同的速度转动。

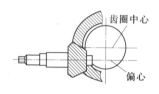

图 5.33　准双曲面齿轮副

　　后轮驱动通常使用一准双曲面齿圈和小齿轮组组成准双曲面齿轮副，将动力流线转换 90° 从传动轴传至驱动轴。由于主小齿轮的轴线位于齿圈轴线的下面，所以准双曲面齿轮副可使传动轴固定在汽车的较低位置而获得较大的离地间隙（图 5.33）。

　　在发动机横置的前轮驱动汽车上，动力流线的轴线自然与驱动轴的轴线平行。因此，在驱动桥中用简单斜齿圆柱齿轮副用作主减速器。

　　差速器是一种位于两驱动轴之间的用齿轮连接的机械装置。当汽车拐弯时，差速器以不同速度转动驱动轴。同时当汽车以直线行驶时它使驱动轴以相同速度转动。驱动轴组件把动力传动系统的转矩传至驱动车轮。主减速器主动小齿轮和从动齿轮齿圈之间的传动比用来增加转矩并降低转速。差速器内差速齿轮用来在驱动车轮时，使传递的动力或转矩之间，建立一种平衡状态，从而使汽车转弯时以不同速度驱动车轮转动。

2. 主减速器和普通行星齿轮差速器的结构及原理

差速器可在汽车拐弯时或在任意改变方向时使左右驱动车轮产生不同的转速。当汽车拐弯时，外车轮必须比内车轮行走得远些和快些（图 5.34）。若没有对这种速度和行走上的区别进行补偿，车轮将出现滑移和滑转，引起不良运行和过度轮胎磨损。对车轮速度变化的补偿，是由差速器完成的。在实现这些不同速度的同时，差速器还必须继续传送转矩。

后轮驱动汽车上的差速器通常与驱动桥一起装在一个称为后桥总成的大铸件中。来自发动机的动力进入后桥总成的中心，并传递到驱动轴。驱动桥由轴承支承并与汽车的车轮连接在一起。进入后桥总成的动力由主减速器改变其方向。这种方向的改变由主减速器中的准双曲面齿轮完成。

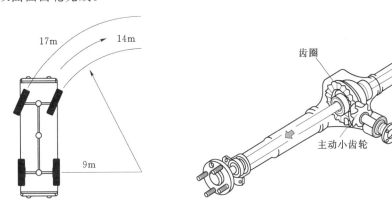

图 5.34　车辆转弯时车轮轨迹　　图 5.35　后轮驱动汽车驱动轴的主要部件组成

早期的车辆是由安装在驱动轮和发动机轴或变速箱轴上的带轮和带轮驱动的。由于带轮总是有滑动，当转弯的时候，一个车轮总是比另外一个车轮转得快。带轮的性能并不使人满意，于是汽车制造者受自行车的启发，使用链轮和带轮。这是主动驱动机构，这使提供不同的传动比成为可能，使其中一个车轮转的快于另外一个车轮。

来自传动轴的动力通过主动小齿轮凸缘传送到后桥总成。这个凸缘是与后万向节连接的叉。动力接着流入差速器上的主减速器总成（图 5.35）。主动小齿轮与从动齿轮齿圈啮合，齿圈与主动小齿轮垂直。因此，传动轴转动的时候，小齿轮和齿圈也随之转动。

齿圈用螺栓或铆钉固定在差速器壳上。差速器壳是由铸铁制造，由两个圆锥滚子轴承和后桥壳支承。穿过差速器壳中心的孔支承差速器行星齿轮轴。行星齿轮轴用卡夹或专门设计的螺栓固定在壳中。与差速器行星齿轮啮合的是两个内孔有花键的与左、右半轴上的外花键啮合的半轴齿轮（图 5.36）。止推垫片分别安放在差速器行星齿轮、半轴齿轮和差速器壳之间，以防止磨损差速器壳的内表面。

（1）差速器的运作（工作原理）。驱动车轮安装在内端装有差速器半轴齿轮的半轴上（图 5.37）。它使动力流改变 90°，这是后驱车辆所必需的。半轴齿轮是锥齿轮。

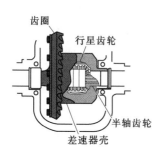

图 5.36 典型差速器组件

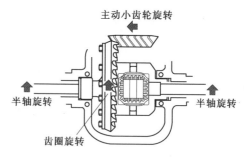

图 5.37 后轮驱动差速器的动流线

差速器壳安放在半轴齿轮之间并装在轴承上，以便能独立地旋转驱动轴。行星齿轮轴与行星齿轮一起装入差速器壳，与半轴齿轮相啮合。齿圈用螺栓固定在差速器壳上，他们作为一个整体转动。主动小齿轮与从动齿圈啮合，并由传动轴驱动旋转（图 5.38）。

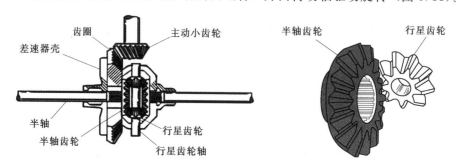

图 5.38 差速器基本结构

图 5.39 行星齿轮和半轴齿轮啮合

发动机转矩由传动轴传到主动小齿轮，小齿轮与齿圈啮合并使之转动。动力从小齿轮流往齿圈，齿圈用螺栓固定在差速器壳上。差速器壳驱动半轴齿轮、行星齿轮和行星齿轮轴。差速器壳从齿圈一侧延伸，通常罩住行星齿轮和半轴齿轮。半轴齿轮的安装应使其可在半轴端处的花键上滑动。

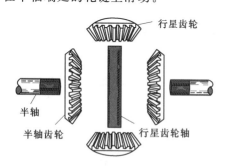

图 5.40 半轴齿轮和行星齿轮的位置

在主动小齿轮和齿圈之间产生减速，使得齿圈以主动小齿轮转速的约 1/3 到 1/4 转动。行星齿轮位于半轴齿轮之间并与半轴齿轮啮合（图5.39）。这样在差速器壳内形成一个由齿轮组成的正方形。差速器有两个或四个与半轴齿轮啮合的行星齿轮（图5.40）。差速器行星齿轮能绕其自己的轴线转动，而且当差速器壳和行星齿轮轴一起旋转时，行星齿轮（绕半轴齿轮轴线）作圆周运动。半轴齿轮与行星齿轮啮合，也能绕其自身轴线转动。

行星齿轮装在穿过齿轮和差速器壳的行星齿轮轴上。行星齿轮与半轴齿轮啮合，半轴齿轮通过花键与驱动轴连接。差速器壳的旋转引起行星齿轮轴和行星齿轮从一端到另一端与壳一起旋转（图5.41）。由于行星齿轮与半轴齿轮啮合，半轴齿轮和驱动轴也被迫旋转。

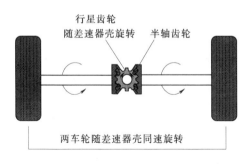

图 5.41 直线行驶时行星齿轮引起的半轴齿轮旋转

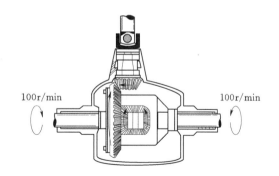

图 5.42 汽车直线行驶时的差速器动作

当汽车向前直线行驶时，两驱动车轮能够以同一转速旋转。发动机动力传递到主动小齿轮上并转动从动齿圈。差速器壳与齿圈一起旋转。行星齿轮轴和行星齿轮由齿圈带动转动，所有的齿轮作为一个整体旋转。每一个半轴齿轮均以与差速器壳相同的转速、相同的平面旋转，并将其运动传送到驱动轴。驱动轴从而产生旋转，驱动汽车向前行驶。由于每一驱动轴接受同样的转动，每一个车轮以同样的速度旋转（图 5.42）。

当汽车转弯时，内车轮比外车轮走的距离短，因此内车轮必须比外车轮旋转得慢些。在这种情况下，差速器行星齿轮将在较慢转动的齿轮上或在内侧半轴齿轮上向前"行走"（图 5.43）。当行星齿轮绕较慢的半轴齿轮行走时，会以较大的速度驱动另一个半轴齿轮。从一根轴上传出的速度以相等的百分率传递到另外一根轴上（图 5.44），但是每根轴所受的转矩是相同的。

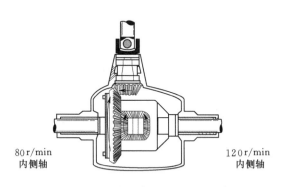

图 5.43 汽车转弯时差速器的动作

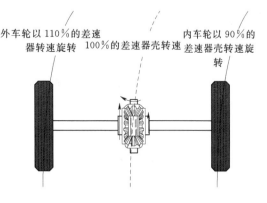

图 5.44 汽车转弯时速度的差别

当车辆做急转弯时，只有外侧的车轮能够转动。因此，只有一侧的齿轮能够自由转动。由于另一半轴齿轮几乎是不动的，行星齿轮在绕静止不转的半轴齿轮行走时，也绕其自己的中心转动。随着其绕那只半轴齿轮行走，行星齿轮以自身两倍的转速驱动另一半轴齿轮。这时，运动的车轮以两倍于差速器壳的速度转动，但是加在它上面的转矩仅是加在差速器壳的一半。由于差速器行星齿轮与行星齿轮轴一起从一端到另一端的旋转，以及差速器行星齿轮绕差速器行星齿轮轴旋转的两种运动合成，产生轮速的增加。

当驱动车轮中的一个轮几乎没有或根本没有牵引力时，则要转动这没有牵引力的车轮所需的转矩就很低。有正常牵引力作用的那只车轮使位于那一侧的半轴齿轮保持不动。这样就引起行星齿轮绕着不动的半轴齿轮行走，并以正常速度的两倍驱动另一只车轮，但汽车并不能行驶。相应于一只车轮不动，另一只车轮就以两倍于速度表显示的速度转动。车轮的过度旋转常会引起差速器的严重损坏。小齿轮会被烧熔在轴或者差速器壳上。

（2）差速器润滑油。在多数不可拆卸承载式后桥总成中，后桥壳上有一个差速器检查孔盖。通常检查孔中心附近有一个注入塞。塞子的孔是用来察看油液的高度和添加油液。当壳体中充满油液的时候，油液面就在孔底之上。

准双曲面齿轮需要极其高速和高压型的润滑剂。限滑差速器需要特殊的限滑润滑油，它既能提供离合器摩擦片适当的摩擦系数，又能保证润滑。变速驱动桥和一些后驱车的差速器需要低速润滑油，例如自动变速箱润滑油。顺便提一下，一些变速驱动桥的差速器和变速箱需要分别润滑。

润滑油液由齿圈带动在所有部件中循环。特殊的沟或者槽用来使润滑油返回小齿轮和齿圈。桥壳由垫圈和油封密封，用来防止油液泄露和粉尘的进入。

（3）差速器齿轮。后驱车上主要适用两种差速器齿轮：螺旋圆锥齿轮和准双曲面齿轮。螺旋圆锥齿轮通常用于重载场合。在螺旋圆锥齿轮副中，主动小齿轮的中心线与从动齿圈的中心线相交。这种设计比准双曲面齿轮副噪声大些。

准双曲面齿轮副通常用于后轮驱动大客车和轻型载货汽车等。准双曲面齿轮副中的主动小齿轮可非常适当地装在从动齿圈中心线的下方，这种齿轮运转噪声很小，且可使几个齿同时承受驱动力。

准双曲面齿轮的齿形曲线为螺旋形，在啮合中会产生较大相对滑动。当齿轮旋转时，轮齿相互紧靠滑动。由于有这种滑动，从动齿圈和主动小齿轮运转过程中可以研磨成近乎完美的配合，由此产生较平滑的啮合动作，而且齿轮副运转无噪声。但由于这种滑动动作在齿轮轮齿中间会产生相当高的压力，因此准双曲面齿轮副只能使用准双曲面齿轮油。

在主动小齿轮和从动齿圈旋转时，螺旋状的轮齿产生不同的齿接触。轮齿的传动齿侧成形为凸形，而齿的不工作齿侧则为凹形（图 5.45）。在从动齿圈上轮齿的内端通称为小端而齿的外端称为大端（图 5.46）。

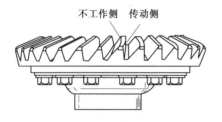

图 5.45 齿圈的传动侧和不工作侧

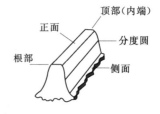

图 5.46 齿圈齿轮的顶端和根部

（4）主传动比。主传动比表达的是主动小齿轮转的圈数与它所啮合的从动齿圈转的圈数之比。从动齿圈比主动小齿轮大，因此转得较慢，但转矩增大。

有许多不同的主减速比正在使用中。最常采用的尤其是在装有自动变速箱的汽车上采用的主减速比为 2.8∶1。在装有手动变速箱的汽车上，常需要转矩增量较多，因而常采用 3.5∶1 的主减速比。为使汽车加速更快，或运输重载，可采用 4∶1 的主减速比。带有超速的四挡和五挡的小发动机汽车也经常使用 4∶1 的主减速比，尽管发动机的功率输出低，但此传动比也能使其合理地进行加速。当汽车以四挡和五挡超速行驶时，可有效地降低主减速比。载货汽车也常使用 4∶1 或 5∶1 的主减速比来提供更大的转矩，使其能够运送重载。

实际的主减速比或总的传动比应等于由汽车行驶中采用的变速器传动比乘以齿圈与主动小齿轮的传动比，记住这一点是很重要的。例如，如果一辆汽车的主减速比为 3∶1，用于每一变速箱速度的总主减速比见表 5.8。

表 5.8　各挡位的总传动比

挡　　位	变速箱传动比不等	主传动比不变	总传动比
一挡齿轮	3∶1	3∶1	9∶1
二挡齿轮	2.5∶1	3∶1	7.5∶1
三挡齿轮	1.5∶1	3∶1	4.5∶1
四挡齿轮	1∶1	3∶1	3∶1
五挡齿轮	0.75∶1	3∶1	2.25∶1

注意，在这个例子中，只有在变速器处于直接挡（四挡）时，总传动比和主传动比才相等，这时变速箱传动比为 1∶1。

（5）差速器轴承。所有类型差速器中至少可以看到四个轴承。两个装在主动小齿轮轴上来支承轴，另两个用来支承差速器壳，通常安装在半轴齿轮的外侧（图 5.47）。主动小齿轮轴承为典型圆锥滚子轴承，而壳轴承通常为球轴承。由于主动小齿轮的运动在主减速器中会产生不同的力。当主动小齿轮转动时，它试图爬上从动齿圈并把齿圈向下拉。同样，当小齿轮旋转时，它也企图从齿圈上离开，并同样用力地在反方向上推齿圈。由于这些力，差速器必须牢固地安装在桥壳中。差速器壳两端的轴承不仅支承着差速器壳，而且承受轴向力（图 5.48）。主动小齿轮和轴装在轴承上，使轴可自由旋转，但不会因施加在它上面的转矩作用而发生移动。所有的轴承都应预紧安装，以防小齿轮和齿圈脱离他们的位置。

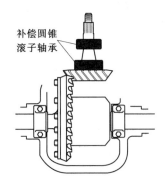

图 5.47　典型差速器组件中轴承的位置

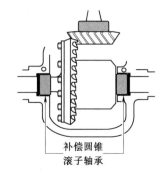

图 5.48　差速器壳中半轴轴承位置

（6）差速器壳。差速器壳由两个圆锥滚子轴承在桥壳内支承。这个组件可以通过从一侧到另一侧的调整来提供齿圈和小齿轮之间适合的齿隙及所要求的半轴轴承预紧度。这种调整可通过某些装置上带螺纹的轴承调节器（图 5.49）或在另外一些装置中放置可选择性薄垫片及隔离套管来实现（图 5.50）。

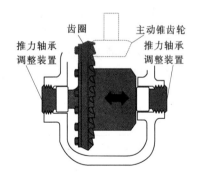

图 5.49　轴承调整螺母的位置

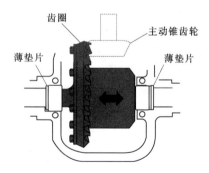

图 5.50　轴承可选择薄垫片的位置

（7）变速驱动桥（前轮驱动）的主减速器和差速器。变速驱动桥的主减速器齿轮提供了把变速箱输出转矩传送到驱动桥的差速器的手段。

变速驱动桥的差速器部分有与后轮驱动后桥中的主减速器齿轮相同的部件，且基本上以同样方式运行。在横向安装的动力传动系统中，动力流线是与车轮成一直线的，因此主减速器不需要将动力流转向 90°。

主动小齿轮和齿圈及差速器总成通常定位在前轮驱动汽车的驱动桥壳中。有三种常用结构用于前轮驱动汽车上的主减速器传动：斜齿轮传动，行星传动，准双曲面传动。斜齿轮和行星主减速器传动装置通常用于横向安装的动力传动系统中，准双曲面主减速器传动齿轮组件通常用于纵向动力传动系统装置。

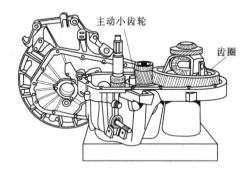

图 5.51　主动小齿轮和齿圈

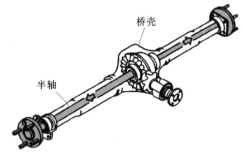

图 5.52　带有后轮驱动桥桥壳的驱动轴

主动小齿轮连于变速箱的输出轴，齿圈则与差速器壳相连。与后轮驱动后桥中的齿圈和小齿轮组件一样，前轮驱动总成中的主动小齿轮和齿圈也增大转矩。

齿圈的轮齿通常直接与变速箱的输出轴齿轮相啮合（图 5.51）。然而在有些变速驱动桥上，则是采用中间轴把变速箱的输出轴连接主动小齿轮，再传到齿圈。

5.2.2　半轴和桥壳

1. 驱动桥半轴和轴承

装于桥壳上空心水平管内的是半轴（图 5.52）。半轴的作用是把驱动力从差速器半轴齿轮传递到驱动车轮上。半轴为高强度钢棒，在内端用花键与差速器中的半轴齿轮连接。驱动车轮用螺栓固定在半轴外端的车轮凸缘上。驱动车轮旋转使汽车前进或倒退。

在驱动桥中的驱动轴通常有两个可使前轮产生独立运动并使驱动车轮转向的等速万向节。这些等速万向节也供车轮上下运动时驱动轴的变长或缩短用。

有两种类型的半轴：用来支承负载及汽车车轮的"死"轴，用来支承和驱动汽车的"动"轴。

2. 桥壳

后桥使用一种带有从每一侧延伸出的两个管子的壳。这些管子内装有半轴并提供与半轴轴承的连接。壳还可罩住零件，防止脏物并保持差速器的润滑。

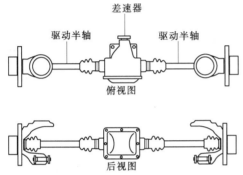

图 5.53　后独立悬架的后轮驱动桥组件　　图 5.54　典型整体式承载桥壳

后独立悬架（IRS）（图 5.53）或前轮驱动系统，桥壳分为三部分。中心部分罩住主减速器和差速器。外侧部分通过提供与驱动轴轴承的连接支承驱动轴。这些部分也用作悬架部件以及转向装置和制动装置的连接点。在前轮驱动应用场合，差速器和主减速器或者如同变速箱一样被装在同一个壳中，或者装在一个分开的、用螺栓连于变速箱的外壳。

后桥壳根据其结构可分为两类：整体式或可拆卸式。整体式壳直接连于后悬架。在壳的中心部分有一个维修盖，安装在差速器和后桥总成的后部（图 5.54）。当需要维修时，必须拆下盖。然后，可以从壳的后部卸下差速器装置的部件。

在整体式桥壳中，差速器总成和主动小齿轮轴承挡板由在同一铸件内的桥壳支承。主动小齿轮和轴由两个位于壳前方相对的圆锥滚子轴承支承。差速器总成也由两个相对的圆锥滚子轴承支承，每一个轴承各位于一侧（图 5.55）。

可拆卸式驱动桥的主减速器总成可以作为一个整体从桥壳前方拆卸下来。将主减速器放在工作台上进行检修，然后装入桥壳。主减速器总成安装在通过可拆卸的盖固定在壳中的两个相对的圆锥滚子轴承上。主动小齿轮、小齿轮轴及其袖

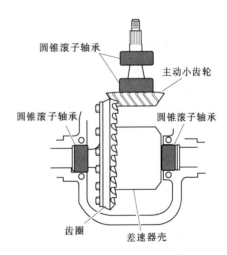

图 5.55　典型整体式桥壳中轴承的位置

承一起组装在一个保持架上，保持架用螺栓固定在主减速器壳上（图 5.56）。

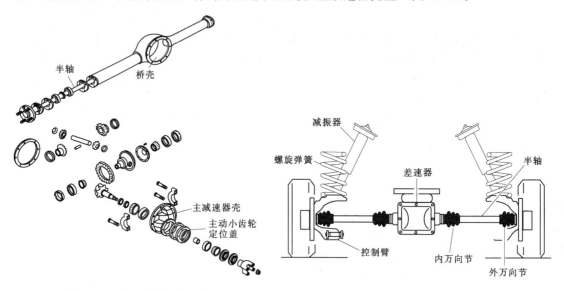

图 5.56　典型可拆卸式桥壳　　　　　图 5.57　典型后独立悬架传动轴总成

3. 后独立悬架驱动轴

在大多数最新的后独立悬架系统上的驱动轴，在每条轴上使用两个万向节或等速万向节把轴连接到差速器和车轮（图 5.57）。他们也装备有联动装置和摆臂来限制外倾角变化。后独立悬架系统的轴与前轮驱动系统的轴非常相像。轴的外部由一立柱或也为悬架部件的定位构件来支承。

【拓展知识】　限 滑 差 速 器

1. 普通限滑差速器

普通差速器适用于避免轮胎磨损的互锁齿轮装置。由于在转弯时，外侧车轮走的距离要长一些。尽管这种差速器对汽车的轮胎和悬架是最适宜的，但它有一个主要缺点就是牵引力的大小以附着力最小的车轮为准。

当车辆陷入泥沼或雪中的时候，一个驱动车轮滑转而另一个驱动车轮不动。在这个例子中，差速器将全部转矩和旋转运动传递给附着力最小的驱动车轮。在这个情况下附着力往往小于阻力。这时试图开动汽车，转矩作用到附着力的车轮上几乎不起什么作用。

在一个车轮滑动时，限滑差速器可将更大的驱动力提供给有附着力的车轮。摩擦材料常用于传递转矩给未滑动的车轮，从而得到大牵引力。这种差速器使用两套（齿轮的每一侧）离合器摩擦片（图 5.58），这些摩擦片提供了标准的差速器运动。当摩擦片被夹紧在钢片上的时候，半轴齿轮被锁定在差速器壳上。这使差速器壳和半轴齿轮以相同的速度旋转，使一个车轮转速等于另外一个车轮。限滑差速器还有另外一些结构，它们不是依靠离合器。

限滑差速器用在高性能或运动型车辆上，来使转弯时提高附着力，或者用在常常在丧失附着力路面上行驶的越野车辆上。它的动力流线与开式差速器相同。多数限滑差速器至

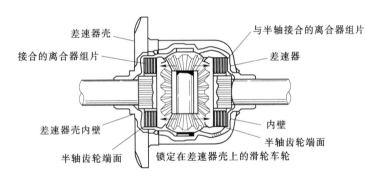

图 5.58 限滑差速器内离合器动作

少传递 20％的动力到具附着力大的车轮。一些离合器只是限制了在半轴齿轮之间的差速器动作的量。

（1）离合器组片。限滑差速器通常使用两组多盘离合器来控制差速器的动作。每一个离合器组片包括有钢盘和摩擦盘片的组合。这些盘被叠加在半轴齿轮毂上，并放在差速器壳中。预加载弹簧给离合器片加上内部压力（图 5.59）。

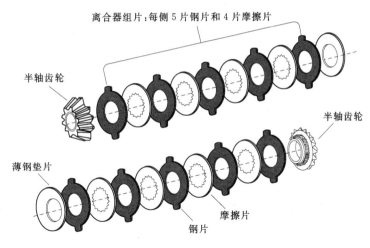

图 5.59 典型限滑差速器总成中的离合器组片

摩擦片用花键与半轴齿轮毂连接。钢盘的耳装入壳中以便离合器组片始终保持啮合。摩擦片随半轴齿轮一起旋转而钢盘和差速器壳一起旋转。

限滑差速器总成包含有一个多盘离合器，一个中心块以及预加载弹簧和预加载片（图 5.60）。由于不断地被预加载弹簧的压力不断作用在离合器总成上，离合器总成始终在接合中。这使车辆在转弯过程中，差速器正常运作。在不利的路况时，一个车轮或两个车轮可能处在低附着系数路面，如雪地、冰面或泥浆地面，离合器片间的摩擦力将把一部分能利用的转矩转换到具有最大附着力的车轮上。

离合器组片装在每一半轴齿轮的后面，半轴齿轮之间的弹簧迫使齿轮压住离合器。尽管弹簧可允许足够的滑动量用于绕曲线行驶，但在打滑的情况下，弹簧仍以足够的压力使半轴齿轮靠住离合器，使这些齿轮以同样速度旋转。如果一个车轮开始滑动，离合器的摩

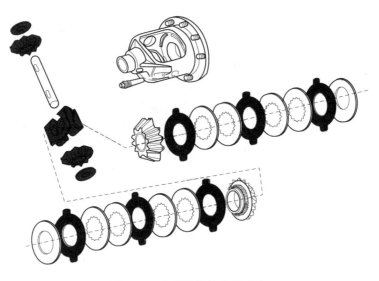

图 5.60　典型限滑差速器总成

擦力可保证不打滑的车轮能得到较大的发动机的转矩。

　　限滑差速器施加给两个半轴齿轮的转矩不同。转矩大一侧的半轴齿轮上就会推动与其相对的齿轮。离合器施加了这个压力，使动力传递到那根轴。预紧弹簧协助离合器施加这个力。当两侧车轮的附着力相等时，提供了足够的压力使离合器驱动半轴。而且弹簧的压力又足够低，使车辆在转弯的时候离合器能够滑动。

　　（2）圆锥离合器。一些装有限滑差速器的车辆使用五个弹簧预紧的圆锥离合器（图5.61）。圆锥离合器只不过是一个用摩擦材料覆盖的圆锥，摩擦材料与差速器中一内圆锥的内侧面相配合。当这两个圆锥压在一起时，摩擦力使其像一个部件一样地旋转。圆锥的摩擦面上切有螺旋形的沟槽。这些沟槽允许润滑剂流过圆锥。当车辆直线行驶的时候，弹簧的压力和来自主动小齿轮的力推动圆锥向差速器壳中的内圆锥运动。转弯的时候，离合器的正常运作克服了弹簧的压力，释放了离合器，从而允许内部的车轮滑动。

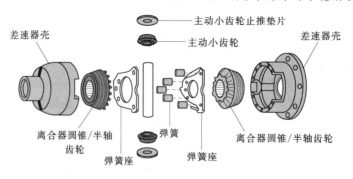

图 5.61　典型用圆锥离合器连接的限滑差速器

　　（3）黏滞离合器。一些最新型式的汽车，在其限滑差速器中使用黏滞离合器（图5.62）。黏滞限滑差速器在两驱动轴之间，安装有钢片或者摩擦片的黏滞连接。这些装置依靠由高黏度硅酮油产生的阻力来传送车轮间的动力。当在左侧和右侧车轮之间没有转速差别时，动力以和开式差速器同样的方式被均匀地分配到两个车轮。当一个车轮在光滑的路面或在急转弯时，或者当外侧后车轮上的负载比内侧车轮上的负载重得多时，两轮的速度差会引起硅酮油截断，产生黏滞转矩。这个转矩可有效地降低速度差，并降低负载车轮的旋转，增加牵引力和转弯能力。

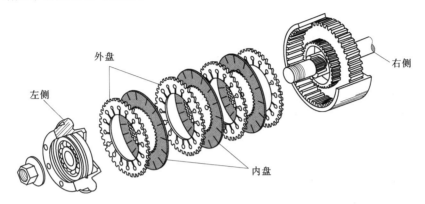

图 5.62 典型黏滞离合器总成

黏滞联轴器通常在四轮驱动系统中见到，但是也能在一些高性能车辆上找到。2001 年，宝马（BMW）生产出了一种名为黏滞机械差速锁。这种单元是基于黏滞联轴器的。它利用硅油增压通过任何与两后轮有关的运动来夹住多盘离合器。当其夹住离合器时，离合器直接将转矩传递给附着力最大的车轮。这个单元在传递转矩给一侧车轮或另一侧时没有任何限制。

（4）基于齿轮的结构。和传统的离合器相比，制造商更多的使用限滑差速器。这些设计是为了满足行驶稳定性和轮胎附着力的需要。一些是转矩敏感型，例如托森（Torsen）单元。一些是速度敏感型，如 Geridusc 差速器。许多是基于齿轮的，通常称为转矩差动或转矩敏感单元。这些差速器（图 5.63）在需要的时候自动将转矩平均分给左侧和右侧的后轮使附着力最大，并且能在驾驶员没有察觉的情况下改变模式。这些单元的基础是两个轴线平行的螺旋齿轮副。Torsen 差速器能将刚开始旋转或者失去附着力车轮上的转矩增大，并传递给速度慢但是附着力大的车轮。这个作用是两个相啮合的齿轮副之间的阻力发动的。螺旋齿轮既不是约束旋转，也不会像离合器一样由于磨损而丧失效率。

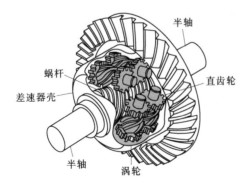

图 5.63 托森（Torsen）差速器   图 5.64 奎夫（Quaife）型差速器

（5）QUAIFE 自动转矩偏置式差速器（ATB）。Quaife 限滑差速器（图 5.64）是一个自动齿轮运作偏置式差速器。这个差速器是一个机械齿轮单元，它不需要离合器部件，也不需预紧使转矩由一轴传递到另一轴。当一个车轮失去附着力的时候转矩传递就会自动发生。转矩的传递也是渐进地，而不是跳变的。它也部分地减小了前驱车转矩偏向的影响。

2. 带差速锁的差速器

（1）概述。另一种类型的特殊牵引力差速器是带差速锁的差速器。它提供了非常有限的差速器作用，即便是需要的时候。这个设计无视两轮的附着力，提供给两轴的附着力几乎相等。不须多说，这种差速器是为越野车或者赛车设计的。

有些货车和越野车辆通过按动一个按钮来启用能锁定的及脱离锁定的差速器。按钮启动一个空气泵，空气泵把压力加在离合器上，并把它们锁定到半轴齿轮上。这种类型的系统具有普通差速器和带差速锁的差速器装置的优点。

一个普通的发现，或者是经常谈论的，这种差速器是底特律锁扣装置。这种单元是一个棘轮效应型强制锁止式差速器。它的强度很高，几乎总是对两轴施加相等的转矩。它不允许过多的差速器作用，因此，转弯的时候就受到牵制。但是，优秀的驾驶员知道转弯前何时应该松油门。这就允许锁止装置解锁，差速器在转弯时发挥作用。底特律锁扣装置主要用于为椭圆形赛道设计的车辆，诸如 NASCAR。

为了消除所有差速器的作用。短程加速赛车使用一个短管，短管安装在空的差速器壳外的齿圈。左右半轴都用花键连接到差速器上，在他们之间提供稳固的连接。由于这个短管的作用，一个轻微的转向也会引起车轮的磨损。

（2）基本工作原理。当汽车向前直线行驶时，半轴通过离合器与差速器壳连接，每一个车轮得到相等的转矩。当汽车转弯时，根据汽车正在转弯的方向，一个离合器总成产生足够的滑动量，使得两轴之间产生速度差。这一点是必要的，因为两个车轮在转弯时必须通过两个长度不同的弧线运动，并且必须因此以稍微不同的速度旋转。当一个车轮比另一个车轮的牵引力小时，大部分转矩转向具有较大牵引力的车轮。

通常，每一半轴通过差速器得到同等量的转矩。然而，当一个车轮滑动时，那个车轮上的一些转矩会通过行星齿轮在行星齿轮轴上的旋转而丧失。另一个车轮上的离合器会保持所施加的转矩，而来自滑动侧的一些转矩则作用在具有牵引力的车轮上。被加到带有牵引力车轮上的转矩量由其离合器总成的摩擦能力来决定。只有当转矩克服了离合器总成的摩擦特性，动力才能传到那个车轮，此时离合器开始滑动。离合器片和盘之间的摩擦将把发动机转矩的一部分传递到带有最大牵引力的车轮。这种动作限制了能作用到具有牵引力的车轮上的转矩的最大量。

3. Gerodisc 限滑差速器

（1）概述。Gerodisc 限滑差速器（图 5.65）是速度敏感型限滑差速器。这个差速器包含了一个离合器部分和一个液压泵。这个泵是摆线型的，它的输出压力取决于转速。这就是差速器的速度敏感部件。左边的轴驱动液压泵。泵的输出作用在离合器上，压力决定了离合器的夹紧程度。当离合器部件完全接合时，两根驱动轴就被锁定在一起。这种类型的差速器能够更多更平稳的将转矩传递给附着力大的驱动轴。

（2）基本工作原理。当一根轴转动快于另外一根轴的时候，液压泵的转速增加。转速

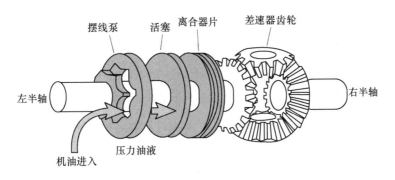

摆线泵　活塞　离合器片　差速器齿轮

左半轴　　　　　　　　　　　　　　　　　　　右半轴

机油进入　　压力油液

图 5.65　限滑差速器

的增加引起了液压泵压力的增加。压力是作用在离合器部件上，离合器开始将两轴锁定。轮胎的滑动量决定了液压泵提供的压力大小。作用在离合器上的压力是用来锁止驱动轴的。当没有滑动的时候，液压泵不提供压力，这时离合器不起作用。当滑动量很大的时候，两轴就被锁定。当只是稍微滑动的时候，驱动轴只是被部分的锁定。

习　　题

实操题

驱动桥的拆装与调整。

理论题

一、填空题

1. 主减速器的 _____ 齿轮与被固定在差速器壳上的 _____ 齿轮相啮合，差速器可容纳 _____ 轴和 _____ 齿轮，这些齿轮与用花键连接于驱动轴的 _____ 齿轮相啮合。

2. 后桥壳可以分为两类：_____ 式和 _____ 式。

3. 目前用作主减速器齿轮的齿轮类型有 _____、_____ 和 _____。

4. 准双曲面齿轮轮齿的传动侧被做成 _____ 形状曲面，齿的不工作侧被做成 _____ 形状。准双曲面齿圈上的轮齿内端称为 _____，轮齿外端称为 _____。

5. 传动比表达了 _____ 齿轮所转动的圈数和与它啮合的 _____ 齿轮转动圈数之比。

6. 齿圈和主动小齿轮组通常分为 _____、_____ 或 _____ 齿轮。

7. 跨式安装的小齿轮通常安装在 _____ 轴承上，而悬臂式安装的小齿轮安装在 _____。

8. 在前轮驱动汽车上用作主减速器的三种常见配置是 _____、_____ 和 _____。

9. 限滑差速器使用 _____、_____ 或 _____ 来限制差速器的运作。

二、选择题

以下各题，请在 A、B、C、D 四个答案中选一个你认为正确的答案：

A. 只有 A 对；B. 只有 B 对；C. A 和 B 都对；D. A 和 B 都不对

1. 技师 A 说，当汽车拐弯时，外车轮必定比内车轮转得快；技师 B 说，带差速锁的差速器会引起汽车滑动一圈。请问谁的说法正确？（　　　）

2. 当讨论主减速器的转矩增大因素时，技师 A 说，主减速器中全部齿轮都影响转矩增大。技师 B 说，当动力流线从小齿轮流向齿圈时存在齿轮减速。请问谁的说法正确？（　　　）

3. 技师 A 说，当汽车以直线行驶时，所有差速器齿轮作为一个整体旋转。技师 B 说，当汽车在拐弯时，差速器内侧的半轴齿轮在行星齿轮上慢慢转动，引起外侧半轴齿轮较快旋转。请问谁的说法正确？（　　　）

4. 在讨论主减速器小齿轮轴的安装时，技师 A 说，大多数小齿轮被装在一个长的轴套上。技师 B 说，小齿轮装在两个圆锥滚子轴承上。请问谁的说法正确？（　　　）

5. 在讨论传动比时，技师 A 说，他们表示的是从动齿轮转动的圈数与主动齿轮转动圈数之比。技师 B 说，差速器装置的传动比表示齿圈的齿数与小齿轮齿数之比。请问谁的说法正确？（　　　）

6. 在讨论主减速器传动比时，技师 A 说，较低传动比可产生较好的加速度。技师 B 说，较高传动比可改进燃料经济性，但会降低最大速度。请问谁的说法正确？（　　　）

7. 当讨论不同类型的齿圈和小齿轮时，技师 A 说，对相齿数能整除齿轮副来说，小齿轮的每一个齿都将返回到小齿轮每一次旋转齿圈上的同一齿间距处。技师 B 说，当齿数无公约数齿轮副旋转时，任何小齿轮轮齿都可能接触在齿圈上的每一个齿及各个齿。请问谁的说法正确？（　　　）

8. 在讨论防滑差速器时，技师 A 说，这些差速器主要用来提高加速度。技师 B 说，这些差速器限制了在半轴齿轮之间差速器动作的量。请问谁的说法正确？（　　　）

9. 当讨论后桥的不同设计时，技师 A 说，全浮轴的轴承定位在后桥壳的轴套管内。技师 B 说，用来划分不同的设计的名称实际上定义了被轴支承的汽车的重量。请问谁的说法正确？（　　　）

10. 技师 A 说，防滑差速器要求专门的润滑剂。技师 B 说，所有差速器装置要求专门的准双曲面相容性润滑剂。请问谁的说法正确？（　　　）

三、简答题

1. 定义主减速器。

2. 解释为什么需要差速器。

3. 列举在后轮驱动主减速器中使用准双曲面齿轮的理由。

4. 列举主减速器和差速器的三个主要功能。

5. 描述差速器的部件并叙述其定位方法。

6. 解释整体式桥和可拆式桥壳之间的主要区别。

悬架系统的检修

【学习目标】

知识目标：

(1) 了解说明悬架系统的作用、种类，各种悬架系统的组成、工作过程、优点和缺点。

(2) 理解各类悬架系统中主要元件的作用、结构和工作原理。

技能目标：

(1) 能够完成悬架系统的检测和调整；熟记工作步骤，完成悬架系统以及主要部件的拆装、检查、维护。

(2) 能够分析悬架的常见故障，提出维修建议并实施处理。

【教学实施】

将学生分小组，每组约 5 人左右，在理论和实践一体化教学场所，教师示范讲解实训步骤和相关知识，学生完成实践操作并在操作中探讨学习相关知识，最后教师总结。

任务 6.1 汽车前悬架系统的维护

【本任务内容简介】

(1) 悬架高度测量与扭杆调整。

(2) 球接头垂直位移测量、水平位移测量及磨损指示器，球接头的更换。

(3) 横臂、扭力杆拆卸，推力杆、扭力杆、前板簧更换。

6.1.1 汽车前悬架测量与调整

1. 悬架高度测量

悬架高度是车辆底盘指定位置到路面的距离。通常，前悬架高度是地板到前悬架两侧下控制臂固定螺栓中心的距离，在后悬架系统上，后悬架高度是地板到推力杆固定螺栓中心的距离。有些车辆以测量车身的某点的高度来反映悬架高度。

悬架高度参数反映车辆悬架的性能状态。如弹性元件的刚度变化，连接部件的磨损等，都会一定程度反映在悬架高度上。

2. 扭杆调整

对于扭杆前悬架系统，可以通过扭杆的调整来校正悬架高度，使悬架高度等于车辆制造商的技术要求值。调整方法如图 6.1 所示。

6.1.2 球接头的检查

延长球接头寿命的方法之一，就是在车辆制造商建议的维护周期内，进行定期的底盘润滑。必须使客户了解这个道理。

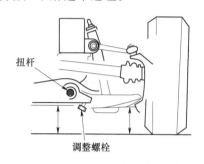

图 6.1　扭杆前悬架高度的测量与调整　　图 6.2　球接头滑脂嘴磨损指示器

1. 球接头磨损指示器

有些球接头在浮动座圈内有一个滑脂嘴，滑脂嘴和座圈可以作为球接头的磨损指示器。

当车重落在车轮上时，用手抓住滑脂嘴，来检查是否有位移（图 6.2）。有些轿车制造商建议，如果滑脂嘴存在任何位移，就应当更换球接头。而在另外一些球接头上，当滑脂嘴台肩与球接头盖齐平或者位于球接头盖内时，就必须更换球接头。

2. 球接头的垂直位移测量

车辆制造商提供了球接头的垂直和水平偏差。指针式指示器是一种最准确的球接头测量装置之一（图 6.3），类似于跳动表。如图 6.4 所示，在进行球接头的测量时，必须把指针式指示器安装在车辆制造商的指定位置。在轮胎下放一个撬杠，垂直向上撬动，同时在指针式指示器上观察球接头的垂直位移，如果球接头的垂直位移大于规定值，那么就必须更换球接头。

图 6.3　进行球接头测量的指针式指示器　　　图 6.4　球接头的垂直间隙检测

3. 球接头的水平位移测量

在测量球接头水平位移以前，确保前轮轴承得到正确调整。

把指针式指示器固定在被检查球接头的下横臂上，并且使指针式指示器的触头顶在轮辋的边缘。让一个同事抓住被提升的轮胎的上部和下部，并且尽力使得轮胎和车轮水平地内外移动时，观察指针式指示器的读数。

在麦弗逊减振柱前悬架上测量下球接头水平位移的程序：

（1）使用落地千斤顶在下横臂外端顶起车辆，并且在车辆制造商指定的底盘提升位置放置安全台。

（2）当抓住前轮胎的上部和下部，并且使得轮胎水平地内外移动时，让一个同事目检前轮轴承的移动。如果前轮轴承存在位移，就调整或者更换轴承。

（3）使指针式指示器顶在轮辋底部的内缘上。

（4）把轮胎的底部向里推，调整指针式指示器的读数为零。

（5）抓住轮胎的底部向外推。

（6）当轮胎被向外推时，读出指针式指示器的读数。

（7）如果指针式指示器的读数大于规定值，就应当更换下球接头。

4. 更换球接头

球接头磨损会导致方向稳定性降低，加快胎面磨损。可按下面的典型步骤拆换：

（1）拆下车轮盖，并且松开车轮螺母。

（2）用落地千斤顶顶起车辆，并且在底盘下放置安全台，使得前悬架悬垂。把车辆降落在安全台上，然后去掉落地千斤顶。

（3）拆下车轮，并且在下横臂的外侧下放置一个落地千斤顶。用落地千斤顶顶起下横臂，拆下球接头。

（4）拆下需要更换球接头的开口销，并且松开，但是不要拆下球接头螺柱螺母。

（5）松开转向节内的球接头锥形螺柱。这个操作使用了一个螺纹扩张工具。

（6）拆下球接头螺母，然后从转向节上拆下球接头螺柱。

（7）如果球接头铆接在横臂上，那么就钻开并且冲出铆钉，并且用螺栓把新的球接头固定在横臂上。

（8）如果球接头是被压入下横臂，那么就拆下球接头防尘罩，然后使用冲压工具拆换球接头，如图 6.5 和图 6.6 所示。

图 6.5　拆卸球接头图　　　　图 6.6　安装球接头

（9）如果球接头用螺栓固定在下横臂上，那么就安装新的球接头，并且把螺栓和螺母拧紧到规定扭矩。

（10）清理和检查转向节上的球接头螺柱锥形孔。如果孔存在不圆或者损坏，就必须更换转向节。

（11）检查球接头螺柱与转向节上孔的配合。

（12）重新安装步骤（3）拆下的部件，并且确保车轮螺母被拧紧到规定扭矩。

（13）更换球接头以后，应当检查前悬架的定位。

6.1.3 汽车前悬架检查和更换

1. 横臂拆卸

更换下横臂的步骤如下：

（1）用升降机或千斤顶提升车辆，使得轮胎离开地板一小段距离，并且使得前悬架悬垂。

（2）拆开减振器的下端。必要时拆下减振器。

（3）从下横臂上拆下稳定杆。

（4）安装弹簧压缩工具，并且转动弹簧压缩工具的螺栓，使得弹簧被压缩（图6.7）。

（5）在下横臂下放置落地千斤顶，然后升起落地千斤顶。

（6）拆下下球接头的开口销和螺母，然后用螺旋扩张工具松开下球接头螺柱。

（7）非常缓慢的降落落地千斤顶，从而使得横臂和螺旋弹簧下降。

（8）拆下下横臂内侧的固定螺栓，然后拆下下横臂。

（9）转动压缩工具的螺栓，来释放弹簧的弹力，然后从横臂上拆下弹簧。

（10）检查下横臂。

（11）按照相反顺序安装下横臂。

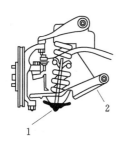

图6.7 用专用工具压缩弹簧

1—弹簧压缩工具；2—横臂

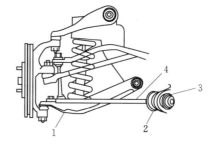

图6.8 推力杆安装和组成

1—横臂；2—轴套；3—车架；4—推力杆

2. 推力杆的更换

下面是更换推力杆的步骤：

（1）用升降机提升车辆。

（2）从推力杆的前端拆下推力杆螺母。

（3）从横臂上拆下推力杆螺栓。

（4）向后拉推力杆，然后拆下推力杆（图6.8）。

（5）从底盘的孔内拆下轴套。

（6）目检推力杆、轴套、垫片和定位螺栓。更换所有磨损的部件。

（7）按照相反顺序重新安装推力杆。把推力杆螺母和螺栓拧紧到规定扭矩。

（8）由于推力杆和轴套的状态影响前悬架的定位，所以在进行推力杆的维护以后，应当检查前悬架的定位。

3. 前板簧的更换

下面是更换前板簧的典型步骤：

（1）用落地千斤顶在前车桥下顶起车辆的前部，并且在车架下放置安全台。使车重作用在安全台上，但不要拆除落地千斤顶，以便支撑部分的悬架重量。

（2）从板簧的 U 形螺栓上拆下螺母，然后拆除 U 形螺栓和下弹簧片。

（3）确保落地千斤顶的降落，足以取消板簧上的车重。

（4）拆除前吊耳总成。

（5）拆下后板簧固定螺栓，然后从底盘上拆下板簧（图 6.9）。

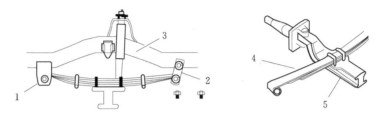

图 6.9　前板簧的安装

1—板簧支架；2—板簧吊耳；3—车架纵梁；4—板簧；5—工字钢梁

（6）检查所有的弹簧吊架、螺栓、衬套和吊耳是否磨损，必要时进行更换。通常，断裂的或者下沉的板簧被送到弹簧大修车间进行修理。

（7）检查板簧的中心螺栓，确保没有断裂。

（8）按照相反顺序安装前弹簧，并且把所有的螺栓拧紧到规定扭矩。

4. 扭力杆的拆卸与更换

下面是拆卸和更换扭力杆的典型步骤：

（1）用升降机提升车辆，并且使轮胎支撑在升降机上。

（2）测量和记录从扭力杆调节螺栓头部端面到这个螺栓被拧进铸造表面之间的距离。当重新安装时，这个螺栓必须被调整到与原来相同的位置。

（3）安装扭力杆工具和转接器（图 6.10），并且拧紧这个螺栓，使得扭力杆调节臂抬离调节螺栓。

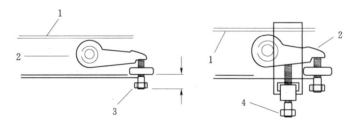

图 6.10　扭力杆的拆除和安装

1—车架；2—扭杆调整臂；3—调整螺栓；4—安装扭杆工具

（4）拆下扭力杆调节螺栓和螺母。

（5）松开扭力杆工具，从而释放所有的扭力杆弹力（图 6.11）。

（6）用螺丝刀在扭力杆和调节臂上做好配合定位标记，以便这些部件能够被安装到原始位置。拆下扭力杆隔离板。然后，把扭力杆向后推，从下横臂上拆下扭力杆。

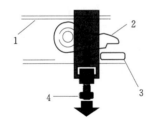

图 6.11　拆卸扭杆工具
1—车架；2—扭杆调整臂；3—调整
螺栓安装板；4—安装扭杆工具

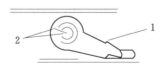

图 6.12　在调整臂和扭杆端面做记号
1—调整臂；2—定位标记

（7）把扭力杆安装在下横臂上。

（8）把扭力杆调节臂安装在扭力杆上（图 6.12）。

（9）按照正确的定位标记，安装扭力杆工具和转接器。拧紧扭力杆工具，直到安装好新的调节螺栓。然后，拧紧调节螺栓，来获得步骤（2）中记录的扭力杆调节螺栓头部端面与螺栓被拧进铸造表面之间的距离。

（10）安装扭力杆盖板，然后把盖板螺栓拧紧到规定扭矩。

（11）调整悬架高度。

任务 6.2　汽 车 悬 架 系 统

【本任务内容简介】

（1）悬架系统的作用组成分类，多连杆前悬架系统、双叉杆式前悬架系统、双 I 字臂悬架系统等高性能前悬架系统简介。

（2）横臂式、纵臂式、单斜臂式、烛式和独麦弗逊等独立悬架的原理分析，典型麦弗逊悬架系统的结构分析。

（3）钢板弹簧、螺旋弹簧、扭杆弹簧、气体弹、簧油气弹簧等弹性元件的结构原理分析；承受负载球接头、不承受负载球接头、低摩擦球接头的结构原理分析。

6.2.1　悬架系统概述

1. 悬架系统的作用

悬架支撑大部分汽车重量，保障车辆的安全和驾驶者的舒适度。悬架系统的组成如图 6.13 所示，其作用主要有四个。

（1）保持车辆的操纵稳定性。在所有路面情况下，悬架系统必须为司机提供转向控制和良好的行驶质量。悬架和车架一起，必须保证车辆合适的轨迹保持性和方向稳定性。

（2）吸收和减缓地面振动。前轮胎碰撞不平路面产生的能量必须由前悬架系统来吸收并且消耗掉。这些能量分布在整个悬架上，从而把乘员与路面的振动隔离开来。悬架系统吸收能量的数量和消耗能量的效率决定了车辆悬架的行驶特性和车辆的舒适性。

（3）将路面与车轮之间的驱动力和制动力传递到底盘和车身。悬架连接车轮和底盘，因此悬架的结构还应该满足传递动力的要求。

（4）支撑车身，使车身和车轮之间保持适当的几何关系。悬架支撑大部分汽车重量，悬架系统还要保证合适的车轮定位，以保证最小的轮胎磨损。

图 6.13 悬架系统实物图

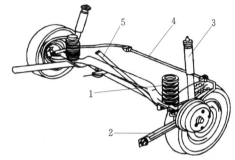

图 6.14 汽车悬架组成示意图
1—弹性元件；2—纵向推力杆；3—减振器；
4—横向稳定器；5—横向推力杆

2. 悬架系统的组成

尽管各类悬架系统的结构差别很大，但是总体上都是由弹性元件、减振器、导向机构、横向稳定器等部分组成。此外还有缓冲块等部件，如图 6.14 所示。

（1）弹性元件。起缓冲作用，用来吸收来自路面不平导致的振动。当车轮碰到不平路面时，弹性元件就被压缩，吸收了振动，然后，它再反弹回原始的长度。弹性元件的种类有螺旋弹簧、扭杆弹簧、片式钢板弹簧、空气弹簧等。

（2）减振器。由于弹性元件受冲击后产生振动，为了限制弹性元件的自由振动，在悬架和底盘之间安装有减振器，减振器的主要作用是：①控制弹簧的作用力和振幅，以保证期望的行驶质量和舒适度；②转弯时，防止车体的横摆和倾斜；③减小了胎面离开路面的可能性，增加了轮胎的寿命、摩擦力和方向稳定性。由于减振器控制了弹簧的作用力、振幅以及底盘的振动，所以它有助于保证车辆的安全性和乘客的舒适性。减振器的类型有筒式减振器、阻力可调式减振器、充气式减振器。

（3）导向机构。导向机构有横向推力杆和纵向推力杆，用来传递车轮与车身间的力和力矩，同时保持车轮按一定运动轨迹相对车身跳动，通常导向机构由控制摆臂式杆件组成。种类有单杆式或多连杆式的。钢板弹簧作为弹性元件时，可不另设导向机构，它本身兼起导向作用。如图 6.14 中的纵向推力杆和横向推力杆。在有些前悬架系统，在下横臂和车架之间安装了推力杆。推力杆用螺栓拧在下横臂上，而在与车架的连接处用橡胶衬圈和垫片间隔，起到缓冲作用。在推力杆的外端加工了螺纹，可以调整连接长度。推力杆防止了下横臂的前后运动。

（4）横向稳定杆。稳定杆限制或减少了转动期间的汽车倾斜度。横向稳定杆跨过汽车底盘连接在横梁上，而横梁连接在两个车轮的下横臂上。当车轮上跳和回跳运动在一个前轮出现时，稳定杆就把运动的一部分传递到相对的那个下横臂和车轮上，从而减小了横臂的摆动，减少了过度倾斜。这让司机能更好地控制汽车。在稳定杆的所有连接处都使用了橡胶衬套（图 6.15）。

当在转弯和不平路面行驶时，由于需要更多的力来扭转稳定杆，现在的一些车辆安装了前后稳定杆，减小车体的摆动。现在，有些车辆上使用了铝合金稳定杆，以减小簧下重量和改善行驶质量。

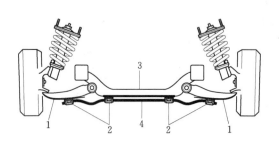
图 6.15　横向稳定杆的安装
1—下控制臂；2—固定衬套；
3—车架；4—横向稳定杆

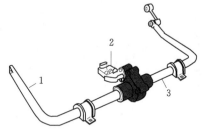
图 6.16　电子控制横向稳定杆
1—右独立稳定杆；2—电子控制器；
3—左独立稳定杆

在越野车辆上使用一种电子控制稳定杆，如图 6.16 所示，司机可以通过按动仪表盘上的一个按钮，用电子控制使得稳定杆中连接处断开，稳定杆就不起作用了，在凹凸不平的路面上车轮就会自由地进行垂直运动。而在平整的路面上行驶时，司机压下按钮使得稳定杆恢复到正常工作状态，从而起到了稳定车体摆动的作用。

3. 悬架系统的分类

根据汽车两侧车轮的运动是否关联，悬架系统一般分为非独立或独立的两类，如图 6.17 所示。今日，大多数非独立系统可以在卡车上找到，主要因为是卡车采用后轮驱动并要求有强大的有效载荷能力。从舒适性来说，汽车最受欢迎的悬架系统是四轮的独立系统，对于大多数轻型卡车在前轴使用独立悬架，后轴使用非独立悬架系统。

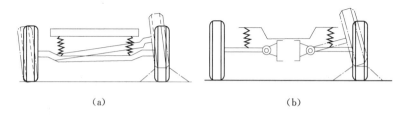
（a）　　　　　　　　　　　　　　（b）

图 6.17　独立悬架和非独立悬架的区别
（a）非独立悬架；（b）独立悬架

（1）非独立的悬架系统。非独立悬架刚性轴连接轴上的两个车轮。在非独立系统中，一个车轮的任何运动会传输到相连的车轮上，从而扩大了车辆的颤动范围。根据弹性元件的不同，有钢板弹簧式和螺旋弹簧式。非独立悬架的特点是：①结构简单，易于生产和维修；②车轮参数不因车轮跳动而变化；③悬架刚度较大，车身侧倾较小，但是舒适性差；

④车身容易产生摇摆现象。非独立悬架主要用于载货车的前后悬架，多功能车（SUV）以及皮卡等的后悬架也常用。

（2）独立悬架系统。独立的系统设计成每一个车轮可以单独通过悬架与车身连接，因此每个车轮能跟随路面轮廓单独跳动，而不会影响到其他车轮。独立悬架的特点是：①两侧车轮的单独运动减少了车身的振动，提高了舒适性，防止转向轮的偏摆；②非悬架质量小，提高了行驶的平顺性和舒适性；③前轮定位因车轮的跳动而改变，通过安装稳定杆可减少车身的摇摆；④有利于车辆布置，降低重心。如图 6.18 所示，按照车轮的运动形式分为：横臂式独立悬架、纵臂式独立悬架、烛式独立悬架和麦弗逊独立悬架。

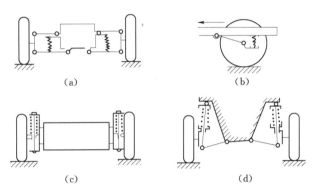

图 6.18　各类独立悬架的示意图
（a）横臂式独立悬架；（b）纵臂式独立悬架；（c）烛式独立
悬架；（d）麦弗逊独立悬架

6.2.2　独立悬架结构原理分析

1. 横臂式独立悬架

横臂式独立悬架有两种形式：单横臂式独立悬架和双横臂式独立悬架。

单横臂式独立悬架。横摆臂一端连接车轮，一端与车架铰接，弹性元件装在横摆臂和车身之间。在不平的路面，车轮以铰接点为中心上下摆动。由于车轮上下摆动会引起车轮与路面相对滑移，破坏附着力，增加轮胎磨损，同时会改变轮距，如果是前轮会影响转向性能和车辆稳定性。目前应用很少。

双横臂式独立悬架。双横臂独立悬架分为双横臂等长和双横臂不等长两种（图 6.19）。在早期的前悬架系统中，上下横臂是相等的［图 6.19（a）］，但是这种悬架在车轮上跳或者回跳行程中，轮胎的底部会向里或者向外运动产生了轮胎的划伤和磨损问题。

在后来的不等长双横臂独立前悬架系统中，上横臂比下横臂短［图 6.19（b）］。在车轮上跳或者回跳行程中，上横臂比下横臂移动的弧度就短，从而轮胎的上部只是轻微的向里或者向外移动，而轮胎的下部还保持在基本固定的位置上。不等长双横臂独立前悬架系统减小了胎面的磨损、改善了行驶质量以及方向稳定性。

上述的双横臂独立前悬架，其弹簧都是布置在上下横臂之间的。有的车辆因具体结构设计的需要，把螺旋弹簧布置在上下横臂的外侧，如图 6.19（c）所示。

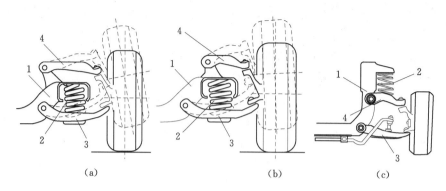

图 6.19　双横臂独立悬架系统

（a）早期的等长双横臂独立悬架；（b）不等长双横臂独立悬架；（c）改进的双横臂悬架

1—车架；2—螺旋弹簧；3—下横臂；4—上横臂

2. 纵臂式独立悬架

纵臂式独立悬架又分为单纵臂式独立悬架和双纵臂式独立悬架两种形式。

单纵臂式独立悬架如图 6.20 所示，为轿车后轮所用的单纵臂式扭杆弹簧独立悬架。这种悬架系统若用于转向轮，则在车轮上下跳动时，前轮外倾角和轮距不变，但主销后倾角将会有很大的变化，导致操纵稳定性变差，所以单纵臂式独立悬架一般不用于转向轮。

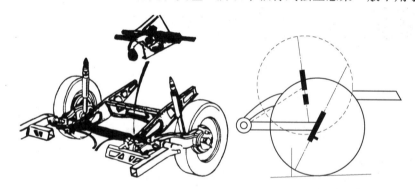

图 6.20　单纵臂式独立悬架以及对转向轮主销后倾角的影响

富康—雪铁龙 ZX 型轿车的后悬架，采用单纵臂式扭杆弹簧独立悬架，如图 6.21 所示。

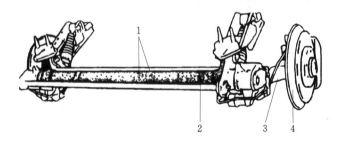

图 6.21　雪铁龙 ZX 的单纵臂后悬架

1—扭杆弹簧；2—管状横梁；3—纵摆臂；4—轮毂

悬架的纵臂是一个箱形结构，其一端用花键与车轮的心轴相连，另一端通过套筒花键与扭杆弹簧的外端相连。扭杆弹簧装在橡胶衬套中，连接两侧的车轮。套筒的两端用橡胶衬套支承在车架的套筒中，以此为活动铰链。当汽车行驶在颠簸路面导致车轮跳动时，纵臂绕套筒和扭杆弹簧的中心线纵向摆动，使扭杆弹簧产生扭转变形以缓和冲击。

双纵臂式独立悬架的结构图如图 6.22 所示，由两个相同长度的纵臂连接车轮，这样当车轮上下跳动时，其主销后倾角不变，所以这种悬架系统适用于转向轮。两根纵臂的后端与转向节铰接，前端则与摆臂轴刚性的连接。摆臂轴与扭杆弹簧连接。这种悬架两侧车轮共用两根扭杆弹簧。

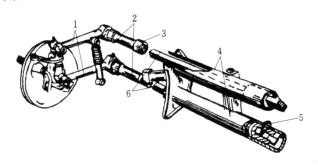

图 6.22　双纵臂独立悬架

1—纵臂；2—纵臂轴；3—衬套；4—横梁；5—紧固螺钉；6—扭杆弹簧

3. 单斜臂式独立悬架

单斜臂式独立悬架的结构如图 6.23 所示，其特点是当车轮上下跳动时，摆臂的摆动轴线与车轴的轴线线交叉，而不是像横臂式独立悬架或纵臂式独立悬架那样，车轮的摆动轴线与车轴轴线垂直或平行。根据摆动轴线设计角度的不同，可使这种悬架性能接近于单横臂式独立悬架或单纵臂式独立悬架的特点。

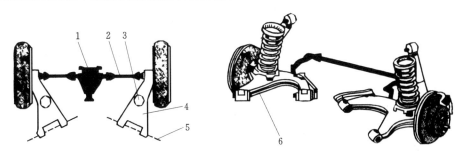

图 6.23　单斜臂独立悬架

1—主减速器；2—传动轴；3—螺旋弹簧；4—斜摆臂；5—摆动轴线；6—斜臂

4. 烛式独立悬架

车轮沿固定不动的主销轴移动，主销轴刚性连接在车架上，螺旋弹簧与减振器组合在一起，特点是主销位置和前轮定位角不随车轮的上下跳动而变化，有利于汽车的操纵性和稳定性，但是主销将承受全部的侧向力，导致主销和套筒之间的压力大，容易磨损，如图 6.24 所示。

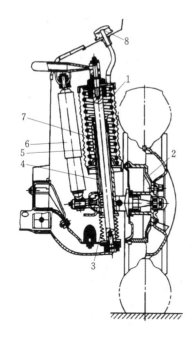

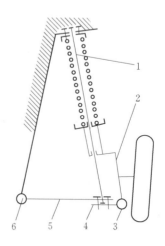

图 6.24　烛式独立悬架

1—主销；2—转向节；3、5—防尘罩；4—套筒；

6—减振器；7—主弹簧；8—通气口

图 6.25　麦弗逊式独立悬架

1—主销；2—转向节；3—球头销；

4—螺栓；5—横摆臂；6—偏心销

5. 麦弗逊独立悬架

滑柱连杆（摆臂）式独立悬架也称为麦弗逊式，如图 6.25 所示，目前广泛应用于发动机前置前轮驱动轿车的前悬架中，这种悬架由减振器、螺旋弹簧、横摆臂和横向稳定杆等组成。麦弗逊式悬架的车轮也是沿着主销滑动的悬架，但与烛式悬架不完全相同，它的主销是可以摆动的，麦弗逊式悬架是摆臂式与烛式悬架的结合。麦弗逊式是铰接式滑柱与下横臂组成的悬架形式，减振器可兼做转向主销，转向节可以绕着它转动。特点是主销位置和前轮定位角随车轮的上下跳动而变化，但可通过调整杆系设计布置合理得到解决。

与双横臂式悬架相比，麦弗逊式悬架的优点是：结构紧凑，车轮跳动时前轮定位参数变化小，有良好的操纵稳定性，加上由于取消了上横臂，这种悬架内侧空间大，有利于发动机布置，并降低车子的重心；与烛式悬架相比，其滑柱受到的侧向力又有了较大改善。

麦弗逊式独立悬架的优点主要有：悬架构造简单，构件少、重量轻，可以减轻非悬架重量；前轮定位变化小，具有良好的行驶稳定性；由于悬架所占的空间小，所以可增大发动机室的可用空间；由于悬架支撑点之间的距离大，所以即使有安装错位或零件制造误差，前轮定位也不会受到太大的影响。所以这类悬架除了前轮前束之外，通常不需要进行定位调整。但是由于结构简单使得悬架刚度较弱，转弯侧倾明显。

虽然麦弗逊式悬架并不是技术含量最高的悬架结构，但它仍是一种经久耐用的独立悬架，具有很强的道路适应能力。所以目前轿车使用最多的独立悬架是麦弗逊式悬架。

6.2.3　悬架系统的弹性元件

弹性元件是能产生弹性变形的元件，在弹性变形范围内，受力的弹性元件能恢复原状，汽车就是利用这种元件的弹性特性来缓冲路面对车身和乘客造成的振动。

施加的外力越大，弹性元件的变形程度越大，作用力和变形量之比称为弹性系数，也称为刚度，感官反映就是软或者硬。弹性系数为常数的称为线性刚度弹簧，弹性系数变化的称为变刚度弹簧（非线性刚度）。理想的汽车弹性元件应该是变刚度弹簧。

1. 钢板弹簧

钢板弹簧是由单片或若干片长度不同、宽度相等、厚度相等或不等的弹簧钢板叠加而成。通过钢板的受力变形，弹簧钢板可以吸收振动。根据钢板弹簧片数分为多片、少片和单片钢板弹簧。

（1）多片钢板弹簧。多片钢板弹簧是由许多不同长度的平直钢板夹在一起构成的，如图 6.26 所示。由一个中心螺栓穿过所有的钢板，保证了多片钢板弹簧上钢板的相对位置不变。最上面的一片称为主片，并且在主板簧的两端各有一个卷耳，并且每个卷耳中都安装了轴套。前卷耳连接在车架上，而后卷耳通过吊耳连接在车架上。吊耳的作用是在弹簧压缩时，保证了弹簧的前后运动。在多片钢板弹簧上，主片是最长的板簧，其他板簧逐次减小。每个弹簧板在加工时都进行了弯曲，许多板簧是半椭圆形的，每片弯曲的曲率不同，下面的簧片曲率最大。由于各片的曲率不同，因此装配后的板簧片已经有了预应力。由于主片的卷耳承载最大，为了增加主片的卷耳强度，有些板簧将第二片两端也卷起托在主片下面，成为包耳。钢板弹簧只用 U 形螺栓（也称骑马螺栓）固定在车轴上。中心螺栓到弹簧两端的距离相等的称为对称板簧。许多板簧，从中心螺栓到弹簧前端的距离比从中心螺栓到弹簧后端的距离短。这种板簧被称为不对称板簧，而从中心螺栓到弹簧前端的这个较短距离承受了车桥绕其中心线的角转动。当一个板簧被压缩时，它就会逐渐变紧，并且长度变长，钢板之间产生滑动，导致了噪音和摩擦的产生。但是摩擦可促使车架的振动衰减。通过在钢板之间放置锌和塑料制成的衬垫或者隔离物，或者涂上较稠的润滑剂（石墨润滑脂），就可以减小噪音和摩擦。钢板弹簧的刚度与板簧的总体厚度和长度有关。

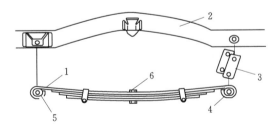

图 6.26　多片钢板弹簧结构和安装
1—主片；2—车架；3—吊耳；
4、5—卷耳；6—中心螺栓

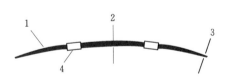

图 6.27　单片钢板弹簧
1—变截面钢板；2—较厚部位；
3—较薄部位；4—限位衬套

（2）单片板簧。一些板簧只有一片钢板，被称为单片弹簧，如图 6.27 所示。单片板簧通常是变截面的，中部较厚，而向两端逐渐变薄，是一种变刚度弹簧，在载重量较小是，弹簧较软，当载荷逐渐增大后，弹簧的刚度也逐渐增加，兼顾了轻载是的舒适性和大载荷的矛盾，并且它没有摩擦和噪声问题。在有些轿车上，单片板簧，并且前后悬架都可以使用。

（3）少片弹簧。少片弹簧有 2～3 片变截面弹簧钢板组成。由于使用变截面钢板，它从物理学角度克服了多片弹簧重量大，性能差的缺点。在多片弹簧和少片弹簧寿命相等的情况下，少片弹簧可以减少质量 40%～50%。

2. 螺旋弹簧

为了提高汽车的舒适度，以及便于汽车空间布置，现代汽车，特别是承载力要求不高的车辆的前后悬架系统中，螺旋弹簧是使用最普遍的弹簧。许多螺旋弹簧是用合金钢来制造的，而合金钢是由不同类型的钢与其他的例如硅或者铬元素混合而成。螺旋弹簧被设计用来支撑重的负载，但它们自重却必须是轻的。许多螺旋弹簧都有乙烯树脂防护罩，从而提高了耐腐蚀性和减小了噪声。

导致螺旋弹簧失效的原因是：①长时间超负载；②频繁的上调和回跳作用；③金属疲劳；④表层或者防护罩的裂纹以及裂痕。

螺旋弹簧没有承受更大水平运动的能力。因此，当在驱动轴上使用螺旋弹簧时，通常悬架上有一个专用杆来防止水平的运动。

根据螺旋弹簧的变形和负载的关系，螺旋弹簧被分成两大类：线性刚度和可变刚度。根据材质和承受的负荷分为轻质螺旋弹簧和重负荷螺旋弹簧。

（1）线性刚度螺旋弹簧。线性刚度螺旋弹簧在线圈之间有相等的间距，并且有相等的钢丝直径。当在螺旋弹簧上施加负载时，弹簧被压缩并且线圈产生扭转或者伸缩。当从弹簧上移去负载时，线圈转开或者伸展，并且返回到原始的位置。

（2）可变刚度螺旋弹簧。可变刚度螺旋弹簧的铁丝尺寸和形状是变化的。在最常见的可变刚度螺旋弹簧中，圆柱形钢丝直径是不变的，而线圈间距是不相等的。

有些可变刚度螺旋弹簧有锥形的钢丝，有效弹簧圈直径较大，而端簧圈直径较小。其它可变刚度弹簧的形状还有截锥体、双锥体和筒形。可变刚度弹簧没有固定的弹簧刚度。这种弹簧有一个平均弹簧刚度，而平均弹簧刚度是根据在一个预定的弹簧伸缩量上施加负载而得出的。由于在弹簧刚度定义上的不同，所以可变刚度弹簧刚度与线性刚度弹簧刚度是不能进行比较的。

（3）轻质螺旋弹簧。现在，少数赛车上安装了钛螺旋弹簧。与钢螺旋弹簧相比，这种弹簧把前弹簧的重量减小 39%，把后弹簧重量减小 28%。螺旋弹簧重量的降低减小了簧下重量，从而提高了行使控制。在车轮回跳行程中，簧下重量使得车轮向下运动。较大的簧下重量使得车轮向下运动产生较大的作用力，从而增加了轮胎与路面之间的撞击力，导致刚性的行驶质量。为了平衡大的簧下重量，就必须提高减振器的阻尼系数。这种悬架设计降低了行驶质量。当簧下重量减小时，车轮向下的作用就减小了，那么也就减小了减振器阻尼系数，改善了行驶质量。

（4）重型负载螺旋弹簧。重型负载螺旋弹簧与普通负载螺旋弹簧相比，可以多支撑 3%～5% 的负载，而钢丝直径大 0.1in。较大的钢丝直径提高了弹簧的负载承受能力。对于相同的载荷，重型负载螺旋弹簧自由高度比普通负载螺旋弹簧的自由高度短。

（5）螺旋弹簧的选择。当弹簧的自由长度比标准值减少 5％时，螺旋弹簧必须更换。当需要更换螺旋弹簧时，维修人员必须选择合适的弹簧。通常，在某个弹簧圈上有原始零件型号标签。然而，如果弹簧使用了很长时间，这个标签可能就丢失，所以一些零件制造商就在螺旋弹簧的末端铸上了零件的型号。如果能看到弹簧的原始零件型号，那么更换弹簧必须与原弹簧型号相同。大多数车辆制造商建议，更换弹簧时应当前弹簧或者后弹簧同时更换，并且型号要与车辆上的弹簧型号相同。螺旋弹簧的末端形状有方锥形、方形和圆形。

通常，在普通负载、重型负载和赛车悬架部件中都可以找到线性刚度螺旋弹簧。重型负载螺旋弹簧安装在长时间承受重负载的车辆上，比如全挂牵引车上。

3. 扭杆弹簧

扭杆是又长又圆的钢杆，可以扭转。有些前悬架系统，用扭杆来代替螺旋弹簧，利用扭杆的扭转弹性吸收振动，如图 6.28 所示。在车轮上跳的过程中，扭杆就发生了扭转，而在车轮回跳时，扭杆则反转到原始的位置。合金钢扭力杆的一端连接在车架上，而另一端则连接在下横臂上。现在，一些轻载货车和运动型多功能车（SUV）在前悬架上安装了纵向扭力杆。而在一些老式车辆的前悬架上，安装了横向扭力杆。

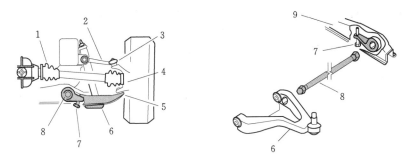

图 6.28　装有扭杆弹簧的悬架结构

1—驱动轴；2—上横臂；3、5—上下球头；4—转向节；6—下横臂；7—调整螺栓；8—扭杆弹簧；9—车架

在制造的过程中，对扭力杆进行了预扭转，确保了扭力杆的疲劳强度。扭杆是有方向性的。扭杆上标明是右扭还是左扭，因此扭杆必须安装在车辆上正确一侧。而这个左和右是从司机的驾驶位置来看的。

与螺旋弹簧或者钢板弹簧相比，扭杆储存能量的最大值更大。短而粗的扭杆比细而长的扭杆弹簧具有更大的负载承受能力。由于扭杆比螺旋弹簧或者钢板弹簧需要的空间小，所以它们使用在前悬架上。然而，少数后悬架也使用了扭杆。许多带扭杆悬架的汽车有可调节能力，可以手动地抬起或放低汽车驾驶高度。

4. 气体弹簧

气体弹簧是在一个密闭的容器内充入压缩空气（气压 0.5～1.0MPa），利用气体的可压缩性起到类似弹簧的作用。由于容器内气体的压力随着外负载的增加而增加，气体弹簧的刚度是可变的，它随着负载的增加而增加。气体弹簧有空气式和油气式两种。空气弹簧又有囊式和膜式两种。

（1）囊式空气弹簧。空气弹簧多年来一直使用在跑长途的卡车上。这种弹簧实际是大

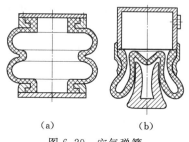

图 6.29　空气弹簧

(a) 囊式空气弹簧；(b) 膜式空气弹簧

型气囊，能被充气或放气，以此来支撑不同的负荷。气囊由非常坚韧、厚实且柔软的类似于橡胶的材料组成。普通的气囊可用带有帘线的橡胶制成，外层有耐油性。气囊一般制成节式，利于受力压缩，如图 6.29 所示。气囊磨损的主要问题出现在袋子匹配到汽车上的顶部和底部位置。

(2) 膜式空气弹簧。膜式弹簧的气囊由橡胶膜片和金属制件组成。与囊式空气弹簧相比，其弹性曲线比较理想，刚度较小，多用于小轿车上。

5. 油气弹簧

油气弹簧以液体为弹性介质，用油作为传力介质。可以认为是由一个气体弹簧和一个相当于减振器的液压缸组成。其类型有单气室、双气室和两级压力式等。

(1) 单气室油气弹簧。单气室油气弹簧又分为油气分隔式和油气不分隔式。油气分隔可以防止油液乳化。示意图如图 6.30 所示。单气室油气分隔式油气弹簧，上、下半球室构成的球形气室固装在工作缸上，球形气室的内腔用橡胶隔膜隔开，上半球室充入高压氮气，下半球室通过阻尼孔与工作缸的内腔相通，并充满了减振器油；工作缸体固定在车架上，活塞杆的下端与悬架的摆臂（或车桥）相连接。当悬架摆臂（或车桥）与车架相对运动时，活塞便在工作缸内上、下滑动，而工作油液通过阻尼孔来回运动消耗能量，起到减振器的作用。当汽车载荷变化时，活塞上移或下移，导致气室内空气压力变化，起到弹簧的作用。

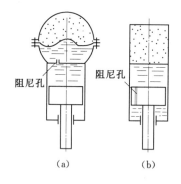

图 6.30　单气室油气弹簧示意图

(a) 油气分隔式；(b) 油气不分隔式

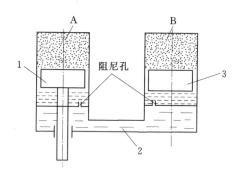

图 6.31　双气室油气弹簧示意图

1—主活塞；2—通道；3—浮动活塞

A—主气室；B—反压气室

(2) 双气室油气弹簧。双气室油气弹簧能够改善单气室弹簧在反向刚度，如图 6.31 所示，它比单气室油气弹簧多一个作用力方向相反的反压气室和一个浮动活塞。当弹簧处于压缩行程时，主气室主气室内的气压升高，弹簧的刚度增大。此时，浮动活塞下面的油液在反压气室的气体压力作用下，经流入主气室的活塞下面，补充活塞上移后空出的容积，而反压气室内的压力下降。当弹簧处于伸张行程时，主活塞下移，主气室内的气压降低，活塞下面的油压受挤压，经通道流回浮动活塞的下面，推动活塞上移，而使反压气室内的气压增高，从而提高了拉伸行程的弹簧刚度。这种油气弹簧消除了在伸张行程中活塞与缸体底部发生撞击的可能性。

6.2.4　悬架系统的球接头

球接头就像一个铰接点，使得互相连接的机件能够转动，是运动杆件连接必不可少的部件。表 6.1 给出了各类求救头的结构组成。

表 6.1　球 接 头 结 构

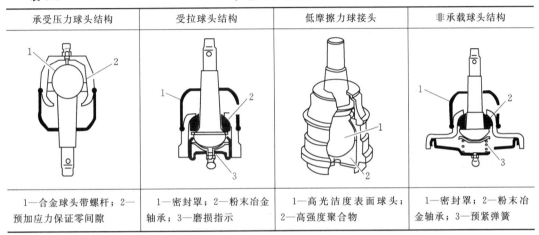

承受压力球头结构	受拉球头结构	低摩擦力球接头	非承载球头结构
1—合金球头带螺杆；2—预加应力保证零间隙	1—密封罩；2—粉末冶金轴承；3—磨损指示	1—高光洁度表面球头；2—高强度聚合物	1—密封罩；2—粉末冶金轴承；3—预紧弹簧

1. 承受负载球接头

球接头可以分为两类：承受负载和不承受负载。球接头可以通过锻造、模冲、冷成形或者车削来加工制造。

2. 不承受负载球接头

不承受负载球接头被称为稳定球接头或者随动球接头，并且被施加了一个预负载来提供阻尼作用，因此改善了行驶质量和车辆稳定性。

3. 低摩擦球接头

在许多车辆上，低摩擦球接头是标准部件，并且它确保了在球接头球座内光滑的低摩擦运动。与普通球接头相比，它减少了 2/3 的内部摩擦。因此，光滑的球座运动改善了车辆的转向性能和方向盘的转动，并且延长了球接头寿命。这种球接头高强度聚合物支架上有高抛光的球座表面。

6.2.5　典型麦弗逊前悬架系统

1. 麦弗逊悬架系统的结构

当小型前轮驱动轿车变得流行时，这种轿车大多数使用了麦弗逊减振柱前悬架系统。在这种悬架系统中，减振柱的下端用螺栓联连接在转向节的上部，而转向节的下部连接在下控制臂的球接头上。减振柱的上支架把减振柱的上部连接在底盘上。由于减振柱支撑在转向节的上部，所以这种悬架系统中没有上控制臂，因而悬架更加紧凑，更加适合于小型车辆。

在现在更高效率的小型轿车上，空间和重量是非常重要的因素，所以这种轿车上大多数使用了更轻、更加紧凑的麦弗逊减振柱前悬架。

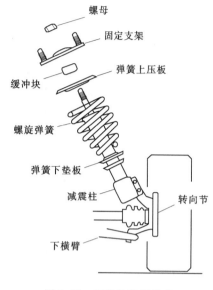

图 6.32 麦弗逊悬架组成

如图 6.32 所示，麦弗逊悬架系统的主要组成部件和作用如下：

（1）下横臂。控制每个前轮的横向运动。

（2）稳定杆。当前轮碰到不平路面时，减小车体的摆动。

（3）螺旋弹簧。在车辆行驶过程中，吸收振动，允许设定合适的悬架行程高度和控制悬架行程。

（4）减振柱。提供必要的悬架缓冲和限制车轮在回跳停止时向下运动，以及车轮在上跳反弹时向上运动。

（5）减振柱上支架。把减振柱和弹簧与车体隔离开来，并且使得减振柱和弹簧总成绕着轴承转动。

（6）球接头。连接着下控制臂的外端和转向节，并且为减振柱、弹簧以及转向节总成起着转轴的作用。

在麦弗逊前悬架系统上，前悬架的每边都安装了一个纵向钢支架，并且用螺栓连接在整体车身上。下横臂里端通过缓冲橡胶衬套连接在纵向支架上，外端通过球接头与车轮连接（图 6.33）。

不平的路面使得轮胎和车轮垂直上下运动，这时，下横臂衬套就会以固定螺栓为轴转动。缓冲橡胶衬套有助于防止振动和噪声传递到支架上、整体车身和乘坐舱。正确的支架和下横臂位置对于保证合适的车轮轨迹是非常重要的，如图 6.34 所示是改进的下横臂，前连接孔是刚性连接，后连接孔是带缓冲衬套连接。

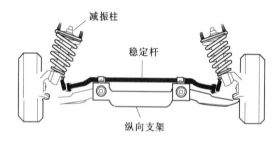

图 6.33 麦弗逊悬架全图

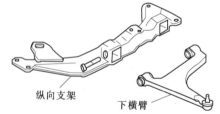

图 6.34 麦弗逊悬架的横臂安装

麦弗逊悬架的横向稳定杆的安装方式有多种，一种是两端连接在下横臂上；一种是两端连接在减振柱支架上。

2. 改进的麦弗逊悬架系统

麦弗逊减振柱前悬架系统在设计上都是相似的，但是有些车辆制造商在他们的前悬架系统上制造了特有的区别。例如，在新型美洲虎 X 型轿车的麦弗逊减振柱前悬架系统上，有两个重大的不同：一个臂从转向节的上部向里伸长了几英寸并且减振柱的下端与这个臂的里端相连（图 6.35）。减振柱上部之间有一个特制的轴承，它不管作用在前悬架上的力如何，都允许减振柱和弹簧总成自由地转动，这种设计减小了减振柱内部的摩擦，保证了非常光滑的转向作用。

在一些车辆上，使用了改进的麦弗逊减振柱前悬架。这种改进的麦弗逊减振柱悬架，螺旋弹簧位于下横臂和车架之间（图 6.36）。并且，这种系统中的减振器是充气的或者充油的。

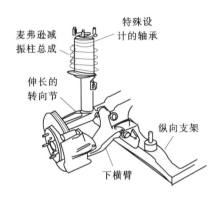

图 6.35　美洲虎 X 型轿车的麦弗逊减振柱

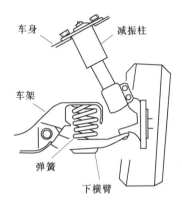

图 6.36　可以装空气弹簧的麦弗逊悬架

6.2.6　高性能前悬架系统

1. 多连杆前悬架系统

多连杆悬架，通过各种连杆配置（通常有三连杆、四连杆、五连杆），首先能实现双横臂悬架的所有性能，然后在双横臂的基础上通过连杆连接轴的约束作用使得轮胎在上下运动时前前束也能相应改变，这就意味着弯道适应性更好，如果用在前驱车的前悬架，可以在一定程度上缓解转向不足，给人带来精确转向的感觉；如果用在后悬架上，能在转向侧倾的作用下改变后轮的前前束，这就意味着后轮可以一定程度的随前轮一同转向，达到舒适操控两不误的目的。跟双横臂一样，多连杆悬架同样需要占用较多的空间，而且多连杆悬架无论是制造成本还是研发成本都是最高的，所以常用在中高级车的后桥上。

在多连杆前悬架中，短的上连杆连接在底盘的支架上，而上连杆的外端连接在第三连杆上。在上连杆的末端都安装了大的橡胶绝缘轴套。第三连杆的下端通过重载立式止推轴承连接在转向节上（图 6.37）。下连杆与普通下横臂类似。一个橡胶绝缘轴套把下连杆的里端连接在前车架上，而下连杆的外端用球接头连接在转向节上。在多连杆悬架系统中，增加的连杆维持了车辆转弯时车轮的准确位置，保证了在最小轮胎磨损时良好的方向稳定性和转向控制。

减振器连接在第三连杆的下端和挡板加强件上。螺旋弹簧座连接在减振器的下端，而上弹簧座在减振器支架隔离板的上面。由于转向节以下球接头和上止推轴承为轴转动，所以螺旋弹簧和减振器就不像在麦弗逊减振柱悬架中那样，绕着转向节转动。

2. 双叉杆式前悬架系统

如图 6.38 所示，双叉杆式悬架系统增加了悬架系统的强度，在所有驾驶条件下维持了轮胎精确位置，并且改善了方向稳定性和转向控制。在双叉杆式前悬架系统中，上下控制臂用重量轻、强度高的铝合金来制造,这种设计是为了获得最大的强度和刚度。这种轻横臂减小了车辆的簧下重量,从而提高了摩擦力,改善了行驶质量。

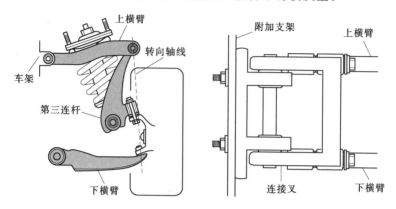

图 6.37 多连杆前悬架系统　　　　图 6.38 双叉杆式前悬架

3. 双Ⅰ字臂悬架系统

有些福特货车上使用了双Ⅰ字臂悬架系统。在这种悬架系统中,每个前轮连接着一个独立的Ⅰ字臂。Ⅰ字臂的外端用主销或球接头连接在转向节上,而里端通过橡胶轴套连接在底盘上(图 6.39)。螺旋弹簧安装在Ⅰ字臂和底盘之间,用来支撑车重。半径臂从每个Ⅰ字臂向后连接在底盘上,防止车轮的纵向移动。

有些用钢板弹簧代替螺旋弹簧,如图 6.40 所示。

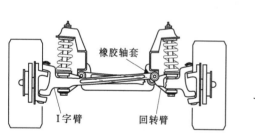 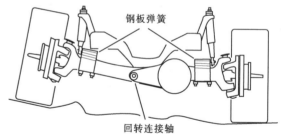

图 6.39 双Ⅰ字臂悬架系统　　　　图 6.40 钢板弹簧代替螺旋弹簧悬架系统

近年来,由于不等长双横臂悬架系统或者扭力杆悬架系统的重量轻,改善了行驶质量,所以它们已经代替了双Ⅰ字臂前悬架系统。

任 务 6.3　减 振 器 和 减 振 柱

【本任务内容简介】

(1) 减振器的目检、手检、更换,减振柱和弹簧总成的拆卸和更换。

(2) 减振器的结构原理,充气式、带弹簧式和可调式减振柱的结构分析。

(3) 空气弹簧的拆卸与安装,空气弹簧充气的解码器程序。

(4) 电控悬架系统维护。

6.3.1 减振器和减振柱的维护

1. 减振器的目检

在减振器的目检过程中，检查横臂或者底盘上的回跳行程限制器。如果回跳行程限制器严重磨损，那么减振器可能已经损坏。

（1）检查紧固螺栓。应当检查减振器紧固螺栓是否松动、紧固衬套是否磨损。如果这些部件松动，就会出现明显的咔嗒咔嗒的噪声，那么就必须更换紧固螺栓和衬套。

（2）检查衬套状态。在有些减振器上，衬套与减振器是一体的。因此，如果衬套磨损，就必须更换整个总成。当紧固衬套磨损时，减振器就不能提供合适的弹性控制。

（3）检查减振器油泄漏。应当检查减振器和减振柱是否漏油。下油腔上微小的油膜是允许的，但是任何滴油的现象都是不允许的，并且必须更换减振器总成。

应当检查减振器和减振柱是否有物理损伤，比如弯曲和严重的凹损或者破裂。当出现这种情况时，就必须更换减振器总成。

2. 减振器的手动检查

在车辆上可以进行手动检查。当进行手动检查时，拆开减振器的下端，并且用力使得减振器尽可能快的上下运动。一个良好的减振器应当在完全压缩和回弹行程时，提供一个有力的、平稳的阻力。压缩行程的阻力可能与回弹行程的阻力不相同。任何行程的阻力减小，都必须更换减振器。

3. 减振器检查和更换

充气元件有一个警告标签来识别。如果拆下充气减振器，并且把它压缩到最短的长度后松开，如果不能恢复到原来的长度。这说明，必须更换减振器和减振柱。

检查减振器的充气管路是否断裂、开裂和折弯，应该固定在车架上，并且不能和其他部件发生摩擦。如果存在这些故障，就必须更换管路。

当发现充气减振器缓慢漏气，使得悬架高度降低时，就需要更换减振器。在拆卸充气减振器以前，必须释放减振器内的空气压力。

减振器更换的步骤如下：

（1）在更换后减振器以前，使用升降机提升车辆，并且把后桥支撑在安全台上，使减振器没有完全伸长。

（2）当更换前减振器时，使用落地千斤顶顶起车辆的前端，然后把安全台放在下横臂下。使得车辆降落在安全台上，并且拆除落地千斤顶。

（3）拆开减振器上支架螺母和护孔环。

（4）拆下减振器下支架螺母或螺栓，然后拆下减振器。

（5）按照步骤（1）到步骤（4）的相反顺序，安装新的减振器和护孔环。

（6）当整个车重支撑在悬架上时，把减振器固定螺母拧紧到规定扭矩。

4. 减振柱和弹簧总成的拆卸和更换

在拆卸前减振柱和弹簧总成以前，必须从转向节上拆下减振柱以及从横向连接杆上拆下减振柱上固定螺栓。如果使用偏心凸轮螺栓把减振柱固定在转向节上，那么必须在减振柱上标记螺栓头的位置，以便螺栓能够重新安装到原始的位置（图 6.41）。

必须按照车辆制造商维护手册中规定的步骤拆卸减振柱和弹簧总成。

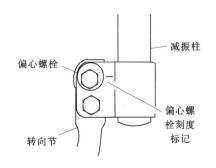

图 6.41　拆卸减振柱前标记凸轮螺栓的位置

以下是拆卸减振柱和弹簧总成的典型程序：

（1）用升降机或者落地千斤顶提升车辆。

（2）从减振柱线箍上拆下制动管路和电子控制防抱死制动系统（ABS）车速传感器电缆。在有些情况下，减振柱线箍也必须从减振柱上拆下来。

（3）拆下从减振柱到转向节的紧固螺栓，并拆下转向节。

（4）拆下减振柱横向连接杆上部的减振柱上固定螺栓，并且拆下减振柱和弹簧总成。

偏心凸轮螺栓有一个椭圆形的头。并且，当偏心凸轮螺栓转动时，它就会使与之连接的减振柱内外移动。

5. 从螺旋弹簧上拆卸和安装减振柱

在拆卸减振柱以前，必须使用专用的工具来压缩螺旋弹簧。在减振柱上活塞杆螺母被松开以前，必须从上弹簧座消除所有的弹簧张力。可以买到许多不同的弹簧压缩工具，但是必须按照制造商规定的程序来使用。如果螺旋弹簧有搪瓷涂层，那么在压缩工具与弹簧的接触处就必须缠上胶带。否则，如果压缩工具损坏了这个涂层，就会导致弹簧过早损坏。

下面是从螺旋弹簧上拆卸减振柱的典型程序：

（1）必须按照工具制造商或者车辆制造商规定的步骤来把螺旋弹簧和减振器总成安装在螺旋弹簧压缩工具上。

（2）调整弹簧压缩工具的压缩臂，以便压缩臂与螺旋弹簧的接触点，距离弹簧的中心最远，转动压缩工具上部的手柄，使得全部的弹簧压力从减振柱上支架释放出去（图 6.42）。

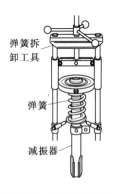

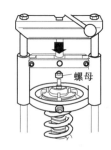

图 6.42　固定在工具上　　　　图 6.43　拆下减振柱螺母

（3）松开和拆下减振柱上支架中心的减振柱活塞杆螺母（图 6.43）。

（4）拆下减振柱上支架总成、支架轴承，然后再拆下上弹簧座和隔离板。

（5）转动弹簧压缩工具的手柄，释放全部的弹簧压力，然后拆下弹簧。

按照相反顺序步骤安装减振器和弹簧。

6.3.2　减振器和减振柱的结构及原理

当车轮碰到凸起时，车轮和减振器相对于底盘就向上运动，这个上跳作用使得弹簧偏转或者压缩，压缩的弹簧会再次反弹。如果弹簧的作用力不受控，那么车轮将向下与路面产生巨大的撞击力，并且这种来回跳动会持续下去。因此，必须安装一些装置来控制弹簧的作用力，否则，车轮碰到凸起以后，车轮就会上下连续跳动，从而导致乘员的不舒适、方向不稳定性和悬架部件的磨损。

一般汽车在前悬架和底盘之间安装了两个前减振器，而在后悬架和底盘之间有选择性地安装了两个后减振器。减振器的主要作用是：①控制弹簧的作用力和振幅，改善汽车行驶的平稳性；②转弯时，防止车体的横摆和倾斜；③减小了胎面离开路面的可能性，增加了轮胎的寿命、摩擦力和方向稳定性。由于减振器控制了弹簧的作用力、振幅以及底盘的振动，所以它有助于保证车辆的安全性和乘客的舒适性。如果减振器损坏了，尤其在凹凸不平的路面上就会发生底盘的过度振动，而过度的底盘振动可能导致转向失控。在转弯时，损坏的减振器也可能导致车体的横摆和倾斜，从而使司机失去车辆控制。因此，减振器对于保证较长的轮胎寿命和提高车辆操控性、转向质量以及行驶质量都是极其重要的。减振器的性能应该和螺旋弹簧的收缩量以及弹簧的作用力相匹配，以满足不同悬架运动特性的要求。

汽车上广泛采用液压减振器，其基本的工作原理是利用液体在小孔内的流动阻力来消耗冲击和振动。

1. 减振器的结构

双向筒式减振器结构如图 6.44 所示，减振器的下半部分是一对钢筒元件，油腔里面填充了液压油和氮气。在有些减振器中略去了氮气填充。在钢筒的底部安装了补偿阀和压缩阀活塞和活塞杆总成连接在减振器的上半部分。减振器的上半部分是套在下钢筒外的钢筒防尘罩，防尘钢筒与活塞杆成为一体，活塞杆和活塞伸入下钢筒，活塞与下钢筒的内缸是精密配合的。上下钢筒固定有支架套筒，内装有减振橡胶衬套，上下支架套筒分别安装在车轮摆臂和车架上。

活塞上有供液体通过的流通阀。

2. 减振器的工作原理

当车轮碰到凸起，发生上跳行程时，减振器下钢筒就会被向上推。这个作用力使得下钢筒内的活塞向下运动。由于油不能从活塞上泄露出去，所以下钢筒内的油就通过流通阀被压到上油腔。这些流通阀使液体流过时产生阻尼，从而控制了车轮和悬架的向上作用力，因此它也被称为减振器压缩

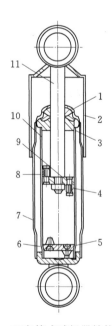

图 6.44　双向筒式减振器结构示意图
1—油封；2—防尘罩；3—导向座；4—流通阀；5—补偿阀；6—压缩阀；7—储油缸筒；8—伸张阀；9—活塞；10—工作缸筒；11—活塞杆

行程。

如图 6.45 所示,在回跳行程中,当弹簧向下伸长时,减振器的下钢筒就被向下推。这时,下钢筒内的活塞就向上运动,液压油就通过流通阀从上油腔流向下油腔。由于液体流动阻尼的存在,因此也控制了悬架和车轮的向下运动。这是减振器的拉伸行程。

由于活塞杆的存在,在活塞向下运动时,油腔的容积是会变小,多余的油通过压缩阀进入外部储油器,当活塞向上运动时,油腔容积变大,储油器的油通过补偿阀进入油腔。

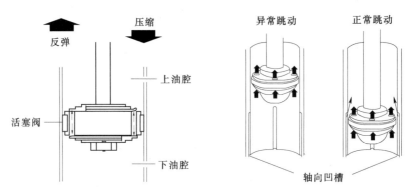

图 6.45　减振器的工作原理　　　图 6.46　行程敏感减振

减振器有一些特殊的结构适应车轮的剧烈跳动或缓慢运动,使车辆有更好的行驶性能。当车身缓慢摇动,减振器筒油腔内油的压力或真空不足以打开压缩阀时,液体就经过特殊设计的缝隙在油腔和储油器之间流动。而当车身剧烈跳动时,流通阀和补偿阀或压缩阀完全打开,液体通道增大,使油压和阻尼保持在一定限度。

腔内的氮气可以提供压力补偿,使悬架能适应小幅的振动,改善悬架性能。

为了改善减振器的性能,有些减振器柱在下油腔内有狭窄的轴向凹槽(图 6.46)。如果前轮突然向下运动,比如碰到一个深坑,活塞移入油腔的狭窄部分。在上面这种情况下,所有的油就必须通过阻尼孔来流动,这会对车轮的运动和悬架的震动作用产生巨大的减振阻力。这个减振作用防止了减振柱内部回跳橡胶的刚性撞击。

3. 充气减振器和减振柱

有些减振器,如图 6.47 所示,在下油腔内有一个分隔活塞,活塞下面的空间被充入压力为 2.5MPa 的氮气。在油腔中,分隔活塞的上面是液压油。它的主要特点如下:

(1) 为了达到较长的寿命,具有高质量的密封。

(2) 单管设计防止了过多热量的产生。

(3) 渐进式刚度阀在所有情况下确保了精确的弹簧控制。

(4) 由于减振器里充有高压氮气,能减少车轮受突然冲击时的振动,并可消除噪声。

通过特殊的设计可以使充气重型减振器相对于普通减振器有更高的强度,使用在重载车辆上。

4. 带弹簧的减振柱总成

减振柱与减振器是类似的,但是它通常安装在万向节与底盘之间来保证万向节的支撑。

如图 6.48 所示，在大多数的前轮驱动轿车和一些后轮驱动轿车上使用减振柱型的悬架。减振柱的内部设计和减振器的是非常相似的，并且也完成了像减振器相同的功能。有些减振柱有可更换的支架。减振柱连接在上支架上，而上支架用螺栓连接在底盘的支架上。在许多减振柱型的悬架系统中，通过上下隔板螺旋弹簧被压缩安装在减振柱上。

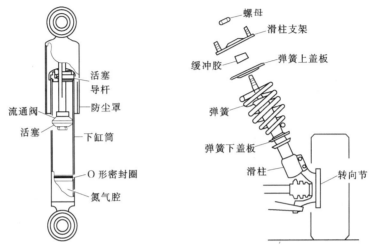

图 6.47　充气减振器　　　　图 6.48　带弹簧的减振柱总成

在上支架和减振柱活塞杆之间安装有缓冲橡胶，当前轮碰到极其不平的路面并且减振柱被完全压缩时，振动缓冲块在减振柱的上部与上支架之间起到了缓冲作用。

减振器上支架包括一个轴承、上弹簧座和振动缓冲块（图 6.49）。减振柱下支架有螺栓连接的，也有球接头类型的，使用哪种结构取决于减振柱的运动情况。

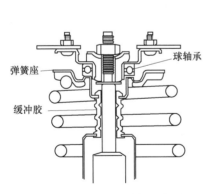

图 6.49　减振柱上支架示意图

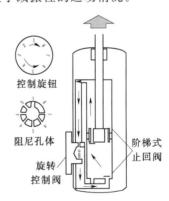

图 6.50　可调减振柱

5. 可调减振柱

有些可调减振柱允许车主或者维修人员对减振器有一个手动的调整，来适应驾驶和承载的情况（图 6.50）。减振器调整旋钮使不同的减振柱阻尼孔打开。这个旋钮有八个位置。而工厂设置的位置是 3，它保证了平均的悬架控制。位置 1 减小了弹簧控制并且是最软的行驶质量，而位置 8 增大了弹簧控制并且是最硬的行驶质量。通常，不用把车辆提升起来就可以看到调整旋钮。

【拓展知识】　电控悬架系统维护

1. 空气弹簧的拆卸与安装

空气弹簧的拆卸和更换步骤取决于车辆的生产和出厂年份。例如，整体式空气弹簧和减振柱的车辆与空气弹簧和减振器单独安装的车辆相比，空气弹簧的拆卸和更换步骤是不同的。前后空气弹簧的拆卸和更换步骤也是不同。必须遵守车辆制造商维护手册中正确的空气弹簧拆卸和更换步骤。下面是在有些车辆上，拆卸空气弹簧和减振器单独安装的空气弹簧的典型步骤。按照以下步骤拆卸空气弹簧：①断开后备箱内的电子空气悬架开关；②使用升降机提升车辆，并且使得悬架悬垂，或者使用落地千斤顶顶起车辆，并且在底盘下放置安全台，然后把车辆降落在安全台上，并且使得悬架悬垂；③从空气电磁阀上拆下尼龙空气管路，然后把空气弹簧阀转动到第一个级，使得排出弹簧中的空气，在没有排出弹簧中的全部空气以前，决不允许把空气弹簧阀转动到第二个级；④拆开下弹簧座，然后从底盘上拆下弹簧（在安装空气弹簧以前，必须按表 6.2 所示步骤正确地将该弹簧折叠在膜片底部的活塞上）；⑤在底盘上安装弹簧，然后连接下弹簧座，确保弹簧的上部被正确地放置在上弹簧座上，当在前后悬架上安装空气弹簧时，必须正确地安装弹簧，从而消除膜片上的折叠和折痕。

表 6.2	空气弹簧的压缩折叠步骤		
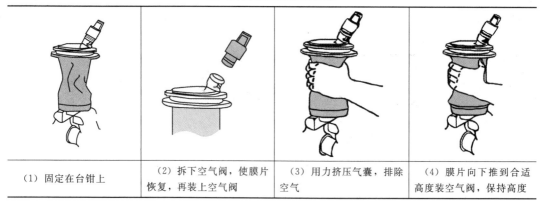			
（1）固定在台钳上	（2）拆下空气阀，使膜片恢复，再装上空气阀	（3）用力挤压气囊，排除空气	（4）膜片向下推到合适高度装空气阀，保持高度

2. 拆卸和更换有整体式减振柱的空气弹簧

有整体式减振柱的前或者后空气弹簧是作为一个总成来出售的。下面是在空气弹簧包裹着整体式减振柱上，拆卸和更换自动空气悬架系统空气弹簧的典型步骤：①断开空气悬架开关；②用车架接触升降机提升车辆，并且使得悬架悬垂；③拆下需要拆卸空气弹簧和减振柱的车轮和轮胎总成；④松开高度传感器支架上部的金属卡箍，然后从球头销上拆下高度传感器；⑤拆下空气弹簧阀止动器，并且把空气弹簧电磁阀松开到第一个位置，然后排出空气弹簧的所有空气压力；⑥从空气弹簧电磁阀上拔下空气管路，包括橡胶软管和尼龙管（图 6.51）；然后，从电磁阀上拆下电气接头；⑦拆下空气弹簧电磁阀；⑧拆下减振柱的上盖，然后拆下减振柱和减振柱横向连接杆的锁紧螺母（图 6.52）；⑨拆下减振柱和悬架臂的锁紧螺母和螺栓；⑩从车辆上拆下减振柱和弹簧总成。

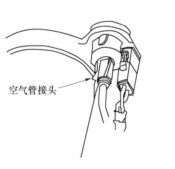
图 6.51　从空气弹簧电磁阀上拆下空气管路

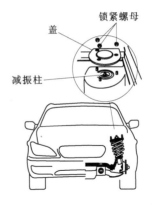
图 6.52　拆下减振柱上支架锁紧螺母

3. 为空气弹簧充气的解码器程序

在有些空气弹簧系统，使用解码器来启动空气压缩机，并且为充气空气弹簧的电磁阀通电。下面是在自动空气悬架系统，使用解码器为空气弹簧充气的典型步骤：

（1）断开空气悬架开关。

（2）确保在解码器上安装了维护车辆所需的正确悬架分析和维护模块。

（3）把解码器连接到车辆上的数据连接器（DLC）上，如图 6.53 所示。

（4）确保车辆被支撑在车架提升的升降机上，并且使得悬架悬垂和没有负载。

（5）把蓄电池充电器连接到蓄电池的正确极柱上，并且使充电器处于低充电率。

（6）在解码器上选择 Function Test（检测位置）需要充气的弹簧时，解码器就会向空气压缩机和正确的空气弹簧电磁阀传递指令，使得为空气弹簧充气。

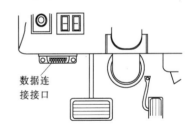
图 6.53　数据连接器

（7）当压缩机关闭时，空气弹簧的充气就已经完成，并且在空气悬架系统的正常工作情况下，空气弹簧可以进行更进一步充气和放气。

（8）把车辆降落到地面，并且使升降机降落到最下端。确保升降机臂不接触车辆。

（9）检查空气弹簧被完全放气，并且确保在这些弹簧上没有折叠和折痕。闭合悬架开关。如果在悬架维护的过程中，减振柱到前下控制臂的螺栓和螺母被拆卸和重新安装，那么就用膝盖向下压前保险杠，然后松开，重复这个过程三次。

（10）把减振柱到前下控制臂的螺栓和螺母拧紧到规定扭矩，对车辆进行路测，来检查合适的空气悬架工作情况和悬架高度。解码器也可以用来为空气弹簧放气。

习　　题

实操题

1. 对减振器进行就车拆检并装复。

2. 写出独立悬架常见故障。

理论题

一、填空题

1. 汽车悬架是车架（或承载式车身）与_____（或车轮）之间一切传力连接装置的统称。根据汽车导向装置的不同，悬架又可以分为_____和非独立悬架。并就实训室现有车辆指出车辆的型号（至少列出一款车）。

2. 汽车悬架所用的弹性元件可分为钢板弹簧、_____、扭杆弹簧和橡胶弹簧等。

二、选择题

以下各题，请在 A、B、C、D 四个答案中选一个你认为正确的答案：

A. 只有 A 对；B. 只有 B 对；C. A 和 B 都对；D. A 和 B 都不对

1. 当讨论悬架高度时：维修人员 A 说，控制臂轴套的磨损降低了控制行程高度。维修人员 B 说，不合适的控制行程高度影响其他大多数的悬架角度。他们谁的说法正确？（　　）

2. 当球窝接头滑脂嘴台肩位于球窝接头盖内时：维修人员 A 说，应当更换球窝接头。维修人员 B 说，应当安装更长的滑脂嘴。他们谁的说法正确？（　　）

3. 当讨论在安装有螺旋弹簧的不等长双横臂悬架系统上，拆卸球窝接头时，维修人员 A 说，应当在上控制臂下安装钢垫圈。维修人员 B 说，为了拆卸球窝接头，应当在下控制臂下放置落地千斤顶。他们谁的说法正确？（　　）

4. 当讨论球窝接头的水平位移测量时，维修人员 A 说，水平指示器应当顶在球窝接头螺柱的上部。维修人员 B 说，前轮轴承的调整对球窝接头的水平位移测量没有影响。他们谁的说法正确？（　　）

5. 当讨论球窝接头的安装时，维修人员 A 说，为了安装开口销，可以把球窝接头螺母反转。维修人员 B 说，球窝接头螺柱的螺纹应当刚刚穿过转向节。他们谁的说法正确？（　　）

6. 减振器的下油腔有轻微的油膜，并且减振器弹跳检查良好，维修人员 A 说，减振器状态良好。维修人员 B 说，减振器可能充气压力过大。他们谁的说法正确？（　　）

7. 当讨论减振器和减振柱弹跳跳检查时，维修人员 A 说，如果限制器完成两个自由向上的弹跳，那么限制器状态就是良好的。维修人员 B 说，必须用合适的力向下推限制器。他们谁的说法正确？（　　）

8. 当讨论减振器手动检查时，维修人员 A 说，减振器的行程阻力应当是不稳定的和无规律的。维修人员 B 说，减振器的回跳行程阻力可能大于压缩行程阻力。他们谁的说法正确？（　　）

9. 当装有前减振器的前轮转动时，左前螺旋弹簧产生卡嗒的作用和噪声。维修人员 A 说，减振柱存在内部故障，必须更换减振柱。维修人员 B 说，减振柱上轴承和支架存在故障。他们谁的说法正确？（　　）

10. 当讨论搪瓷涂层螺旋弹簧时，维修人员 A 说，如果磨损了螺旋弹簧的搪瓷涂层，那么弹簧就可能过早损坏。维修人员 B 说，在压缩工具与弹簧的接触处必须缠上胶带，防止磨损搪瓷涂层。他们谁的说法正确？（　　）

11. 当诊断电子悬架控制（ESC）系统时，维修人员 A 说，在进行更进一步的诊断或者维护之前，必须修复故障码开始字母是 U 的故障。维修人员 B 说，电源低电压对电子悬架控制（ESC）系统的工作有影响。他们谁的说法正确？（　　　）

12. 当讨论电子悬架控制（ESC）系统的诊断时，维修人员 A 说，解码器显示的正常作用力是从电子悬架控制（ESC）模块传递到电子制动控制模块（EBCM）的路面平整状况。维修人员 B 说，正常作用力数据在前后轮之间传递。他们谁的说法正确？（　　　）

三、简答题

1. 解释悬架的作用、种类、特点。

2. 解释悬架的结构、组成。

3. 解释各类悬架的优缺点。

4. 解释减振器的种类、结构和工作原理。

5. 解释稳定杆的作用。

6. 分析悬架损坏对车辆行驶的影响。

7. 叙述没有减振器时，不受控的弹簧作用过程。

8. 叙述减振器的工作原理。

认识车架车轮及转向轮定位调整

【学习目标】

知识目标：

（1）了解前驱动桥的维修和保养项目，理解车架损伤的现象。

（2）理解四轮定位的意义和功用。

技能目标：

（1）掌握检查和校正车架定位及转向轴的检修。

（2）前驱动轴的结构分析方法和车轮的维护与调平。

（3）能进行四轮定位的检查调整。

【教学实施】

学生分小组，每组 5 人左右，在实训室进行车轮的拆装；讲述车轮的结构特点及四轮定位的功用和工作原理；然后对车辆进行行四轮定位的检查并根据不同的台架或车辆进行定位参数的调整；最后教师抽组考核，组长进行组内考核，要求人人过关。

任务 7.1　车架与车轮维护实操指导

【本任务内容简介】

（1）车架损伤的现象，车架的检查和校正。

（2）前驱动桥的检修和保养、故障诊断、驱动轴的拆卸与装调、前轮轴承的更换。

（3）前驱动轴的结构分析，轮胎和车轮的维护与调平。

（4）轮辋的构造、性能和规格标记，轮胎的构造、性能和规格标记。

7.1.1　车架维护

1. 车架损伤的现象

轿车和轻载货车最主要的车架损坏原因是碰撞损坏。在有些情况下，可以通过修理来获得车辆的满意外观，但是车架损坏仍然存在。当驾驶车辆时，以下现象表明车架损坏：

（1）当前悬架定位角被校正后，轮胎磨损过大。

（2）当前悬架定位角被校正后，出现转向偏转。

（3）当直线行驶时，方向盘没有位于中间位置，但方向盘在出厂时已被置于中间位置。

2. 检查和校正车架定位

（1）目检。在测量车架以前，应当对车架和悬架进行目检。检查车架的上缘是否有褶皱，这就会表现出车架下沉的问题。目检车架的下缘是否有褶皱，这就会表现出车架弯曲的问题。由于悬架或者车桥故障会导致车架出现问题，所以应当检查悬架部件是否磨损或者损坏。例如，侧置的后轴会导致菱形车架。

因此，必须检查所有悬架固定衬套以及板簧吊环和中心螺栓。应当检查车架是否存在裂纹、弯曲和严重腐蚀。较小的车架弯曲是看不出来的，但是严重的弯曲却是可以看出来的。在车架的凸缘上可能会出现直线裂纹，而车架腹板或者横梁上的孔可能会形成辐射裂纹（图 7.1）。

图 7.1　车架裂纹状态

（2）车架焊接。

1）拆卸所有影响焊接或通过加热可以被损坏的部件。

2）找到裂纹的最深处，然后在这个位置钻一个 6mm 的孔。

3）从裂纹的起始位置到钻孔位置，V 形磨削整个裂纹。

4）应当在裂纹的底部形成 2mm 的空隙，以便能够恰好焊透。可以使用钢锯条来形成这个空隙。

5）使用正确的焊条和焊接程序进行电弧焊接。

（3）铅锤法测量车架。铅锤法进行车架测量的标准程序按表 7.1 进行。

表 7.1　　　　　　　　　铅锤法进行车架测量的标准程序

（1）把车辆停放在水平地面上	（2）用落地千斤顶顶起前悬架

（3）在制造商规定的底盘位置用安全凳支撑	（4）在车辆制造商规定的车架测量位置，然后在铅锤正下方地板上做一个粉笔标记

续表

（5）用落地千斤顶顶起车辆，拆下安全凳，然后降落车辆	（6）把车辆驶离，用尺子测量地板上粉笔标记把这个尺寸与制造商维护手册的规定尺寸相比较

一般车辆检测的车架位置如图7.2所示，当车架存在侧摆、弯曲或者菱形车架状态时，根据车架损坏的位置，有些车架的水平测量值超出了规定值，或者有些粉笔对角线的交叉点没有位于车架的中心线上。在检测位置时，对车架进行以下三方面的测量，然后，比较车架技术资料，判断车架变形状况：

1）左右弯曲变形的数值。

2）垂直翘曲变形的数值。

3）扭曲变形的数值。

对于检测车架的下沉或者扭曲，就必须测量从车架上的特定位置到假想基准平面的垂直距离。这个用于车架垂直距离测量的假想水平面被称为基准平面，一般在检测台上进行，参考图7.2。

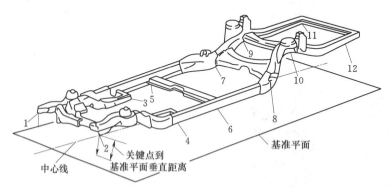

图7.2　车架的关键位置

1、2—纵梁前端；3、4—发动机后悬架支撑部；5、6—第二横梁与纵梁结合部；7、8—第三横梁与
纵梁结合部；9、10—第四横梁与纵梁结合部；11、12—后横梁与纵梁结合部

（4）车架矫正。通常，车架矫正使用专用的液压弯曲设备。必须按照设备制造商的规定操作这个设备。由于车架矫正通常由经验丰富的车身维修人员来完成，所以这个维修过程在这里就不详细进行讨论了。当操作车架矫正设备时，必须遵守所有的安全措施。当进

行操作时，决不允许站在牵引设备的前面。

　　整体车身校正使用车身校正台来完成。当矫正整体式车身时，必须遵守车辆制造商维护手册和设备制造商使用手册中规定的安全措施和程序。否则，就会导致严重的人身伤害和财产损失。整体式车身的矫正通常由经验丰富的车身维修人员来完成。

7.1.2 转向轴的检查维修

　　1. 前驱动桥的维修和保养项目

　　修理前驱动桥的通常包括：检查和重装等速万向节；检查前轮毂轴承，必要时更换；更换等速万向节的防尘罩。只要修理驱动桥，就应该更换等速万向节的防尘罩。必须更换过度磨损的零件，如等速万向节和轮毂轴承。

　　应该对驱动轴或者是等速万向节进行不定期的维修。如果等速万向节防尘罩有损坏，应该将它立即更换掉。缺少润滑剂和进入脏东西和湿空气都会迅速将万向节损坏。

　　很多前轮驱动汽车使用永久性的前轮密封轴承。这些不需要定期地进行调整或者是润滑。如果它们失效了，就将他们更换掉。每跑 24000～30000km 或者是驱动轴被拆掉的时候，应该将需要定期性维修的轴承进行拆卸，清洗，检查，涂上润滑脂后重新装配上。

　　2. 前轮驱动汽车轴的故障诊断

　　诊断驱动桥和等速万向节故障的方法包括：与顾客交谈，尽可能多地收集有关故障的信息；进行路试；全面检查所有零部件。

　　（1）问诊。尽可能多地从顾客那里获得有关故障（抖动、振动或噪声）发生时的信息。问清故障发生的时间和故障可能加剧恶化的驾驶状况。同时，务必问清下列问题：是什么故障？感觉到什么不对或听到什么声音？是哪种类型的噪声？噪声或征兆在什么情况下发生？是什么时间开始出现的？

　　（2）道路试验。由于顾客常常可能搞错了故障点或表述不清，所以必须进行道路试验。路试中要尽可能再现故障征兆。应当感觉等速万向节磨损的重要迹象，并听其磨损声音，如图 7.3 所示。

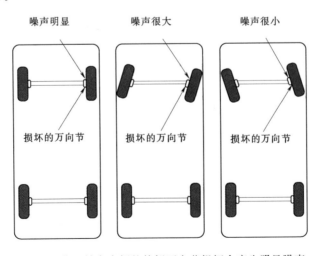

图 7.3 位于转弯内侧的外侧万向节损坏会产生明显噪声

1）在一个你可以将车辆左右随意迂回的安全区域内路试。道路试验过程中，确认故障的最好方法是将方向盘向右和向左打到底作180°转弯。

2）用加速、再减速的方法检查。

3）以恒速行驶，并慢慢滑行检查磨损和振动。

（3）观察检查。在路试之后，回到车间准备对汽车做观察检查。在断定噪声或振动是由等速万向节或轴失效引起之前，先检查所有其他可能出问题的部位。在仔细检查驱动桥和相应的万向节之前，先检查并修理下列零件：

1）检查轮胎和车轮是否损坏和需要适当充气，检查轮胎的径向圆跳动，并检查每个轮胎磨损部位，以找出转向机构和悬架故障的征兆。

2）检查摆臂、稳定器杆、球头销和减振衬套是否损坏或磨损。

3）检查发动机和驱动桥支座是否磨损或损伤，如已损伤，则在动力增加过程中产生金属撞击声。

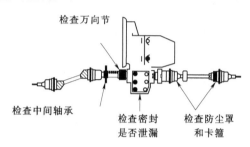

图7.4 前轮驱动汽车的检查部位

4）检查支柱、制动器金属零件和转向部件是否磨损或损坏，这都可能产生噪声，而有时误认为与等速万向节有关。

关闭发动机：提升汽车，检查等速万向节护尘罩是否撕裂；防尘罩卡箍是否丢失、松动或工作不正常；润滑脂是否甩到或抛散到等速万向节的防尘罩上。防尘罩两端应是气密的，并有安全的卡箍。检查汽车两边的外侧和内侧万向节（图7.4）。

3. 驱动轴的拆卸

（1）拆下和安装半轴的注意事项。拆下和安装驱动轴的正确步骤因不同车型而有所变化。要参阅与正在修理汽车型号有关的维修手册，以确定具体步骤。同时，还要遵循下列附加要求：

1）汽车在地面上时拧松或上紧轮毂螺母。不允许用冲击式套筒扳手，应采用一个大的长杆或一个长柄棘轮扳手代替，利用汽车的重量和车间地板上车轮的地面附着力手动拧松轮毂螺母。在拧松或上紧轮毂螺母时，请助手踩住制动器。

2）当从转向节上拆下一个具有过盈配合的万向节时，用两柱式或三柱式拆卸器把半轴通过转向节向后推。若用手锤和冲子从转向节上拆下过盈配合的万向节会损坏驱动桥齿轮轮齿。必须选用适当的拆卸器和推荐的专用工具，拆下车轮抽承上的车轴，以防止损坏轴承及其滚道。

3）对于装备了ABS（防抱死制动装置）的汽车，必须注意装在等速万向节外壳上的ABS车轮转速传感器和触发脉冲轮。大部分带有ABS的汽车都有标记或警告灯，表明此车有ABS装置。

4）当从驱动桥中拆下内侧等速万向节外壳时，必须遵循正确的维修步骤，否则将损坏内侧等速万向节中的零件。

5）在凸缘等速万向节的安装位置上做记号，以确保重装时保持平衡。

6）在轴和万向节壳的防尘罩位置上做记号。不一定总要用隆起部位来表明重新组装时的位置。当拆下轴时，可用防尘罩护架罩住每个轴的防尘罩，以防损坏，如图 7.5 所示。

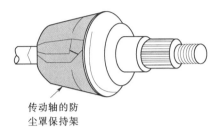

固定滚子的带

传动轴的防尘罩保持架

图 7.5　传动轴防尘罩保护架　　　　图 7.6　用带子固定轴承

7）在拆下内侧万向节时必须小心，不要丢失球或滚针轴承。可以用带子在适当位置上缠住轴承，如图 7.6 所示。

8）必须用新的轴毂螺母，不允许再使用经常承受转矩的车轮螺母，因为有可能第二次使用时拧不到规定值。

9）在安装半轴之前，要确保轴的表面清洁和干燥。

10）由于半轴与转向节是过盈配合，所以应用恰当的专用工具将等速万向节拉进转向节。

11）当安装垫圈和轴毂螺母时，用力矩扳手将其拧紧到规定值。用冲点冲子将螺母锁定。

（2）拆下和安装驱动轴。拆下和安装驱动轴按表 7.2 进行。

表 7.2　　　　　　　　　　　　拆下和安装驱动轴的典型步骤

（1）把轮胎放在地上，拆下轮毂螺母，拧松车轮螺母	（2）提升汽车，拆下轮胎和车轮组件	（3）拆下制动钳和转子，一定要悬吊住制动钳使其不能下垂

（4）拆下横臂和转向节的螺栓，然后将转向节组件拉出支柱底座	（5）用专用工具从驱动桥上拆卸驱动轴	（6）用柱式拆卸工具从轮毂和轴承组件上，拆卸驱动轴

 （7）从汽车上拆下驱动轴	 （8）把万向节安装在小台虎钳上，对轴和万向节进行必要修理	 （9）把半轴地装入转向节和驱动桥中
 （10）把花键端放入驱动桥，同时安装凸缘螺栓并拧紧到规定值	 （11）将外侧万向节滑入转向节，放好转向节和支柱的底座，然后安装连接螺栓	 （12）将球头销装入转向节组件中，安装紧固螺栓并拧紧
 （13）安装轴毂螺母，用手拧紧	 （14）安装转子和制动器制动钳	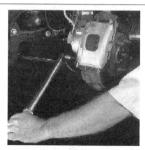 （15）制动钳螺栓扭紧到规定值
 （16）安装车轮和轮胎组件	 （17）放下汽车	 （18）将轮毂螺母扭转到规定值

　　4. 更换前轮驱动汽车的前轮轴承

　　（1）前轮轴承的检查。一般地说，间隙大于 0.025mm 表明车轮轴承总成已失效，则需要更换。

　　（2）前轮轴承的更换。表 7.3 的图片工序展示的是更换几乎所有的福特和亚洲的以及部分克莱斯勒的前轮驱动汽车的前轮轴承过程。

表 7.3　　　　　　　　　　更换前轮驱动的汽车前轮轴承（福特汽车为例）

（1）用适当工具拧松轮毂螺母和车轮带耳螺母，不要卸下螺母

（2）拧松然后卸下轮毂螺母

（3）千斤顶将汽车顶起来，将轮胎和车轮总成拆下来

（4）拆下前制动卡钳的螺栓

（5）用钢丝吊起制动卡钳

（6）拆下制动盘

（7）将球接头螺母拆下，分离转向节和横臂

（8）在前轮外倾角偏心螺栓做记号，确保在重新装配的过程中能调节到适当的前轮外倾角

（9）拆掉转向节和横拉杆之间的螺栓

（10）转向节和驱动桥支撑架拆掉

（11）用一个直径稍小于轴承内径的心轴压出轮毂

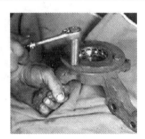

（12）拆下转向节上的连接盘把轮毂轴承压出，可使用拉拔器

续表

（13）用一个大的能接触到轴承外圈的心轴，把轴承压出转向节

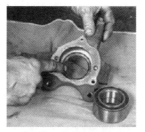

（14）检查转向节轴承孔是否有毛刺、擦伤、裂纹和其他损伤

（15）将新轴承装入转向节轴承孔

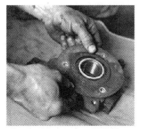

（16）装配连接盘压入到转向节中

（17）用合适的空心轴将毂压入到轴承总成中

（18）向转向节装入到驱动轴当中

（19）向轴固定在横拉杆上，然后将连接螺栓拧紧

（20）横臂的偏心螺母跳到记号位置

（21）装配转向横拉杆、制动盘、制动钳，将螺栓按标准扭矩值拧紧

（22）转配轮胎和车轮总成，然后用新的车轮螺母和毂的螺母装配上

（23）放下汽车按标准扭矩值将所有螺栓拧紧，轴头螺母加开口销防松

7.1.3　前驱动轴结构分析与车轮的维护

1. 前驱动轴的结构分析

前轮驱动传动系一般包括两根驱动轴、内万向节、外万向节、防尘套等，如图 7.7 所示。传动轴一般采用钢管或实心轴制造。传动轴的一端从差速器中伸出，中间经过万向节，轴的外端由容纳驱动轴轴承的转向节支撑，轴的外端花键与轮毂连接，将动力传递至驱动轮。转向节用作悬架部件和转向轮、制动器和其他悬架部件的连接部件，如图 7.8 所示。

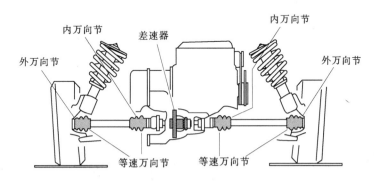

图 7.7　典型前轮驱动车辆驱动桥布置

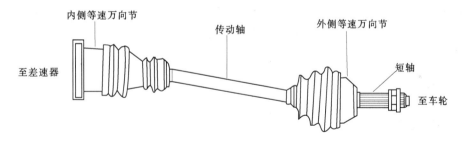

图 7.8　典型前轮驱动的驱动轴总成

2. 轮胎和车轮的维护与调平

（1）轮胎换位。驾驶习惯在很大程度上决定了轮胎的寿命。紧急制动、高速行驶、高速转弯、急加速和急减速以及撞击路沿就是几个缩短轮胎寿命的习惯。为了获得轮胎的最大寿命，大多数轿车制造商建议定期进行轮胎换位。实际的轮胎换位步骤取决于年型、轮胎型号以及车辆是普通型还是紧凑型（图 7.9）。在车辆制造商的手册和维护手册中提供了轮胎换位的信息。通常，车辆制造商推荐的斜交帘布层轮胎和子午线轮胎的轮胎换位步骤是不同的。

当把轮胎和车轮安装在车辆上时，把车轮螺母以正确的顺序分三次拧紧到车辆制造商的规定值是非常重要的（图 7.10）。把车轮螺母拧紧到规定值时，不允许使用套筒扳手。

（2）轮胎和车轮维护注意事项。在车辆维修行业，有许多不同类型的轮胎更换设备。因此，特定的注意事项适用于使用任何轮胎更换设备。这些注意事项包括以下内容：

1）在操作任何轮胎更换设备以前，确信掌握设备的操作规定。

2）当操作轮胎更换设备时，必须遵守设备制造商规定的程序。

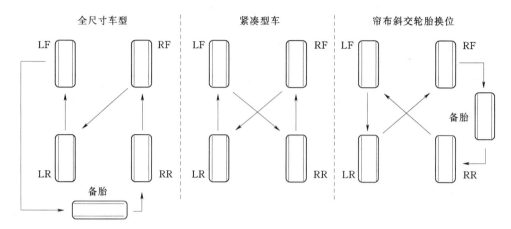

图7.9 各类轮胎换位步骤

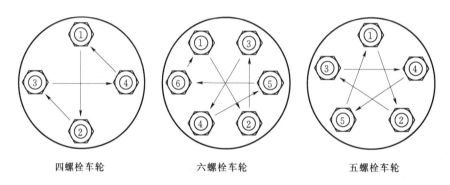

图7.10 车轮螺母拧紧顺序

3）在拆卸轮胎以前，必须使轮胎完全放气。

4）在把轮胎安装到轮辋上以前，清洗轮辋胎圈座。

5）在把轮胎安装到轮辋上以前，用橡胶润滑脂润滑胎圈的外表面。

6）当把轮胎安装到轮辋上时，确保轮胎平坦地位于轮辋上。

7）当为轮胎充气时，不允许直接站在轮胎边上。在充气过程中，一个延长的空气软管使得维修人员远离轮胎。

8）轮胎不允许过充气。

9）当把轮胎安装在铸造铝合金轮辋或者铸造镁合金轮辋上时，必须使用轮胎更换设备制造商规定的工具和程序。

10）当安装或者拆卸防爆轮胎时，确保轮胎更换设备适用于这种轮胎和车轮。

（3）车轮总成的拆卸。按照以下的步骤拆卸轮胎和车轮总成：

1）拆下车轮护盖。如果车辆安装了防盗闭锁车轮护盖，那么每个车轮护盖锁紧螺栓位于车轮中心的装饰盖后面。

2）把车轮带耳螺母松开大约半圈，但是不要拆下车轮螺母。有些车辆安装了防盗车轮螺母，所以就会提供给车主专用的带耳螺母扳手。这个带耳螺母扳手在外端有一个六角螺母，和一个与车轮螺母孔配合的专用内部凸起部分。在带耳螺母上安装带耳螺母扳手，然后把带耳螺母扳手连接到松动的带耳螺母上。

3）用升降机或者落地千斤顶把车辆提升到便于工作的高度。

4）用粉笔标记轮胎、车轮和其中一个带耳螺母的位置，以便把轮胎和车轮安装到原始位置。

注意：如果使用加热的方法来松动生锈的车轮，就可能损坏车轮和/或者车轮轴承。

5）拆下带耳螺母以及轮胎和车轮总成。如果车轮生锈，拆不下来，就用大的橡皮锤敲击车轮的内侧。不允许使用钢锤敲击车轮，否则可能损坏车轮。不允许加热车轮。

（4）轮胎的拆卸与安装。必须使用轮胎更换装置——拆胎机拆卸轮胎，而不允许使用手动工具或者轮胎撬棒拆卸轮胎。按照拆胎机提供的操作方法进行。图 7.11 显示了拆胎机的主要组成。

轮胎的拆卸和安装都需要拆胎机，轮胎在装到轮辋之前应该做以下检查：确保彻底清洗了轮辋胎圈座；为胎圈和轮辋胎圈座涂上橡胶轮胎润滑剂；确认各项检查和维修已经完成后，按表 7.4 的程序进行轮胎的拆卸和安装。

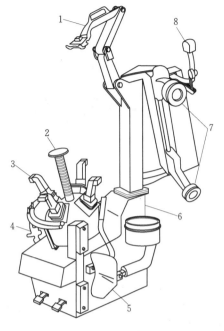

图 7.11 拆胎机

1—三铰接支臂；2—车轮中心支撑；3—车轮夹紧系统；4—压缩空气驱动阀；5—胎圈松动侧铲；6—立柱；7—液压胎圈滚轮；8—双指开关

表 7.4 在轮胎总成上拆卸和安装轮胎的标准程序

（1）从车轮上拆卸轮胎，首先是为轮胎放气、拆下气门芯	（2）把车轮总成放在轮胎支架上，把车轮夹紧在轮胎拆胎机上	（3）把拆胎臂下降到车轮总成的位置

（4）在上胎圈与车轮之间插入拆胎臂。踩下脚踏板，使得车轮转动。然后，用同样的方法操作下胎圈	（5）当轮胎和胎圈完全分离以后，拆下轮胎图	（6）使用钢丝刷去除密封表面的灰尘和锈蚀，为安装轮胎做好准备。并且，在轮胎的胎圈位置涂上橡胶封口胶

续表

（7）旋转轮胎，用拆胎臂压装轮胎。当轮辋完全穿过轮胎后，在轮辋上安装环形垫	（8）重新安装气门芯，并且为轮胎充气到规定值

为轮胎充气，必须遵守轮胎更换装置制造商规定的使用步骤，必须注意胎圈周围的环形标记。这个环形标记应当与轮辋同心（图 7.12）。当轮胎充气时，必须注意使胎圈周围的环形标记与轮辋同心。

（5）轮胎的检查和维修。

1）轮胎检查。为了寻找轮胎和车轮上的漏洞，把轮胎充气到轮胎侧壁标注的压力值，然后把轮胎和车轮浸没在水槽内。一个检查轮胎漏洞的替代办法是，用海绵在轮胎和车轮上擦拭肥皂水。那么，在轮胎或者车轮的漏洞处就会出现气泡。然后，用蜡笔在轮胎或者车轮的漏洞处做标记。刺洞是轮胎漏气的最主要原因，并且许多刺洞都是可以被满意修补的。不要企图修补直径超过 0.25in 的漏洞。侧壁的或者胎肩上的漏洞就不应当进行修补了，如图 7.13 所示。由于紧凑型轮胎胎面较细，所以不要企图修补这种轮胎。

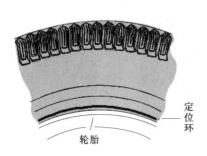

图 7.12　胎圈周围的环形标志
应当与轮辋同心

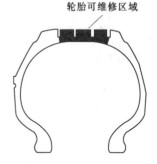

图 7.13　带束斜交帘布层轮胎和斜交帘
布层轮胎的可修补区域

当轮胎有以下的任何故障、损坏标志或者磨损过大时，就不必进行修补：轮胎磨损标志出现；轮胎磨损导致帘布层或者带束层暴露；隆起或者鼓包；胎体分层；胎圈断裂或者有裂缝；轮胎任何部位存在划伤或者裂缝。

2）轮胎修补。由于大多数车辆安装了无内胎轮胎，所以下面讨论这种轮胎的修理。如果刺破轮胎的物体，比如钉子，仍在轮胎内，那么就从轮胎内取下它。使用维修填充物或者硫化胶补片维修包，可以从轮胎的内部对大多数的漏洞进行修补。应当遵守轮胎维修包制造商的说明书，表 7.5 是三种普通修理方法步骤。

表 7.5　　　　　　　　　　　　　　　　　　　轮胎的三种普通修理方法

步骤	方法一：填充物修补	方法二：冷补安装步骤	方法三：热补安装步骤
1	用钢丝刷或者钢丝抛光轮，摩擦破洞周围的区域	用钢丝刷或者抛光轮，摩擦破洞周围的区域	用钢丝刷或者抛光轮，摩擦破洞周围的区域
2	选择一个比破洞稍微大的填充物插入引入工具眼内	在抛光的区域涂上补胎液，然后使之变干，直到不发黏	如果需要的话，在抛光的区域涂上补胎液
3	用补胎液润湿填充物和引入工具	剥去胶补片的背面，并且把胶补片贴在漏洞上。必须使胶补片的中心在漏洞上	把剥去背面的胶补片贴在轮胎内侧漏洞中心，用电加热元件夹住胶补片加热达到规定时间
4	从轮胎内部把填充物推入漏洞中，注意使填充物的头与轮胎的内侧接触	使用滚压工具来回在胶补片上滚动，以便提高黏结效果	移开加热元件，使得胶补片冷却几分钟，以便确保胶补片合适地被黏结在轮胎上
5	从轮胎胎面割去填充物，切割时不允许拉伸填充物		

注　子午线轮胎胶补片应当有箭头标记，且箭头标记必须平行于径向帘布层，以便提供合适的黏合力。

3）轮辋维护。轮辋应当使用水管进行喷射清洗。铝或者镁轮辋应当使用肥皂水来清洗，并且要用清水漂清。使用擦洗机、碱基清洗剂或者腐蚀性溶剂，可能导致轮辋保护层退色或者损坏。使用肥皂水彻底清洗轮辋胎圈座。钢轮辋的胎圈座应当使用钢丝刷或者粗钢丝棉来清洗。

4）轮胎和车轮的径向跳动测量。理论上，轮胎和车轮总成应当是理想的圆。不圆的轮胎和车轮总成径向跳动，如果径向跳动超过了制造商的技术要求，那么由于径向跳动导致车辆振动。轮胎径向跳动的主要原因有：轮胎硬度不同；轮胎不圆；轮辋弯曲或不圆。

在车轮平衡过程中，具有作用力变化的车轮平衡器的滚轮压紧在轮胎的胎面上，可以检测和显示轮胎的硬度变化。

（6）车轮平衡初步检查。在轮胎和车轮被调平以前，应当完成以下的初步检查：检查胎面上、胎侧或胎内是否有物体；检查充气压力和轮胎、车轮的跳动；检查车轮轴承的调整；检查轮辋是否损坏和过度锈蚀。

7.1.4　车轮构造分析

1. 轮辋的构造、性能和规格标记

车轮是介于轮胎和车轴之间承受负荷的旋转组件，通常由轮辋和轮辐组成。轮辋是在车轮上安装和支承轮胎的部件，轮辐是在车轮上介于车轴和轮辋间的支承部件。轮辋和轮辐有整体式、永久连接式和可拆卸式。

（1）轮辐的类型。轮辐的形式有幅板式和辐条式。

幅板式轮辐用钢板冲压而成，幅板上有支撑轮毂的螺孔和中心孔，为了减轻重量提高强度，常制成多变的形状，并局部减料，如图 7.14 所示。

轮辋偏距是轮辋的中心线和轮辐安装面之间的距离。如果轮辋有正的偏距，那么轮辋中心线就在轮辐安装面的外侧。反之如果轮辋有负的偏距，那么轮辋中心线就在轮辐安装面的内侧。轮辋偏距对前悬架的负载和运动产生影响。

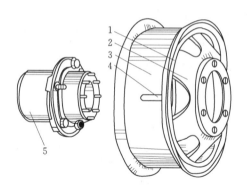

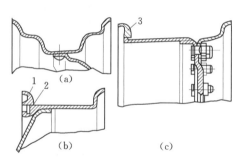

图 7.14　辐板式车轮与轮毂

1—挡圈；2—辐板；3—轮辋；

4—气门嘴孔；5—轮毂

图 7.15　轮辋的类型

(a) 深槽轮辋；(b) 平底轮辋；(c) 对开型轮辋

1、3—挡圈；2—锁圈

（2）轮辋的类型。按照轮辋端面不同，轮辋的常见类型有：深槽轮辋和平底轮辋。此外还有对开式轮辋、半深槽轮辋、深槽宽轮辋、平底宽轮辋等，如图 7.15 所示。

1）深槽轮辋。如图 7.15（a）所示，这种轮辋是整体的，其断面中部为一深凹槽，主要用于轿车及轻型越野汽车。它有用以安放外胎胎圈的带肩凸缘，其肩部通常略向中间倾斜，断面的中部制成深凹槽，以便于外胎的拆装。深槽轮辋的结构简单、刚度大、质量较小，对于小尺寸弹性较大的轮胎最适宜。但是尺寸较大又较硬的轮胎，则很难装进这样的整体轮辋内。

2）平底轮辋。这种轮辋的结构形式很多，如图 7.15（b）所示是我国货车常用的一种形式。挡圈 1 是整体的，而用一个开口弹性锁圈 2 来防止挡圈脱出。在安装轮胎时，先将轮胎套在轮辋上，而后套上挡圈，并将它向内推，直至越过轮辋上的环形槽，再将开口的弹性锁圈嵌入环形槽中。

3）对开式轮辋。这种轮辋由内外两部分组成，如图 7.15（c）所示，其内、外轮辋的宽度可以相等，也可以不等，两者用螺栓联成一体。拆装轮胎时，拆卸螺母即可。

（3）轮辋的规格标记。中国有关轮辋规格代号遵循 GB/T 3487—1996《汽车轮辋规格系列》，有关的参数和定义请参照标准。

1）国产轮辋轮廓类型及其代号。目前轮辋轮廓类型有 7 种，详见表 7.6 所示。

表 7.6　　　　　　　　　　　　　　　轮辋的轮廓类型及其规格代号

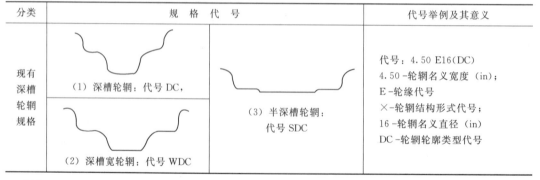

分类	规　格　代　号		代号举例及其意义
现有深槽轮辋规格	(1) 深槽轮辋：代号 DC，	(3) 半深槽轮辋：代号 SDC	代号：4.50 E16(DC) 4.50 -轮辋名义宽度（in）； E -轮缘代号 × -轮辋结构形式代号； 16 -轮辋名义直径（in） DC -轮辋轮廓类型代号
	(2) 深槽宽轮辋：代号 WDC		

分类	规 格 代 号		代号举例及其意义
现有平底轮辋规格	（4）平底轮辋：代号 FB，	（5）平底宽轮辋：代号 WFB	代号：7.0－20（WFB） 7.0－轮辋名义宽度（in）； "—"－轮辋结构形式代号 20－轮辋名义直径（in） WFB－轮辋轮廓类型代号
现有其他轮辋规格	（6）全斜底轮辋：代号 TB	（7）对开式轮辋：代号 DT	
新设计的轮辋规格	轿车：10×3.50C；15×6JJ	轻型载货车：$15×5\frac{1}{2}J$	15－轮辋名义直径代号（in）； J－轮缘代号 $5\frac{1}{2}$－轮辋名义宽度代号（in）
ISO标准	$14×5\frac{1}{2}JJ$		14－轮辋直径（in）；JJ－轮缘代号 $5\frac{1}{2}$－辋宽度（in）

2）国产轮辋的规格代号。轮辋规格用轮辋名义宽度代号、轮缘高度代号、轮辋结构形式代号、轮辋名义直径代号和轮辋轮廓类型代号来共同表示，见表 7.6。表示方法分为两部分，两部分之间用"×"或"—"连接，符号"×"表示该轮辋为一件式轮辋，符号"—"表示该轮辋为两件或两件以上的多件式轮辋。表示方法解释如下。

现有轮辋规格按 GB/T 3487—2005《汽车轮辋规格系列》标准，举例如表 7.6。

车轮的宽度是两侧轮辋之间的距离。轮辋直径是车轮顶部外端直径。数值是以 in（英寸）为单位（新设计轮胎以 mm 表示直径时，轮辋直径用 mm 表示）。在轮辋名义宽度代号之后的拉丁字母表示轮缘的轮廓（E、F、J、JJ、KB、L、V 等）。

2. 轮胎的构造、性能和规格标记

（1）轮胎的分类和结构。按轮胎的用途可分为轿车轮胎、公路用货车和大客车轮胎（包括无轨电车轮胎和挂车轮胎）和越野汽车轮胎。

按轮胎的胎体结构可分为实心轮胎、充气轮胎和特种轮胎，现代汽车广泛采用充气轮胎。

按其组成结构不同，可分为有内胎轮胎和无内胎轮胎。

按胎面花纹不同可分为普通花纹轮胎、越野花纹轮胎和混合花纹轮胎。

按胎体帘布层的结构不同，又可分为斜交轮胎和子午线轮胎。

按轮胎内空气压力的大小不同，分为高压胎（0.5～0.7MPa）、低压胎（0.2～0.5MPa）、超低压胎（0.2MPa 以下）。

不同类型的轮胎有不同的结构特点和使用性能。普通充气轮胎由外胎 1、内胎 2 和垫带 3 组成，使用时安装在汽车车轮的普通可拆卸轮辋 4 上，如图 7.16 所示。

轮胎的不同结构取决于轮胎的生产商和轮胎的类型。一个标准轮胎结构如图 7.17 所示。

胎圈钢丝——胎圈钢丝把轮胎固定在车轮上。

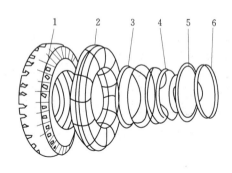

图 7.16 轮胎和轮辋组合
1—外胎；2—内胎；3—垫带；
4—轮辋；5—压圈；6—锁圈

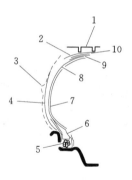

图 7.17 轮胎的结构
1—复合台面；2—复合带束层；3—复合侧壁；4—侧壁
钢丝；5—胎圈钢丝；6—胎圈；7—气密层；
8—人造丝线网层；9—钢丝带；10—无缝带束层

胎圈填胶——胎圈上的胎圈填胶不仅增强了轮胎的侧壁，还起到了填充轮辋的作用。

气密层——人造树脂橡胶轮胎气密层黏结在轮胎的内表面，起到密封的作用。

坚固的复合轮胎侧壁——轮胎侧壁提供柔性的行驶质量，轮胎侧壁用复合橡胶制成，侧壁有钢丝加强。为了轮胎的识别，在轮胎侧壁的外侧印轮胎规格。

无缝带束层——轮胎带束层位于胎面和帘布层之间，由钢丝组成，约束着线网层的移动，增加轮胎强度，使得胎面稳定和防止变形。

轮胎的帘布层——帘布层是轮胎重要的一层，主要的承载层。每个帘布层有一个平行的夹在帘布之间的橡胶层。通过增加每个帘布层的帘布数量或者增加帘布层的数量就可以提高轮胎的承载能力。在大多数通用轮胎中，帘布层的材料是涤纶、人造棉和尼龙。乘用轿车轮胎通常有两个帘布层，然而重型货车和改装车轮胎为了承受重的负载有六个或者八个帘布层。总的来说，更多帘布层的轮胎有坚固的轮胎侧壁，因而也减小了缓冲使得行驶质量变差。

坚固的高抓地力复合胎面——胎面指与地面接触的部分，由胎冠和胎肩组成，胎肩是胎冠和侧壁的过渡部分。胎面用非常抗磨损的复合橡胶制成。现代轿车有两层胎面材料。第一层为了启动、低速助力和耐用性，而第二层为了长的寿命和最大的摩擦力。胎面橡胶是由许多不同人造橡胶和天然橡胶混合而成的。轮胎制造商可能在轮胎中使用了三十种人造橡胶和八种天然橡胶。制造商在胎面中混合这些人造和天然的橡胶以期获得期望的摩擦力和耐用性。胎面上设计有利于排水和增加附着力的适合路面需要的花纹。

（2）常用轮胎的种类。

1）斜交轮胎。斜交轮胎是较早使用的轮胎，普通的轮胎都是这种结构。在斜交轮胎中，帘布层互相交叉成十字形，并且与轮胎中心线成 $25°\sim45°$ 角度。通常大多数使用两层两带，而在有些轮胎中也使用四层四带，是胎体的基础。在同等承载能力的情况下，斜交胎胎体厚重，滚动阻力大，弹性和抓地能力差，如图 7.18 所示。

2）子午线轮胎。目前轿车上几乎都装用子午线轮胎。用钢丝或纤维植物制作的帘布层，其帘线与胎面中心的夹角接近 $90°$ 角，并从一侧胎边穿过胎面到另一侧胎边，帘线在轮胎上的分布好像地球的子午线，所以称为子午线轮胎。

子午线胎还使用了钢丝或者玻璃纤维互相交叉组成的，与形成与轮胎中心线成 $10°\sim30°$ 的夹角的多层束带。这个多层束带用强力较高、伸张很小，紧紧箍在胎体上，以保证轮胎具有一定的外形尺寸。

由于子午线轮胎具有帘布成子午线环形排列、胎体与带束层帘布线形成许多秘实的三角网状结构的特点，因此，子午线轮胎帘线的强度得到充分利用，从而使帘布层可大量的减少，减少了轮胎的质量；并大大地提高了胎面的刚性，减少了胎面与路面的滑移现象，提高了轮胎的耐磨性。使用寿命比普通胎长 $30\%\sim50\%$；滚动阻力小，节约燃料（滚动阻力可减小 $25\%\sim30\%$，油耗可降低 8% 左右），提高了转向性能和轮胎胎面寿命。

3）无内胎轮胎。由于没有内胎以及内胎与轮辋之间的衬带，消除了内外胎之间的摩擦，并使热量容易从轮辋直接散出，故无内胎轮胎行驶时的温度，比普通轮胎低 $20\%\sim25\%$，有利于提高车速，且寿命比普通轮胎约长 20%。在胎圈上做出若干道同心的环形槽纹，在轮胎内压的作用下，此槽纹使胎圈紧贴在轮辋边缘上，以保证轮胎与轮辋之间的气密性。此外，轮胎内壁上附加了一层厚约 $2\sim3mm$ 的橡胶气密层，当轮胎被刺穿后，气密层的橡胶处于压缩状态而紧箍刺物，使得轮胎不漏气或漏气很慢。因此，这种轮胎的突出优点是安全，特别适用于高速行驶的轿车。

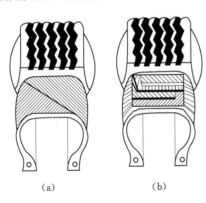

图 7.18　轮胎的结构形式

(a) 普通斜交胎；(b) 子午线胎

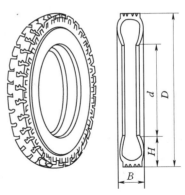

图 7.19　轮胎的基本尺寸

（3）汽车轮胎的规格标记。关于轮胎规格标记，GB/T 2978—2008《轿车轮胎尺寸、规格、气压和负载》和 GB/T 2977—1997《载重汽车轮胎系列》的关标准已有规定。

1）轿车轮胎规格。如：195/60 R14 85 H（上海桑塔纳 2000GSi 轿车轮胎）其中：

195：轮胎宽度 195mm（货车子午线轮胎的宽度一般用英寸为单位）。

60：扁平比为 60%。

R：子午线轮胎，即"Radial"的第一个字母。

14：轮辋直径 14in。

85：负荷指数，荷重等级为 85 的轮胎的最大载荷质量为 515kg。

H：速度等级，表明轮胎能行驶的最高车速。H 的最高车速为 210km/h。

2）载货汽车轮胎的规格。表示方法：

普通斜交胎　B−d，单位 in（英寸）

如 9.00−20 表示轮胎宽度为 9.00 英寸、轮辋直径为 20 英寸的斜交轮胎。

子午线轮胎　9.00 R 20 表示轮胎宽度为 9.00 英寸、轮辋直径为 20 英寸的子午线轮胎。由于使用车型不同，规格中还用如 LT、ULT 等表示用于轻型货车和微型货车。

任务 7.2　四轮定位调整与分析

【本任务内容简介】

（1）四轮定位的初步检查，用计算机四轮定位仪进行车轮定位的测量与调整。

（2）主销后倾角、内倾，车轮外倾，前轮前束，轮外倾角和前束等车轮定位分析。

7.2.1　四轮定位的调整

1. 四轮定位的初步检查

（1）询问。司机可能会遇到各种与不合适车轮定位或者制动故障有关的问题。不正确的前束或者外倾角设置最可能产生的现象是直线行驶时偏向一侧、偏转、羽状轮胎磨损或者一侧轮胎磨损。要了解的有关问题：①车身振动、摆动情况；②行驶时是否跑偏；③制动时是否跑偏；④行驶时是否偏摆；⑤方向盘是否回正慢；⑥方向盘是否偏离中心；⑦轮胎磨损情况；⑧转向力是否过大。

（2）路测。在许多情况下，为了核对客户的叙述，必须进行路测。在路测过程中，维修人员应当检查以下转向问题：底盘的垂直振动过大、摇摆；转向偏转、方向盘转动或者转向漂移；转向作用力大和约束力大；转弯时轮胎产生尖叫声；方向盘自由间隙过大；在急加速过程中车轮垂直跳动；制动时俯冲或者加速时后悬架重心下移；转弯时车身倾斜过大；过度转向；方向盘回转是否正常；转矩转向和颠簸转向。

颠簸转向是当一个或者两个前轮都碰到凸起时，方向盘突然改变方向的趋势。

（3）初步定位检查。在车轮定位以前，必须更换悬架和转向磨损的部件。在更换了悬架部件以后，比如减震柱，就应当进行车轮定位。当车辆位于地板上时，完成以下检查：车辆整备重量；轮胎规格；悬架高度；方向盘自由间隙；加满油的油箱检查底盘上是否附着了过厚的泥。从后备箱和乘坐舱拿掉没有计算在车辆整备质量的重物。如果重的物体，经常地被装载在车辆内，那么在车轮定位时它们应当留在车内。把轮胎充气到规定压力，并且注意任何不正常的胎面磨损或者轮胎损坏。确保所有的轮胎尺寸相同。检查悬架控制行程高度。如果测量值超出了规定范围，那么检查弹簧是否断裂或者下沉。在扭力杆悬架系统上，检查扭力杆的调整。检查前后悬架的阻尼器。磨损的阻尼器可能表现为弹簧变软或者减震器或者减震柱损坏。当车轮位于直直向前的位置时，来回转动方向盘来检查转向管柱、转向器或者转向连杆是否存在间隙。

当车辆被提升，并且悬架被支撑时，完成以下检查：检查前轮轴承是否横向移动。测量球接头的径向和轴向位移。检查各杆件以及衬套是否损坏或磨损。检查转向器固定螺栓是否松动以及固定支架和衬套是否磨损。检查前轮胎和车轮是否存在径向跳动。检查减震器或者减震柱固定衬套和螺栓是否松动。检查每个减震器或者减震柱是否漏油。

2. 计算机四轮定位仪

车辆停于定位台上，并且在每个前轮胎下有回转台，而在后轮胎下有普通的滑板。当轮胎位于定位台或者地板上进行悬架调整时，在调整过程中轮胎不能移动。否则，就可能导致悬架调整不准确。前车轮轴头的中心应当与回转板的零标记在一条直线上。这些回转板的定位销必须插好，并且拉起手制动。

用计算机定位仪进行四轮定位的典型程序见表 7.7。

表 7.7　　　　　　　　　　　　**用 X－631J 进行四轮定位的典型程序**

（1）将车辆停放在定位台上

（2）在每个车轮上安装轮辋紧固夹把每个车轮传感器固定到轮辋上，并调整好

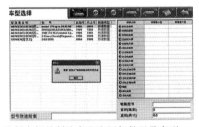

（3）选择车辆的制造商和出厂年份以及车型

（4）按照屏幕上的项目进行偏心补偿

（5）按照屏幕上的项目进行推车补偿

（6）按照屏幕上的项目进行主销测量

（7）输入最大转向角

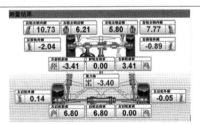

（8）得出车辆的检测结果，绿色为正常范围内值，红色结果为超标

维修人员可以选择数字调整图片，来显示怎样完成车轮定位调整，使用什么工具，以准确完成调整任务。

3. 车轮定位的调整

（1）车轮定位调整程序。必须遵守车辆制造商维护手册中的车轮定位程序。

1）前轮定位调整程序：①检查两侧轮胎的压力；②检查两侧的控制行程高度；③测量和调整两侧的外倾角以及左侧的前束；④测量和调整两侧的外倾角以及右侧的前束；⑤调整两侧的后倾角；⑥测量和重新调整。

2）后轮定位调整程序：①检查两侧轮胎的压力；②检查两侧的控制行程高度；③调整两侧的外倾角以及左侧的前束；④调整两侧的外倾角以及右侧的前束。

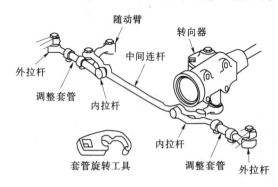

图 7.20　转动横拉杆套筒来调节前轮的前束

（2）前束的调整。当一个前轮需要调整前束时，在横拉杆的调节套筒和套筒卡箍螺栓上涂上渗透油。让横拉杆调节套筒卡箍螺栓足够松动，使得螺栓能够局部转动。横拉套筒的一端是右旋螺纹，而另一端是左旋螺纹。这些螺纹与横拉杆和横拉杆球接头外端的螺纹相装配。当转动横拉杆套筒时，整个横拉杆、套筒和横拉杆球接头总成都被拉长或者缩短。使用横拉杆套筒旋转工具来转动套筒，使得每个前轮的前束等于总前轮前束规定值的一半（图 7.20）。

（3）方向盘定心程序。对车辆进行路测，并且确定当车辆直线行驶时，方向盘辐条是否位于中心位置。

按照以下步骤进行方向盘定心：

1）用液压千斤顶顶起车辆的前部，并且在下横臂下放置安全台，把车辆降落在安全台上，并且使前轮位于直向前的位置。

2）用粉笔在横拉杆上标记每个横拉杆套筒的位置，然后松开套筒卡箍。

3）在路测过程中，使方向盘辐条位于车辆直线行驶时的位置。把方向盘转动到中心位置，并且记录前轮的方向。

4）当车辆直线行驶时，如果左侧的方向盘辐条低，那么用横拉杆套筒旋转工具使得左侧的横拉杆缩短，而使得右侧的横拉杆伸长。横拉杆套筒转动 1/4 圈就会使得方向盘的位置大约移动 25mm。把横拉杆套筒转动合适的大小，使得方向盘转动到中心位置。例如，如果方向盘辐条偏离中心 50mm，那么使得每个横拉杆套筒转动半圈，方向盘定心调整如图 7.21 所示。

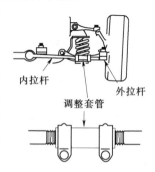

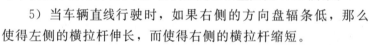

图 7.21　方向盘定心调整

5）当车辆直线行驶时，如果右侧的方向盘辐条低，那么使得左侧的横拉杆伸长，而使得右侧的横拉杆缩短。

6）在横拉杆上标记每个横拉杆套筒的新位置。如前所述，确保套筒卡箍的开口位置正确。把卡箍螺栓拧紧到规定扭矩。

7）用落地千斤顶顶起前底盘，然后拆下安全台。把车辆降落到地面，然后在路测过程中检查方向盘的位置。

（4）外倾角调整。轿车制造商提供了外倾角的各种调整方法。

1）垫片调整。有些轿车制造商提供了在上控制臂支架与车架内侧之间增减垫片的垫片型外倾角调整法（图 7.22）。在这种外倾角的调整中，增加垫片的厚度就会使得外倾角移向负的位置，而减小垫片的厚度就会使得外倾角移向正的位置。应当在两个上控制臂支架螺栓上增加或者减少相同的垫片厚度，这样才会在改变外倾角的同时，对后倾角不产生影响。

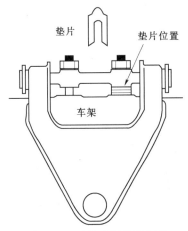

图 7.22 用垫片调整外倾角

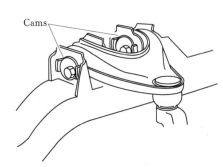

图 7.23 用偏心螺栓调整外倾角

2）偏心凸轮。老式车辆使用垫片型外倾角调整法，而新式车辆使用偏心凸轮调整法。用横臂上的偏心凸轮可以调整外倾角。有些车辆的偏心凸轮装在上横臂上，而有些装在下横臂上（图 7.23）。一些前轮驱动轿车的麦弗逊减振柱前悬架系统，在转向节到减振柱的一个螺栓上安装了凸轮，用来调节外倾角，如图 7.24 所示。麦弗逊减振柱前悬架上的偏心转向节到减振柱的外倾角调节螺栓，如图 7.25 所示。

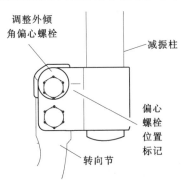

图 7.24 减振柱偏心螺栓调整外倾角

图 7.25 支架螺栓调整外倾角

3）带槽减振柱支架和车架。在有些麦弗逊减振柱前悬架系统上，可以松开减振柱上支架，并且向内或者向外移动，从而来调整外倾角（图 7.25）。

（5）后倾角调整程序。

1）推力杆长度调整。在有些悬架系统上，可以调节推力杆前端的螺母来拉长或者缩短推力杆,从而改变后倾角。缩短推力杆就会使得正的后倾角增大。

2)偏心凸轮。可以使用上或者下横臂里端的相同偏心凸轮来调节外倾角或者后倾角。如果转动上横臂外端的偏心衬垫来调节外倾角,那么这个偏心衬垫也可以调整后倾角。

3)带槽减振柱支架和车架。如果麦弗逊减振柱悬架上的减振柱上支架是可调的,那么可以松开支架锁紧螺栓,并且使支架前后移动,来调节后倾角。如果有些车辆悬架不提供后倾角调整,当需要调整后倾角时,有些车辆制造商建议拆下减振柱上支架螺栓,然后用圆锉拉长横向连接杆的螺栓孔,就可以提供后倾角的调整。

7.2.2 车轮定位分析

为了保持汽车直线行驶的稳定性、转向轻便性和减小轮胎与机件的磨损,转向车轮、转向节和前轴三者与车架的安装是保持有一定相对位置的,这个相对位置是通过悬架的连接来保证的,这种具有一定相对位置的安装称为转向轮定位,也称为前轮定位。它包括:主销后倾、主销内倾、前轮外倾及前轮前束四个参数。此外还有车轮退缩角等参数。

虽然车轮定位传统是指前转向轮,但是后轮同样也对车辆的轨迹起到重要影响。因此现代轿车的后轮同样也有车轮定位,主要参数有外倾角和前束,此外还有后轴偏置等。

1. 主销后倾角

在纵向垂直平面内,主销装在前轴上,其上端向后倾斜,这种现象称为主销后倾。垂线与主销轴线之间的夹角 γ 称为主销后倾角。主销向后倾,后倾角为正,否则为负。一般车子的后倾角大约在 $1°\sim3°$。主销后倾角作用示意图如图 7.26 所示。

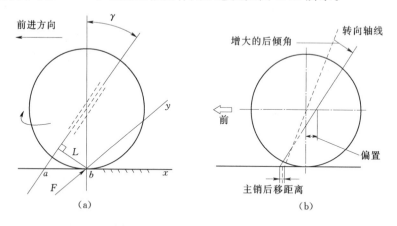

图 7.26 主销后倾角作用示意图

由图 7.26 可见,主销后倾后,它的轴线的延长线与路面的交点 a 位于轮胎与地面的接触点 b 之前,这样 b 点到主销轴线之间就有一段垂直的距离 L。当车轮转向时,路面对车轮的力将形成绕主销轴线作用的回转力矩 $M=FL$,其方向与车轮偏转方向相反,产生两个效果:①对汽车转向形成阻力;②使车轮有自动回转趋势。因此如果此力矩过大,引起转向沉重,由图分析可知,力矩的大小取决于后倾角 γ。

主销后倾的对车辆的有利作用是:保持汽车直线行驶的稳定性,使汽车转向后,前轮有自动回正的作用。

后倾角越大、车速越高，前轮的稳定效应也越强，但是过大的正后倾角增大了转向作用力，并且使得方向盘迅速的回转，影响操纵，而且在转向时为克服此力矩需要在方向盘上施加较大的力。在低速时，后倾角过大可能导致前轮左右摆振。

虽然大多数前轮驱动车辆使用了正后倾角，但是后倾角可以减小到接近于零，甚至减小到负值。有些轿车和客车的轮胎气压较低，弹性较大，行驶时由于轮胎与地面的接触面中心向后移动，产生了附加力臂，故后倾角为负值（即主销前倾）。负后倾角减小了转向作用力，减小了路面传递到车辆的震动，从而改善了行驶质量。

主销后倾角的获得一般是前轴、钢板弹簧和车架三者装配在一起时，由于钢板前高后低，使前轴向后倾而形成。由此可知，车架变形、钢板弹簧疲劳下沉、转向节松旷、车桥扭转变形等原因，都将使主销后倾角发生变化。

设计主销后倾是为了汽车行驶的稳定性，理论上两侧车轮的后倾角应该相等，但是有时为了抵消路拱的影响，左前轮的正后倾角小于右前轮的正后倾角。

2. 主销内倾

从汽车的正前方看，主销（或转向轴线）的上端略向内倾斜一个角度，称为主销内倾。在汽车的横向垂直平面内，主销轴线与垂线之间的夹角称为主销内倾角，用 β 表示，如图 7.27 所示。主销内倾角等于转向轴内倾角（SAI）。

主销内倾对车辆行驶产生的影响是：

（1）使前轮自动回正。当主销内倾，并且车辆直线行驶时，主轴的高度就会被抬升到接近于底盘。由于重力的作用，这就会使得车辆高度降低。当前轮转动时，每个主轴就会产生弧形运动，并且企图使轮胎进入地面。但是这是不可能的，所以当车轮转动时，底盘就会抬升。当方向盘在转动后被松开时，车重就趋于集中在车辆的最低点。因此，主销内倾有助于车轮在转动后，回正到直线位置，并且使车轮趋于保持在直线位置。

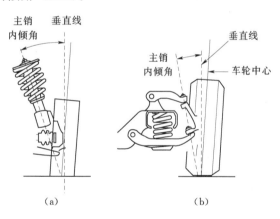

图 7.27　主销内倾角
(a) 麦弗逊悬挂；(b) 双横臂悬挂

然而，由于转弯时，底盘不得不被稍微地抬升，所以主销内倾角增大了转向力。

（2）使转向轻便。如图 7.28 所示，如果当主销倾角是 $0°$，在转弯时，就需要巨大的转向力来克服阻力矩，并且转向机构的受力也会增大。由于主销线与轮胎垂直中心线之间的距离使得车轮回转到直线位置，所以这种前悬架的设计导致了转弯时，过大的路面震动和方向盘的逆转。

当主销内倾时，车轮转向中心线与轮胎垂直中心线在路面处相交时，几乎消除了路面的转向阻力矩，就减小了轮胎的磨损和转向力，以及转向部件的受力（图 7.28）。

但是车轮转向中心线与轮胎垂直中心线各自在路面的交点的距离不能过小，这个距离一般在 $40\sim60\mathrm{mm}$，否则将导致方向不稳。

麦弗逊减振柱前悬架系统的主销内倾角约 $12°\sim18°$，不等长双横臂前悬架系统的主销

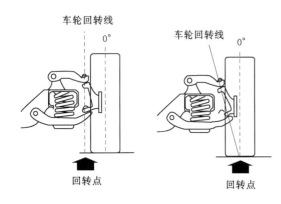

图 7.28　主销内倾的作用示意图

内倾角 $6°\sim 8°$。

主销内倾角是由前轴在制造时其主销孔轴线的上端向内倾斜而获得的。前轴弯曲变形及主销与销孔磨损变形都能引起主销内倾角改变。

主销后倾和主销内倾都使汽车转向时自动回正，保持直线行驶的稳定。所不同的是，主销后倾的回正作用与车速有关，而主销内倾的回正作用与车速无关。这样，在不同的车速时，各自发挥其稳定作用。汽车高速行驶时后倾的回正作用大，而低速时则主要靠内倾起回正作用。此外，直行时前轮偶尔遇到冲击而偏转时，也主要依靠主销内倾起回正作用。

3. 车轮外倾

前轮安装在车桥上时，其旋转平面上方略向外倾斜，这种现象称为前轮外倾。在横向平面内，车轮轴线与水平线之间所夹的锐角 α 称为前轮外倾角。如图 7.29 所示。

车轮外倾的作用是提高前轮工作的安全性和转向操纵轻便性。由于主销与衬套之间，轮毂与轴承等处都存在有间隙，若空车时车轮垂直于地面，则满载后，有可能引起车轮上部向内倾斜，出现车轮内倾。车轮内倾后，地面垂直反力便产生一沿转向节轴向外的分力。此力使外轴承及其锁紧螺母等件的载荷增大，寿命缩短。当车轮预留有外倾角时，就能防止上述不良影响。

公路设计的路拱防止了路面积水，当车辆在路拱行驶，也就是在微小的斜坡上行驶时，车轮外倾使车轮与拱形路面相适应。

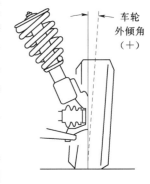

图 7.29　车轮外倾角

在高速的急转弯过程中，更多的车重被转移到弯道外侧的车轮上。因此，弯道外侧的前悬架就被向下压，而弯道内侧的前悬架被向上抬升。这时，内侧车轮的正外倾角就会变小，并且轮胎的内沿会抓紧路面，从而有助于防止横向滑动此外，车轮外倾与主销内倾相配合还能便汽车转向轻便。

前轮外倾角大时，虽然对安全和操纵有利，但是过大负外倾角使得车轮向内倾斜，并且使得车重集中在这个轮胎的内沿。在这种情况下，就会导致轮胎的内沿发生磨损和划伤。因此，合适的外倾角调整对于保证正常的轮胎胎面寿命是极其重要的。一般车轮外倾角为 $1°$ 左右。

前轮外倾角是由转向节的结构确定的，一些车辆设计了可以调整车轮外倾角的结构。

4. 前轮前束

前轮安装时，同一轴上两端车轮的旋转平面不平行，前端略向内束，称为前轮前束。如图 7.30 所示。当轮胎前部内沿之间的距离大于轮胎后部内沿之间的距离时，前轮就成了后束。各种车型对前束值规定的测量部位不同：

5. 后轮外倾角和前束

随着道路条件的改善，现代轿车的行驶速度愈来愈高，对前轮驱动汽车和独立后悬架汽车，如果后轮定位不当，既使前轮定位良好，仍然会有不良的操纵性和轮胎早期磨损。因此，汽车后轮具有一定程度的外倾角和前束可使后轮获得合适的侧偏角，提高高速行驶的操纵稳定性。表 7.8 给出了四轮定位误差引起的车辆故障。

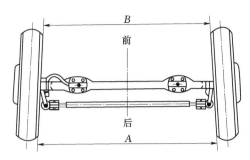

图 7.30　车轮前束

表 7.8　　　　　　　　　　车辆故障与四轮定位分析

故障现象	故障状态	可能的原因
胎面内缘磨损	转向偏转、过早的轮胎更换	负外倾角过大
胎面外缘磨损	转向偏转、过早的轮胎更换	正外倾角过大
胎面羽状磨损	过早的轮胎更换	前束设置不正确
胎面凹坑磨损	车轮振动	车轮失衡
转向偏转	方向稳定性减小	正后倾角或者负后倾角减小
方向盘转动	当直线行驶时，方向盘向右偏转	右前轮正后倾角减小 右前轮正外倾角过大 左后轮后束过大
方向盘转动	当直线行驶时，方向盘向左偏转	右前轮正后倾角减小 右前轮正外倾角过大 左后轮后束过大
方向盘回转	转弯以后，方向盘回转力过大	前轮的正后倾角过大
方向盘回转	转弯以后，方向盘回转不合适	转向管柱或者连杆黏结 前轮的正后倾角减小
差的行驶质量	当在不平路面行驶时行驶质量降低	减振器或者减振柱磨损 前轮的正后倾角过大 控制行程高度减小

有的规定在轮胎内侧突出部位测量；有的规定在轮胎内沿面上测量；还有的规定在轮辋外缘上测量。

前轮前束的作用是：减小或消除汽车前进中，因前轮外倾和纵向阻力致使前轮前端向外滚开所造成的不良后果。前轮有了外倾后当它向前滚动时就类似滚锥绕着锥尖滚动，其轨迹不再是直线向前，而是逐渐向外偏斜，任受车桥和转向横拉杆的约束，又不能任意向外偏斜，而只能是边向外滚边向内滑动，其结果是轮胎横向偏磨增加。有了前束，车轮向前滚动的轨迹要向内偏斜。因此，只要前束和外倾配合适当，轮胎滚动的偏斜方向就会互相抵消，轮胎内外偏磨的现象就会减小。

习　题

实操题

1. 汽车四轮定位的使用。

2. 汽车传动轴的拆装。

3. 车轮维护与四轮换位。

4. 车架与转向轴的检查维修。

理论题

一、填空题

1. 车轮是介于轮胎和车轴之间承受负荷的旋转组件，通常由_____和_____组成。

2. 前轮定位包括：_____、_____、_____及_____四个参数。

二、选择题

以下各题，请在 A、B、C、D 四个答案中选一个你认为正确的答案：

A. 只有 A 对；B. 只有 B 对；C. A 和 B 都对；D. A 和 B 都不对。

1. 在讨论加速过程中产生金属撞击声的原因时，技师 A 说，可能是外侧等速万向节出现故障；技师 B 说，差速器齿轮侧隙不够大可能是产生故障的原因。请问谁的说法正确？（　　）

2. 在讨论轴毂螺母时，技师 A 说，这种螺母不能重复使用；技师 B 说，如果螺母很难拆下，就应该凿下短轴。请问谁的说法正确？（　　）

3. 在安装新的等速万向节防尘罩时，技师 A 是拆下万向节，清洗掉所有旧的润滑脂，技师 B 则把成套维修零件里的润滑脂全部填入万向节和防尘罩中。请问谁的说法正确？（　　）

4. 判断一种振动产生的原因，它只出现在汽车以高速公路行驶速度稳定行驶时，技师 A 认为最可能的原因是轮胎失去平衡；技师 B 认为最可能的原因是车轮轴承损坏。请问谁的说法正确？（　　）

5. 技师 A 说，内侧万向节卡住会使汽车在加速过程中摆振；技师 B 说，内侧万向节损坏会使汽车在加速过程中有金属撞击声。请问谁的说法正确？（　　）

6. 在复习等速万向节和传动轴的维修步骤时，技师 A 说，插入式万向节可以用来作为惯性锤，有助于从驱动桥上拆下难对付的内侧万向节，技师 B 说，传动轴在拆下和安装过程中不允许靠自身重量悬吊着。请问谁的说法正确？（　　）

7. 在复习更换轴防尘罩步骤时，技师 A 说，在拆下旧防尘罩之前，要在轴上对应旧防尘罩的位置作记号；技师 B 说，如果在新防尘罩安装好后有凹陷或折叠，则应该用钝头一字旋具使空气进入防尘罩。请问谁的说法正确？（　　）

8. 在讨论修理前轮驱动汽车的前轮轴承时，技师 A 说，轴毂螺母调节车轮上轴承间隙量；技师 B 说，前轮驱动汽车的前轮轴承通常是在转向节从汽车上拆下来之后，再从转向节上拆下来。请问谁的说法正确？（　　）

9. 在讨论三销轴式等速万向节的修理步骤时，技师 A 说，这种类型的万向节通常用弹性挡圈固定，在维修万向节之前必须先拆下弹性挡圈；技师 B 说，在拆下十字轴之前，在轴上相应位置作记号。请问谁的说法正确？（　　　）

10. 在判断咔嗒声仅出现在汽车转弯时的原因时，技师 A 说，最可能的原因是车轮轴承损技师 B 说，最可能的原因是外侧等速万向节损坏。请问谁的说法正确？（　　　）

11. 当讨论车架下沉时。维修人员 A 说，车架凸缘上的钻孔可能导致车架下沉。维修人员 B 说，车架腹板上的钻孔互相过于靠近可能导致车架下沉。他们谁的说法正确？（　　　）

12. 当讨论车架侧摆时。维修人员 A 说，负载不平衡可能导致车架侧摆。维修人员 B 说，车架腹板上的钻孔太多可能导致车架侧摆。他们谁的说法正确？（　　　）

13. 当讨论菱形车架状态时。维修人员 A 说，车辆着火可能导致这种车架状态。维修人员 B 说，用铁链绑在车架的一角牵引车辆可能导致这种车架状态。他们谁的说法正确？（　　　）

14. 当讨论铅锤法测量车架时。维修人员 A 说，从车架中心线到车架两侧相同位置的距离应当相等。维修人员 B 说，车架对角尺寸线应当在车架的中心线上相交。他们谁的说法正确？（　　　）

15. 当讨论车架的垂直测量时。维修人员 A 说，基准线是用于车架垂直测量的一条平行于车架的假想水平线。维修人员 B 说，如果三个有轨量规被正确地调整和安装在车架的特定位置，那么这些量规应当互相平行。他们谁的说法正确？（　　　）

16. 当讨论麦克珀森减振柱前悬架系统的外倾角调整时。维修人员 A 说，可以使用减振柱到转向节螺栓上的偏心凸轮来调节外倾角。维修人员 B 说，可以使用下球窝接头螺杆上的偏心凸轮来调节外倾角。他们谁的说法正确？（　　　）

17. 当讨论调节垫片安装在上控制臂固定轴与车架外侧之间的不等长双横臂前悬架系统的外倾角调整时。维修人员 A 说，两侧固定螺栓增加相等厚度的垫片可以增大负外倾角。维修人员 B 说，前螺栓上增加垫片的厚度会减小正外倾角。他们谁的说法正确？（　　　）

18. 在麦弗逊减振柱前悬架上，外倾角被调整到规定值以内，但是左侧的转向轴倾斜角（SAI）却大于规定值。维修人员 A 说，可以调整外倾角调节螺栓来校正这个问题。维修人员 B 说，左前轮存在退缩角的状态。他们谁的说法正确？（　　　）

三、简答题

1. 解释转向驱动轴的组成、特点。

2. 解释转向驱动轮主要部件的结构。

3. 叙述车架的四个作用。

4. 叙述梯形车架和边框形车架的区别。

5. 列举整体式车身的六个承载部件。

6. 叙述车架上可能发生横向弯曲的两个位置。

7. 什么类型的碰撞会导致车辆纵向变形。

8. 解释什么是车架扭曲，并且说明什么类型的碰撞会导致车架扭曲。

9. 解释主销内倾角、车轮后倾角、车轮外倾角、前束和后束。

10. 列举由不合适后轮定位导致的六种故障。

机械转向器及转向传动机构拆装与调整

【学习目标】

知识目标：

（1）熟悉机械转向系主要零件的名称、装配位置。

（2）理解机械转向系的功用、组成及工作原理。

技能目标：

（1）掌握机械转向系的维护方法。

（2）掌握转向操纵机构的拆装方法和专用工具的使用方法。

（3）掌握转向器的拆卸方法。

【教学实施】

将学生分小组，每组 5 人左右，先在实训场所进行机械转向系的维护、各主要部件的拆装；其次在理论区利用实物与多媒体讲述转向系及其相应零部件的结构特点、功用和工作原理；然后在实训区对各零部件进行检测维修；最后教师抽组考核，组长进行组内考核，要求人人过关。

任务 8.1　转向器及转向传动机构拆装调整实操指导

【本任务内容简介】

（1）方向盘的拆卸和更换，转向管柱的维护、拆卸及检修。

（2）方向盘自由间隙的检查，转向管柱挠性联轴节的更换。

（3）转向拉杆机构的分析与维护。中心连杆、转向摇臂和横拉杆球头结构分析与更换，转向摇臂的结构分析与更换，转向减震器的结构分析与更换。

（4）循环球式转向器的更换，蜗杆轴推力轴承预紧力及扇形齿轮轴间隙调整。

（5）齿轮齿条转向器的就车检查、拆卸、分解与更换。

8.1.1　方向盘与转向管柱维护

1. 拆卸和更换方向盘

现代轿车绝大多数车型都安装了安全气囊。因此在安装了驾驶员安全气囊的汽车上，在拆卸和更换方向盘之前，需要先拆卸安全气囊。

安全气囊模块与方向盘的拆卸和更换程序各有不同，必须遵守车辆制造商维护手册中规定的维护程序。下面是典型安全气囊模块与方向盘的拆卸和更换步骤：

（1）把点火开关转到闭锁位置，并且使前轮处于直线向前位置。

（2）拆下蓄电池负极，并且等待规定的时间长度。

（3）松开方向盘下的三个安全气囊固定梅花头螺钉（图8.1）。

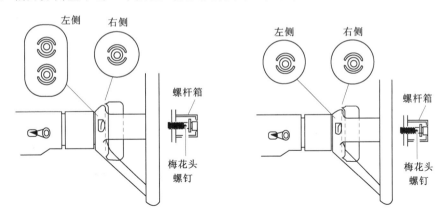

图8.1　三个安全气囊固定梅花头螺钉　　　图8.2　两个安全气囊固定梅花头螺钉

（4）松开方向盘下的另外两个安全气囊固定梅花头螺钉（图8.2）。松开所有五个梅花头螺钉，直到螺钉上的凹槽卡在螺杆箱上。

（5）从方向盘上取下安全气囊展开模块，并且拆下安全气囊模块电缆插头（图8.3）。不允许拉扯转向管柱内的安全气囊电线。把安全气囊展开模块朝上放置在工作台上。

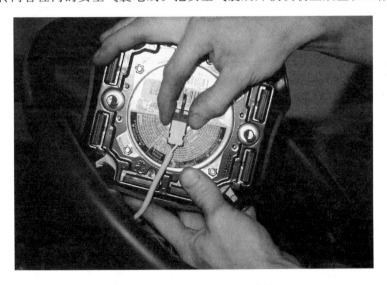

图8.3　拆下安全气囊模块电缆插头

（6）拆下方向盘上的安全气囊电线定位器（图8.4）。

（7）使用正确型号的套筒和棘轮，拆下方向盘锁紧螺母。

（8）观察方向盘和转向轴上的配合定位标记。如果这些定位标记没有了，就应该使用中心錾和锤子在方向盘和转向轴做好定位标记。

（9）用方向盘拉拔器拆下方向盘（图8.5）。目检方向盘的状况，如果存在弯曲或者破裂，就必须进行更换。注意：在拆卸方向盘时，不要用铁锤敲击转向轴的上部，以免损坏转向轴。

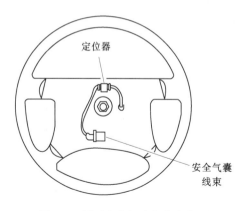

图 8.4 拆下安全气囊线束定位器

图 8.5 用方向盘拉拔器拆下方向盘

（10）拆下四个锁紧螺栓，然后拆下盘簧式电缆插头（图 8.6）。

（11）确保前轮处于直线向前位置，用手逆时针方向转动盘簧式电缆插头，直到它在这个方向上完全缠绕，很难转动为止。

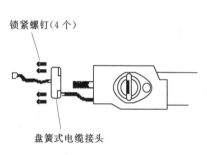

图 8.6 拆卸盘簧式电缆插头

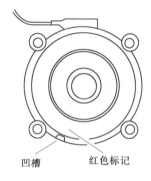

图 8.7 把盘簧式电缆插头放在中心

（12）把盘簧式电缆插头顺时针方向转动三圈，并且使盘簧表面中心部分的红色标记与电缆圆周上的凹槽对准。这就把盘簧式电缆插头放在了中心（图 8.7）。

（13）安装盘簧式电缆插头，并且把四个锁紧螺丝拧紧到规定扭矩。

（14）把方向盘和转向轴上的标记对准，然后把方向盘安装在转向轴上。

（15）安装方向盘锁紧螺母，并且把锁紧螺母拧紧到规定扭矩。

（16）在方向盘内安装安全气囊电线定位器。

（17）使安全气囊展开模块位于方向盘的上部附近，然后连接安全气囊模块插头。

（18）在方向盘的上部安装安全气囊展开模块，并且拧紧五个梅花头锁紧螺钉。

（19）再次连接蓄电池负极电缆。

（20）重新设置时钟和无线电台频率。

如果车辆没有安装安全气囊，那么拆卸和更换方向盘的步骤是基本上相同的，但是所有与安全气囊模块和盘簧有关的步骤都不需要了。在没有安装安全气囊的车辆上，在拆卸方向盘锁紧螺母以前，必须拆下方向盘的中心盖。

2. 转向管柱维护

　　转向管柱的拆卸和更换步骤取决于车辆的厂家、转向管柱的类型以及变速杆的位置。必须遵守车辆制造商维护手册中规定的拆卸和更换步骤。下面是典型步骤：

　　（1）断开蓄电池负极电缆，等待 1min 后进行下一步。

　　（2）在前座位上安装座椅套。

　　（3）使前轮位于直线向前的位置，然后从点火开关上拔下点火钥匙，锁住转向管柱。

　　（4）拆下转向管柱下的盖，必要时可以拆下下面板。

　　（5）拆开转向管柱的所有电线插头。

　　（6）如车辆安装了转向管柱固定变速杆，就应该拆卸转向管柱下端的变速连杆机构。如果车辆上安装了地板固定变速杆，就拆开换档联锁器。

　　（7）拆卸下万向节或者挠性联轴节上的固定螺栓。

　　（8）拆下转向管柱到仪表板的固定螺栓。

　　（9）小心地从车辆上拆下转向管柱，并且要注意，不要损坏了车内的装饰或者油漆。

　　（10）在仪表板下安装转向管柱，并且把转向轴插入下万向节。

　　（11）安装转向管柱到仪表板的固定螺栓，并拧紧到规定扭矩。

　　（12）安装下万向节或者挠性联轴节上的固定螺栓，并拧紧到规定扭矩。

　　（13）如车辆安装了转向管柱固定变速杆，就应连接转向管柱下端的变速连杆机构。

　　（14）把所有的线束插头连接到转向管柱插头上。

　　（15）安装转向管柱盖和下面板。

　　（16）重新连接蓄电池负极电缆。

　　（17）对车辆进行路测，检查转向管柱的工作是否正常。

　　3. 转向管柱的拆卸

　　倾斜转向管柱拆卸的典型步骤见表 8.1。

表 8.1　　　　　　　　　　　　倾斜转向管柱拆卸的典型步骤

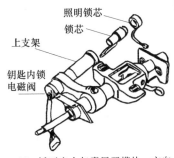

（1）拆下安全气囊展开模块、方向盘和方向旋电缆，拆下固定在点火开关缸体上的点火锁芯照明

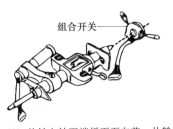

（2）从转向轴下端拆下万向节，从转向管柱拆下防护装置、线束夹和减振器，拆锁紧螺丝、组合开关

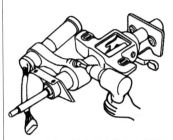

（3）用中心錾在转向管柱上标记锥头螺栓的中心，使用 3～4mm 的钻头，钻进锥头螺钉

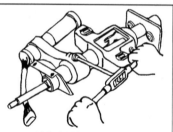

（4）用旋出器拆下锥头螺钉，然后把上支架和转向管柱套管分开

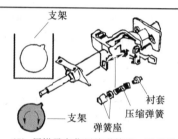

衬套
压缩弹簧
弹簧座
支架

（5）用钳子夹住压缩弹簧座，转动弹簧座，拆下弹簧、座和衬套

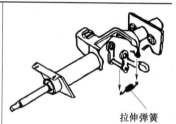

拉伸弹簧

（6）用钳子夹住拉伸弹簧并拉长之，从转向管柱上拆下它

（7）用卡环钳从上转向管柱套管拆下卡环

（8）使用软锤和螺丝刀松开上转向管柱套管被点冲的部分

（9）拆下转向管柱上部主销的两个螺母

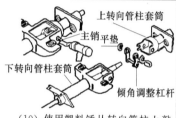

上转向管柱套筒
主销
平垫
下转向管柱套筒
倾角调整杠杆

（10）使用塑料锤从转向管柱上敲打出主销；拆下上转向管柱套管、倾角调整杠杆总成以及平板垫圈

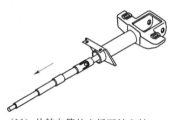

（11）从转向管柱上拆下转向轴

转向轴衬套

（12）用卡环钳拆下转向轴衬套上部的卡环，拆下转向轴衬套

4. 倾斜转向管柱的检修

倾斜转向管柱的检修典型步骤见表 8.2。

表 8.2　　　　　　　　　　倾斜转向管柱检修的典型步骤

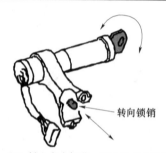

转向锁销

（1）插入点火钥匙，并且使点火钥匙在所有位置上转动。确保点火开关内的转向锁销移动正常

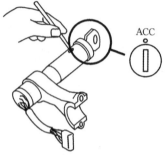

ACC

（2）如果必须更换点火锁芯，那么就把钥匙转动到 ACC 位置。使用一个小钢柱向下压锁芯底部附近的止动销，然后从外壳中抽出锁芯。当钥匙位于 ACC 位置时，安装新的锁芯

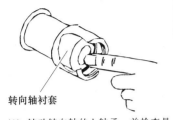

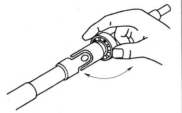

（3）转动转向轴的上轴承，并检查是否有噪声、松动或者磨损。如存在这些问题，就必须更换上套管	（4）检查转向轴的下轴承是否有噪声、松动或者磨损。必要时更换这个轴承	（5）检查点火钥匙内锁电磁阀的电线是否损坏、固定螺丝是否松动。必要时修理或者更换这个电磁阀

8.1.2 转向管柱挠性联轴节和万向节结构分析与维护

1. 检查方向盘的自由间隙

当发动机停止，前轮处于向前位置时，用手指轻轻在每个方向上转动方向盘。测量前轮开始转动以前方向盘的位移（图 8.8）。这个位移就被称为方向盘自由间隙。在有些车辆上，这个位移不超过 30mm（各车型的数值必须参阅车辆制造商的技术要求）。磨损的万向节或者挠性联轴节会导致方向盘的自由间隙过大。另外，磨损的转向拉杆机构和磨损的或者超出调整范围的转向器也会导致方向盘的自由间隙过大。

转向管柱内磨损的万向节或者挠性联轴节也可能产生咔嗒的噪声。当车辆直线行驶在不平的路面时，就会出现咔嗒的噪声。当正常车重支撑在前悬挂上时，在每个方向上转动方向盘 1/2 圈，观察挠性联轴节或者万向节。如果车辆安装了动力转向，那么当换挡杆位于停车位置时，发动机应当运转。如果换挡杆存在自由间隙，那么就必须更换挠性联轴节或者万向节。

图 8.8　测量方向盘的自由间隙

2. 挠性联轴节的更换

如果必须更换挠性联轴节，那么就应当松开挠性联轴节到转向器短轴的螺栓。从仪表盘上拆下转向管柱，然后把转向管柱向后移动，使得能够从转向管柱轴上拆下挠性联轴节。拆下挠性联轴节到转向轴的螺栓，然后从转向轴上拆下挠性联轴节。当在有些车辆上安装新的挠性联轴节和转向管柱时，应当使挠性联轴节压板与转向器调节柱塞的间隙达 1.5mm（图 8.9）。不同的车辆，这个参数可能不同，必须使用车辆制造商维护手册中的技术参数。

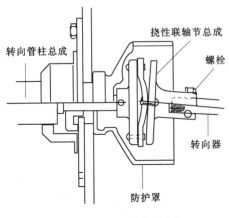

图 8.9　挠性联轴节的安装

8.1.3　转向拉杆机构的分析与维护

1. 中心连杆、转向摇臂和横拉杆球头结构分析

把车辆提升并在下控制臂下放置安全台，以便支撑车重。用手力检查横拉杆球头和中心连杆的所有枢轴是否松动，检查每个横拉杆球头的密封件以及中心连杆或者转向摇臂的枢轴是否损坏或者破裂。破裂的密封件会使得灰尘进入枢轴连接而加快磨损，因此，如果在横拉杆球头和中心连杆的枢轴连接上出现密封件松动或者损坏，就必须进行更换。

把车辆停放在地面进行第二步的分析。如果车辆安装了动力转向，就起动发动机怠速运转，并且把变速器置于停车位置、拉起手制动器。把方向盘在每个方向上转动 1/4 圈时，观察横拉杆球头和中心连杆的所有枢轴连接，以检查负载情况下的转向拉杆机构的枢轴。如果枢轴连接出现轻微的间隙，那么就必须进行更换。

2. 横拉杆球头的更换

在更换横拉杆球头以前，必须拆下开口销和螺母。使用横拉杆球头拆卸器从转向节臂上拆下横拉杆球头（图 8.10）。有橡胶密封球螺杆的横拉杆球头需要专门的检查和分析程序（图 8.11）。在这种横拉杆球头上，应当检查橡胶密封腔内球螺杆是否松动，以及外壳内的橡胶密封腔和球螺杆是否松动。如果出现松动，就必须更换横拉杆球头。如果橡胶密封腔开始从外壳中滑出，那么也必须更换横拉杆球头。

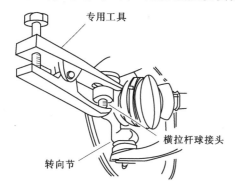

图 8.10　拆卸横拉杆球头

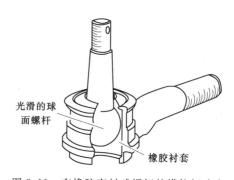

图 8.11　有橡胶密封球螺杆的横拉杆球头

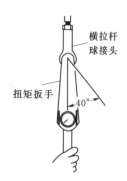

图 8.12　测量横拉杆球头转动扭矩

将横拉杆球头与转向节臂分离以后，在螺杆螺纹上安装两个螺母，并且把它们两个互相拧紧。使用正确型号的套筒和扭矩扳手，使得球螺杆转动 $40°$（图 8.12），如果球螺杆的转动扭矩小于 $27N \cdot m$，就必须更换横拉杆球头。

在从套筒上拆卸横拉杆球头以前，必须松开横拉杆夹。计算从套筒上拆卸横拉杆球头转动的圈数，并且在安装新的横拉杆时转动相同的圈数。即使遵守上面的步骤，但在更换了转向拉杆机构的部件以后，也必须检查前束。在安装新的横拉杆球头以前，应当使螺杆在横拉杆球头的中心。当把横拉杆球头螺杆安装在转向节臂孔内时，在转向节臂表面以上应当刚刚能够看到螺纹。如果横拉杆球头螺杆的加工面高于转向节臂表面，或者如果螺杆与

转向节臂孔配合松动，说明已磨损或者没有进行负载校正。横拉杆球头螺母必须被拧紧到规定扭矩，并安装开口销（图 8.13）。

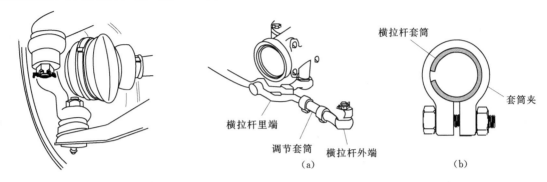

图 8.13　安装横拉杆螺母和开口销　　　图 8.14　横拉杆套筒槽和套筒夹的正确位置

当安装开口销时，决不允许松开横拉杆球头螺母。另外一个确定更换横拉杆球头位置的方法是，在拆卸前测量横拉杆螺杆中心到套筒端的距离。当安装新的横拉杆球头时，确保相同的距离。横拉杆套筒上的槽必须避开套筒夹孔的位置 ［图 8.14（b）］。在前轮前束被检查以前，使得套筒夹处于松动状态，之后再把套筒夹螺栓拧紧到规定扭矩。使用专用的工具来转动横拉杆套筒，并且调整前轮的前束（图 8.15）。

注意：当橡胶密封横拉杆球头与前轮拧紧时，前轮没有位于直向前的位置，那么就会出现转向偏转和转向漂移。

当安装了橡胶密封横拉杆球头，并且拧紧到规定扭矩时，前轮必须位于直直向前的位置。当前轮没有位于直直向前的位置，而拧紧这种横拉杆球头时，就可能导致转向偏转或者转向漂移。当橡胶密封横拉杆球头被拧紧到规定扭矩时，横拉杆球头的外壳倾向一侧是允许的（图 8.16）。

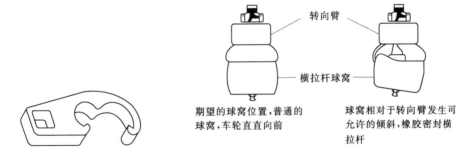

图 8.15　横拉杆套筒调整工具　　　图 8.16　横拉杆球头被拧紧时球头的球窝可能会倾向一侧

3. 转向摇臂的分析与更换

（1）使前轮位于直线向前的位置，然后从转向摇臂外端的球窝接头上拆下开口销和螺母。

（2）使用横拉杆球头拆卸器从转向摇臂或者中心连杆上拆下球窝接头。

（3）松开转向摇臂到转向摇臂轴的螺母。

（4）使用拉拔器从转向摇臂轴上拆下松动的转向摇臂。

（5）拆下螺母、锁紧垫圈和转向摇臂。

（6）检查转向摇臂轴的花键。如果花键损坏或者扭曲，就必须更换转向摇臂轴。

（7）按照步骤（1）～（5）的相反顺序安装转向摇臂。转向摇臂到转向摇臂轴的螺母和球窝接头延长杆的螺母必须被拧紧到规定扭矩，确保转向摇臂安装在转向摇臂轴花键上的正确位置，在球窝接头延长杆上安装开口销。

4. 中心连杆结构分析与更换

弯曲的中心连杆必须更换，决不允许修复使用。否则，就可能使得金属变软，从而导致部件突然失效、车辆损坏以及人身伤害。如果中心连杆任何一端的球窝接头变松，都必须更换中心连杆总成；如果中心螺杆上的球头销孔磨损，也必须更换中心连杆。

下面是更换中心连杆的典型步骤：

（1）拆下横拉杆到中心连杆螺母上的开口销，以及摇臂和转向摇臂到中心连杆螺母上的开口销。

（2）拆下横拉杆内端的螺母、摇臂到中心连杆球窝接头延长杆的螺母以及转向摇臂到中心连杆球窝接头延长杆的螺母。

（3）使用横拉杆球窝接头拆卸器从中心连杆上拆下横拉杆的内端。然后按相同的步骤，拆下中心连杆到转向摇臂球窝接头的延长杆。

（4）从中心连杆上拆下摇臂；然后拆下中心连杆。

（5）按照步骤（1）～（4）的相反顺序安装中心连杆。把所有的球窝接头螺母拧紧到规定扭矩，并且在所有螺母上安装开口销。如果球窝接头上有滑脂嘴，应使用黄油枪润滑球窝接头。

5. 摇臂的拆卸与更换

为了测量摇臂的垂直位置，把表盘式指示器的磁性底座固定在摇臂附近的车架上。把表盘式指示器的柱塞顶在摇臂外端的上侧。使表盘式指示器预载，然后归零。用拉力秤在摇臂上施加约 115N 的作用力（图 8.17）。在表盘式指示器上观察摇臂总的垂直位移。如果这个垂直位移超出了车辆制造商的技术要求，那么就必须更换摇臂。摇臂上下位移的最大标准值是 63.5mm。如果摇臂的垂直位移过大，那么横拉杆就会不平行于下控制臂。

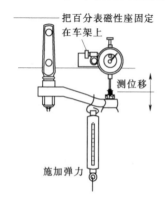

图 8.17 测量摇臂的垂直位置

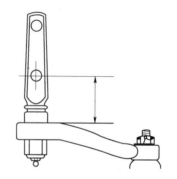

图 8.18 螺栓孔与摇臂上表面的规定距离

下面是拆卸和更换摇臂的典型步骤：

（1）拆下摇臂到中心连杆的开口销和螺母。

（2）从摇臂上拆下中心连杆。

（3）拆下摇臂支架固定螺栓，然后拆下摇臂。

（4）如果摇臂安装了钢衬套，那么把支架螺进摇臂轴套内，并且在支架下螺栓孔中心与摇臂上表面获得规定的距离（图 8.18）。

（5）把摇臂支架固定到车架螺栓上，然后把这些螺栓拧紧到规定扭矩。确保在螺栓上安装了锁紧垫圈。

（6）把中心连杆固定到摇臂上，然后把固定螺母拧紧到规定扭矩。并且，在螺母上安装开口销。

（7）如果摇臂上安装了滑脂嘴，必要时应进行润滑。

摇臂的调整是非常重要的。如果调整不正确，就会影响前轮的前束。当更换摇臂以后，应当检查前轮的前束。

6. 转向减振器的分析与更换

有些转向系统在中心连杆与底盘之间安装了一个减振器，它就类似于一个小的减振器。其目的是防止转向振动传递到方向盘。损坏的转向减振器就可能导致方向盘的过大振动，尤其是在不平的路面行驶时。如果转向减振器固定螺栓或者支架松动，就会产生卡嗒的噪音。下面是检查和更换转向减振器的典型步骤：

（1）用升降机提升车辆，并且牢固地抓住减振器。在减振器上施加垂直和水平的作用力，检查减振器支架是否有位移。如果存在位移，就拧紧或者更换减振器固定衬套或者支架。

（2）目检减振器是否漏油。减振器轴油封附近轻微油膜是允许的。如果减振器上有油滴落下，那么就必须更换减振器总成。

（3）拆开减振器的一端，然后在水平方向上来回拉动减振器。当在一个或者两个方向上没有感觉到阻力时，就必须更换减振器。

（4）为了重新安装减振器，从底盘和中心连杆上拆下固定螺栓。

（5）当安装了新的减振器以后，把固定螺栓拧紧到规定扭矩。在每个方向上打尽方向盘，确保减振器对连杆的位移没有限制。

8.1.4　循环球式转向器的更换及调整

1. 循环球式转向器的更换

按照以下步骤更换循环球式转向器：

（1）拆下转向摇臂和垫片，并且用冲子在转向摇臂轴上做好标记。然后用拆卸器拆下转向摇臂。

（2）从磨损的轴上拆下转向轴。

（3）拆下转向器固定螺栓，然后从底盘上拆下转向器（图 8.19）。

（4）按照步骤（1）～（3）的相反顺序安装转向器。把所有的螺栓拧紧到规定扭矩。确保转向

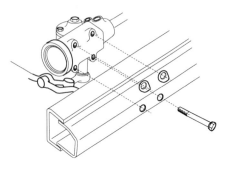

图 8.19　从底盘上拆下转向器

摇臂安装在原始位置。

注意：必须使用硬质钢螺栓来固定转向器，决不允许使用软质钢螺栓代替原始的硬质钢螺栓。当从转向器上拆下转向连杆机构以后，不允许转动方向盘。

2. 循环球式转向器的调整

（1）蜗杆轴推力轴承预紧力的调整。表 8.3 给出了蜗杆轴推力轴承预紧力的调整步骤。

表 8.3　　　　　　　　　　　　蜗杆轴推力轴承预紧力调整的典型步骤

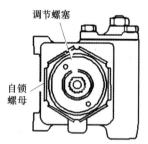

（1）拆下蜗杆轴推力轴承调节螺塞自锁螺母，把调节螺塞顺时针转动到最底部并拧紧到 27N·m

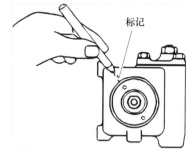

（2）在调节螺塞上的孔附近的转向器壳上做一个标记

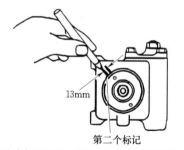

（3）在这个标记逆时针方向 13mm 的位置做第二个标记

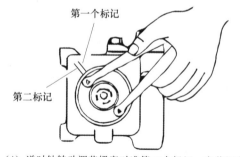

（4）逆时针转动调节螺塞对准第二个标记；安装调节螺塞自锁螺母并拧紧到规定扭矩

（2）转向摇臂扇形齿轮轴间隙调整。当扇形齿轮轴间隙调整太松时，就会使得方向盘自由行程过大，松动的扇形齿轮轴降低了司机的路感。如果扇形齿轮轴间隙太紧，就会增大转向阻力力。按照以下步骤进行转向摇臂扇形齿轮轴间隙调整：

1）把枢轴从停止转动到停止，并且计算转动的圈数。

2）从停止位置开始转动，使得枢轴转动步骤 1）总圈数的一半。在这个位置，枢轴上的平面应当朝上（图 8.20），并且转向摇臂轴上的主齿槽应当对准转向摇臂轴的间隙调节螺钉（图 8.21）。

3）松开自锁螺母，并且使得转向摇臂轴的间隙调节螺钉逆时针转到头，然后再把转向摇臂轴的间隙调节螺钉顺时针转动一圈。

4）使用扭矩扳手，在步骤 2）的位置两侧使得枢轴转动 45°。当枢轴转动通过中心位置时，读出偏心扭矩（图 8.22）。

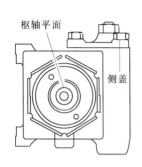

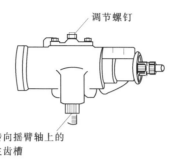

图 8.20　枢轴平面朝上
并平行于侧盖

图 8.21 摇臂轴主齿槽对准
转向摇臂轴的间隙调节螺钉

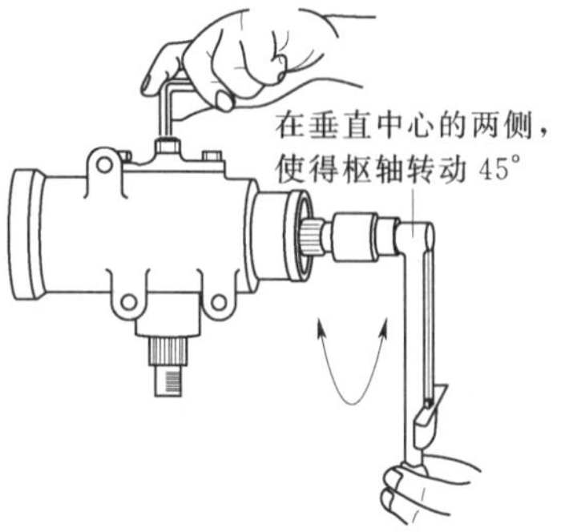

图 8.22　调节转向摇臂轴的间隙

维护提示：当拧紧转向摇臂轴间隙调节螺钉的螺母时，用螺丝刀固定转向摇臂轴的间隙调节螺钉，防止螺钉的转动是非常重要的。如果当拧紧转向摇臂轴间隙调节螺钉的螺母时，转向摇臂轴的间隙调节螺钉发生转动，那么调整就发生了改变。

5）继续调整间隙调节螺钉，使得扭矩值超过上一步骤扭矩值 0.6～1.2N·m。

6）在这个位置固定转向摇臂轴的间隙调节螺钉，然后把自锁螺母拧紧到固定扭矩。

8.1.5　齿轮齿条转向器分析与维护

1. 齿轮齿条转向器就车检查

按照以下步骤检查手动或者助力齿轮齿条转向器：

（1）当前轮正向前，并且发动机熄火时，用轻微的手拉力缓慢地来回转动方向盘（图 8.23），来测量方向盘的自由间隙。在有些车辆上，方向盘的最大自由间隙是 30mm。必须参阅车辆制造商维护手册中的技术要求。过大的方向盘自由间隙表明转向部件磨损了。

（2）当车辆停放在地面、前轮直直向前、在每个方向上转动方向盘 1/4 圈时，观察转向器联轴节或者万向节是否松动。如果存在松动，就必须更换联轴节或者万向节。

图 8.23　检查方向盘自由间隙

（3）在每个方向上转动方向盘 1/2 圈时，观察装配衬套内转向器壳的位移。如果存在位移，就必须更换衬套。油浸、加热或者老化可能导致转向器衬套的损坏。

（4）抓住主动齿轮轴从转向器中的伸出部分，然后垂直晃动。如果转向轴存在垂直位移，那么就需要进行主动齿轮轴承预紧力的调整。当转向器没有主动齿轮轴承的预紧力调整时，就必须更换转向器的必要部件。

（5）对车辆进行路测，检查转向作用力是否过大。弯曲的转向器齿条、齿条轴承调整过紧或者前驱动轴万向节损坏都可能导致过大的转向作用力。

（6）目检波纹管式橡胶防尘罩是否存在裂纹、开裂、漏洞和卡箍安装不正确。如果存在以上任何问题，就必须更换防尘罩或拉紧卡箍。

（7）松开波纹管式橡胶防尘罩的内端卡箍，然后把防尘罩移向外端横拉杆球头，使得看到内端横拉杆球头。内外推动每个前轮胎，观察内端横拉杆球头是否移动。如果存在移动或者松动，就必须更换内端横拉杆球头。

（8）抓住外端横拉杆球头，检查是否有垂直位移。当在每个方向上转动方向盘 1/4 圈时，观察外端横拉杆球头是否松动。如果存在任何的松动或者垂直位移，就必须更换横拉杆球头。检查外端横拉杆球头密封件是否有裂纹以及螺母和开口销的安装是否正确。必须更换裂纹的密封件。检查横拉杆是否弯曲。必须更换弯曲的横拉杆或者其他转向部件，不允许修复使用。

2. 齿轮齿条转向器的拆卸与更换

手动或者助力齿轮齿条转向器的更换程序是类似的。手动或者助力齿轮齿条转向器的更换程序取决于不同的车辆。在有些车辆上，为了拆下齿轮齿条转向器，必须降低前横梁或者发动机支架。必须遵守车辆制造商维护手册中的更换程序。表 8.4 给出了拆卸和更换齿轮齿条转向器的典型步骤。

表 8.4　　　　　　　　　　　　拆卸和更换齿轮齿条转向器的典型步骤

	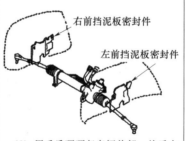	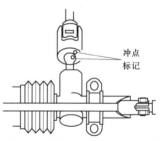
（1）使前轮笔直向前，取下点火钥匙，锁住转向管柱；用司机安全带绕在方向盘上，防止车轮的转动	（2）用千斤顶顶起车辆前部，然后在车辆底盘下放置安全台。把车辆降落在安全台上。拆下左右挡泥板密封件	（3）在万向节下部和转向器主动齿轮轴上做好冲点标记，松开万向节上螺栓，拆下下螺栓和万向节
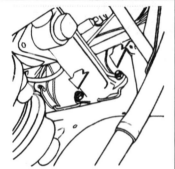	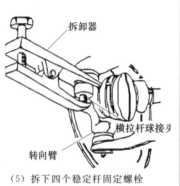	
（4）从外端横拉杆球头上拆下开口销；松开横拉杆球头螺母和转向臂上的横拉杆外端球头；拆下横拉杆球头螺母和球头	（5）拆下四个稳定杆固定螺栓	（6）拆卸转向器固定螺栓

续表

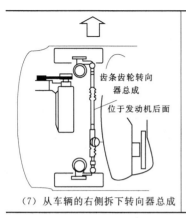（7）从车辆的右侧拆下转向器总成	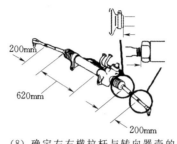（8）确定左右横拉杆与转向器壳的距离	（9）穿过右挡泥板安装转向器；按标记把主动齿轮轴安装在万向节上，把万向节螺栓拧紧到规定扭矩，把转向器固定螺栓和稳定杆固定螺栓拧紧到规定扭矩，安装外端横拉杆球头并安上开口销；检查调整前轮前束，安装外端横拉杆球头，锁紧螺母拧紧到规定扭矩；安装左右挡泥板密封件，后进行路测，检查转向器的运转和转向控制是否正常

3. 手动齿轮齿条转向器拆解

下面是分解手动齿轮齿条转向器的典型步骤：

（1）把转向器的中心夹紧在软夹具台钳上。台钳不允许用力过大。

（2）在两侧的外端横拉杆球头开口销孔内穿上一根短的铁丝，并且挂在拉力秤上。向上拉动拉力秤，来检查横拉杆的铰接作用力（图 8.24）。如果铰接作用力超出了规定值，就必须更换内端横拉杆球头。

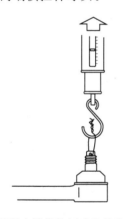

图 8.24　测量内端横拉杆球头的铰接作用力

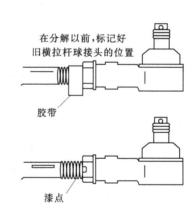

图 8.25　标记外端横拉杆和锁紧螺母的位置

（3）用胶带纸缠在靠近锁紧螺母的横拉杆螺纹上或者在锁紧螺母和横拉杆螺纹上涂上一个漆点，标记好外端横拉杆和锁紧螺母的位置（图 8.25）。松开锁紧螺母，然后拆下外端横拉杆球头。

（4）拆卸波纹管式橡胶防尘罩的内外卡箍，从横拉杆上取下波纹管式橡胶防尘罩。

（5）把齿条夹紧在软夹具台钳上，然后拉直弯曲在内端横拉杆球头上的锁片（图 8.26）。用扳手夹住齿条，然后使用合适型号的扳手从齿条上拆下内端横拉杆球头（图 8.27）。在有些内端横拉杆球头上，用锁紧螺母来代替卡环，并且使用空心定位销把有些内端横拉杆球头固定在齿条上。各种内端横拉杆球窝的拆卸程序取决于球窝的设计。

（6）把内端横拉杆接头旋转到齿条的底部。必要时，安装内端横拉杆球头开口销或者柱销。当点冲时，必须使用木垫块来支撑齿条的另一侧和内端横拉杆球头。如果内端横拉杆球头安装了锁紧螺母，必须确保他们被拧紧到规定扭矩。

图 8.26　拉直弯曲在内端横拉杆球头上的锁片　　　图 8.27　从齿条上拆下内端横拉杆球头

（7）在转向器壳上套一个大的波纹管式橡胶防尘罩卡箍。安装波纹管式橡胶防尘罩，并且确保波纹管式橡胶防尘罩位于转向器和横拉杆的凹槽内。安装，并且拧紧大的防尘罩内端卡箍。

（8）在横拉杆上安装防尘罩内端卡箍，但是在转向器被安装和前束被调整以前，不要拧紧防尘罩上的卡箍。

（9）安装锁紧螺母和外端横拉杆球头。对准拆卸过程中所做的标记。在安装好转向器和调整好前束以前，不要拧紧锁紧螺母。

（10）在车辆上安装转向器，并且检查前轮的前束。然后，拧紧波纹管式橡胶防尘罩上的外端卡箍和外端横拉杆球头锁紧螺母。

任务 8.2　转向器及转向传动机构相关知识

【本任务内容简介】

（1）汽车转向系的类型与组成，两侧转向轮偏转角、转向系角传动比及转向盘的自由行程等参数的分析。

（2）机械转向器的功用、类型，齿轮齿条式转向器和循环球式转向器的结构分析。

（3）机械转向系的检修，转向沉重、低速摆头、高速摆头、行驶跑偏、单边转向不足等故障的原因分析与诊断排除。

8.2.1　概述

转向系统对于保证车辆的安全性、转向质量和转向控制是必不可少的。转向系统问题能导致直线行驶时方向偏移、过大的转向力、车轮摆振或者过大的车轮自由间隙。这些问题都降低了车辆的安全性，并且使得驾驶员疲劳。因此，转向系统必须进行正确地维护。

1. 汽车转向系的类型与组成

（1）汽车转向系的类型。汽车转向系按转向动力源的不同分为机械转向系和动力转向系两大类。机械转向系以驾驶员的体力作转向动力源。动力转向系除了驾驶员的体力外，还以汽车的动力作为辅助转向能源，又可以分为液压式、气压式和电动式的动力转向系。

（2）汽车转向系的基本组成。汽车机械转向系由转向操纵机构、机械转向器和转向传动机构三大部分组成，其具体组成如图 8.28 所示。转向操纵机构包括转向盘 1、转向轴 2、万向节 3、转向传动轴 4；机械转向器有多种类型，轿车上常采用齿轮齿条转向器；转向传动机构包括转向摇（垂）臂 6、转向直（纵）拉杆 7、转向节臂 8、转向节 9 和 13、转向梯形臂 10 和 12、转向横拉杆 11 等。

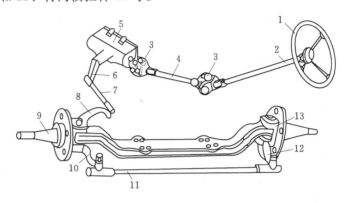

图 8.28　汽车机械转向系组成

1—转向盘；2—转向轴；3—转向万向节；4—转向传动轴；5—转向器；6—转向摇臂；7—转向直拉杆；
8—转向节臂；9—左转向节；10—左转向梯形臂；11—转向横拉杆；12—右转向梯形臂；13—右转向节

2. 两侧转向轮偏转角之间的理想关系式

汽车在转向行驶时，要求车轮相对于地面作纯滚动，否则如果有滑动成分，车轮边滚边滑会导致转向行驶阻力增大，动力损耗，油耗增加，也会导致轮胎磨损增加。

汽车转向时，内侧车轮和外侧车轮滚过的距离是不等的。对于一般汽车而言，后桥左右两侧的驱动轮由于差速器的作用，能够以不同的转速滚过不同的距离。但前桥左右两侧的转向轮要滚过不同的距离，保证车轮作纯滚动就要求所有车轮的轴线都交于一点方能实现。此交点 O 称为汽车的转向中心，如图 8.29 所示。汽车转向时内侧转向轮偏转角 β 大于外侧转向轮偏转角 α。α 与 β 的关系为：

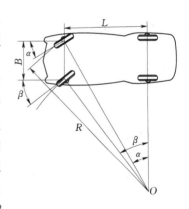

图 8.29　汽车转向示意图

$$\cot\alpha = \cot\beta + \frac{B}{L}$$

式中　B——两侧主销中心距（可以近似认为是转向轮轮距）；

L——汽车轴距。

这一关系是由转向梯形保证的。所有汽车转向梯形的设计实际上都只能保证在一定的车轮偏转角范围内，使两侧车轮偏转角大体上接近以上关系式。

从转向中心 O 到外侧转向轮与地面接触点的距离 R 称为汽车转弯半径。转弯半径 R 愈小，则汽车转向所需要场地就愈小，汽车的机动性也愈好。当外侧转向轮偏转角达到最大值 α_{max} 时，转弯半径 R 最小。

3. 转向系的参数

（1）转向系角传动比。

1）定义。转向系角传动比是指转向盘的转角与转向盘同侧的转向轮偏转角的比值，一般用 i_w 表示。转向系角传动比是转向器角传动比 i_1 和转向传动机构角传动比 i_2 的乘积。转向器角传动比是转向盘转角和转向摇臂摆角之比。转向传动机构角传动比是转向摇臂摆角与同侧转向轮偏转角之比。

2）对转向的影响。转向系角传动比越大，增矩作用加大，转向操纵越轻便，但由于转向盘转的圈数过多，导致操纵灵敏性变差，所以转向系角传动比不能过大。而转向系角传动比太小又会导致转向沉重，所以转向系角传动比既要保证转向轻便，又要保证转向灵敏。但机械转向系很难做到这点，所以越来越多的车辆采用动力转向系。

（2）转向盘的自由行程。

1）定义。转向盘的自由行程是指转向盘在空转阶段的角行程，这主要是由于转向系各传动件之间的装配间隙和弹性变形所引起的。由于转向系各传动件之间都存在着装配间隙，而且这些间隙将随零件的磨损而增大，因此在一定的范围内转动转向盘时，转向节并不马上同步转动，而是在消除这些间隙并克服机件的弹性变形后，才作相应的转动，即转向盘有一空转过程。

2）对转向的影响。转向盘自由行程对于缓和路面冲击及避免驾驶员过于紧张是有利的，但过大的自由行程会影响转向灵敏性。所以汽车维护中应定期检查转向盘自由行程。一般汽车转向盘的自由行程应不超过 $10°\sim15°$，否则应进行调整。

8.2.2　机械转向器

1. 功用

转向器是转向系中的降速增矩传动装置，其功用是增大由转向盘传到转向节的力矩，并改变力的传动方向。

2. 类型

按转向器中的传动副的结构形式分类，可以分为循环球式、齿轮齿条式、蜗杆曲柄指销式、蜗杆滚轮式等几种。

转向器还可以按传动效率分类。转向器传动效率是指转向器输出功率与输入功率之比。当功率由转向盘输入，从转向摇臂输出时，所求得的传动效率称为正传动效率；反之，转向摇臂受到道路冲击而传到转向盘的传动效率则称为逆效率。

按传动效率的不同，转向器可以分为可逆式转向器、极限可逆式转向器和不可逆式转向器。

（1）可逆式转向器。指正、逆传动效率都很高的转向器。这种转向器有利于汽车转向后转向轮的自动回正，转向盘"路感"很强，但也容易在坏路行驶时出现"打手"，所以主要应用于经常在良好路面行驶的车辆。

（2）极限可逆式转向器。指正传动效率远大于逆传动效率的转向器。这种转向器能实现汽车转向后转向轮的自动回正，但"路感"较差，只有当路面冲击力很大时才能部分地传到转向盘，主要应用于中型以上的越野汽车、工矿用自卸汽车等。

（3）不可逆式转向器。指逆传动效率很低的转向器，这种转向器使驾驶员不能得到路面的反馈信息，没有"路感"，而且转向轮也不能自动回正，所以很少采用。

3. 齿轮齿条式转向器结构和原理

图8.30（a）所示为齿轮齿条式转向器，它主要由转向器壳体8、转向齿轮9、转向齿条5等组成。转向器通过转向器壳体8的两端用螺栓固定在车身（车架）上。齿轮轴6通过球轴承7、滚柱轴承10垂直安装在壳体中，其上端通过花键与转向轴上的万向节（图中未画出）相连，其下部分是与轴制成一体的转向齿轮9。转向齿轮9是转向器的主动件，它与相啮合的从动件转向齿条5水平布置，齿条背面装有压簧垫块4。在压簧3的作用下，压簧垫块4将齿条5压靠在齿轮9上，保证两者无间隙啮合。调整螺塞1可用来调整压簧的预紧力。压簧3不仅起消除啮合间隙的作用，而且还是一个弹性支承，可以吸收部分振动能量，缓和冲击。

转向器与横拉杆的连接如图8.30（b）所示，转向齿条5的中部［有的是齿条两端，如图8.30（c）所示］通过拉杆支架12与左、右转向横拉杆11连接。转动转向盘时，转向齿轮9转动，与之相啮合的转向齿条5沿轴向移动，从而使左、右转向横拉杆带动转向节13转动，使转向轮偏转，实现汽车转向。

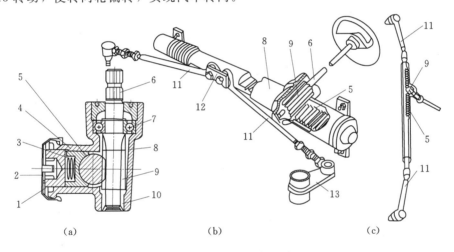

图8.30　齿轮齿条式转向器

（a）结构图；（b）在齿条中部与横拉杆连接；（c）在齿条两端与横拉杆连接

1—调整螺塞；2—罩盖；3—压簧；4—压簧垫块；5—转向齿条；6—齿轮轴；7—球轴承；8—转向器壳体；9—转向齿轮；10—滚柱轴承；11—转向横拉杆；12—拉杆支架；13—转向节

齿轮齿条式转向器结构简单，可靠性好，也便于独立悬架的布置；同时，由于齿轮齿条直接啮合，转向灵敏、轻便。所以在各类型汽车上的应用越来越多。

4. 循环球式转向器的结构分析

载货汽车的循环球-齿条齿扇式转向器如图8.31所示。它有两级传动副，第一级传动副是转向螺杆12转向螺母4组成的螺纹传动副；第二级传动副是螺母4的下平面加工成齿条，与齿扇轴19内的齿扇相啮合，构成齿条-齿扇传动副。显然，转向螺母4既是第一级传动副的从动件，也是第二级传动副的主动件。通过转向盘转动转向螺杆12时，转向螺母4不能随之转动，而只能沿杆12转向移动，并驱使齿扇轴（即摇臂轴）19转动。

转向螺杆12支承在两个推力球轴承10上，轴承的预紧度可用调整垫片14调整。在转向螺杆12上松套着转向螺母4。为了减少它们之间的摩擦，两者的螺纹并不直接接触，其间装有许多钢球13，以实现滚动摩擦。

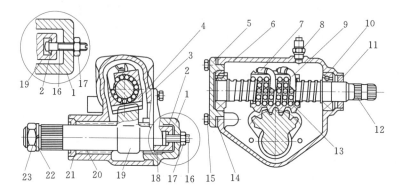

图8.31 循环球-齿条齿扇式转向器

1—转向器壳体侧盖；2—调整垫圈；3—密封垫圈；4—转向螺母；5—转向器壳体底盖；6—转向器壳体；7—导管夹；8—加油（通气）螺塞；9—钢球导管；10—球轴承；11—油封；12—转向螺杆；13—钢球；14—调整垫片；15—螺栓；16—调整螺钉；17—锁紧螺母；18、20—滚针轴承；19—齿扇轴（摇臂轴）；21—透盖；22—弹簧垫圈；23—螺母

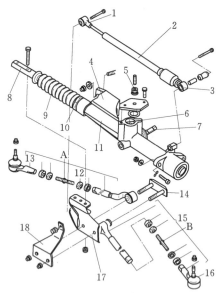

图8.32 桑塔纳轿车的转向传动机构

1—转向减振器活塞杆端；2—转向减振器；3—转向减振器缸筒端；4—转向器壳体凸台；5—锁紧螺母与调整螺栓；6—补偿弹簧；7—转向齿轮轴；8—齿条输出端；9—防尘罩；10—卡箍；11—转向器壳体；12—右横拉杆总成；13—右横拉杆球头销；14—连接件；15—左横拉杆总成；16—左横拉杆球头销；17—转向支架（齿条与横拉杆连接件）；18—转向减振器支架

A、B—调节杆

当转动转向螺杆时，通过钢球将力传给转向螺母，使螺母沿螺杆12轴向移动。随着螺母4沿螺杆12作轴向移动，其齿条便带动齿扇绕着转向摇臂轴19做圆弧运动，从而使转向摇臂轴19连同摇臂产生摆动，通过转向传动机构使转向轮偏转，实现汽车转向。

转向螺母4下平面上加工出的齿条是倾斜的，与之相啮合的是变齿厚齿扇。只要使齿扇轴19相对于齿条作轴向移动，便可调整两者的啮合间隙。调整螺钉16旋装在侧盖1上。齿扇轴19靠近齿扇的端部切有T形槽，螺钉16的圆柱形端头嵌入此切槽中，端头与T形槽的间隙用调整垫圈2来调整。旋入螺钉16，则齿条与齿扇的啮合间隙减小；旋出螺钉则啮合间隙增大。调整好后用锁紧螺母17锁紧。

桑塔纳轿车的转向传动机构如图8.32所示。转向齿条一端输出动力，输出端8铣有平面并钻孔，用两个螺栓与转向支架17连接。支架17下端的两个孔分别与左、右转向横拉杆总成15、12的内端相连。横拉杆外端的球头销16、13分别与左、右转向节臂连接。通过调节杆 A、B 可以改变两根横拉杆总成的长度，以调整前束。为了避免转向轮的摆振、减缓传至转向盘上的冲击和振动，转向器上还装有装向减振器 2。减振器缸筒 3 固定在转向器壳体 11 上；其活塞杆端 1 经减振支架 18 与转向齿条连接。

8.2.3　机械转向系的检测、故障诊断与维修

机械转向系在使用过程中由于维护调整不当、磨损、碰撞变形等原因，会使转向器过紧、转向传动机构和转向操纵机构松旷、变形、发卡等，从而造成转向沉重、低速摆头、高速摆头、行驶跑偏、单边转向不足等故障。

1. 转向沉重

（1）故障现象。汽车在行驶中，转动转向盘感到沉重费力，转弯后又不能及时回正方向。

（2）故障原因。

1）转向器的原因：①转向器缺乏润滑油；②转向轴弯曲或转向轴管凹陷碰擦，有时会发出"吱吱"的摩擦声；③转向摇臂与衬套配合间隙过小或无间隙；④转向器输入轴上下轴承调整过紧，或轴承损坏受阻；⑤转向器啮合间隙调整过小。

2）转向传动机构的原因：①各处球销缺乏润滑油；②转向直拉杆和横拉杆上球销调整过紧，压紧弹簧过硬或折断；③转向直拉杆或横拉杆弯曲变形；④转向节主销与衬套配合间隙过小，或衬套转动使油道堵塞，润滑油无法进入，使衬套与转向节主销烧蚀；⑤转向节止推轴承调整过紧或缺少润滑油或损坏；⑥转向节臂变形。

3）前桥（转向桥）和车轮的原因：①前轴变形、扭转，引起前轮定位失准；②轮胎气压不足；③前轮轮毂轴承调整过紧；④转向桥或驱动桥超载。

4）其他部位的原因：①车架弯曲、扭转变形；②前钢板弹簧或是前悬架变形；③前轮定位不正确。

（3）诊断与排除。

1）顶起前桥，转动转向盘，若感到转向盘变轻，则说明故障部位在前桥、车轮或其他部位。此时应首先检查轮胎气压，如气压偏低，则应充气使之达到正常值，接下来应用前轮定位仪检查前轮定位，尤其应注意后倾角和前束值，如果是因为前束过大造成的转向沉重，同时还能发现轮胎有严重的磨损。

2）若转向仍感沉重，说明故障在转向器或转向传动机构，可进一步拆下转向摇臂与直拉杆的连接，此时若转向变轻，说明故障在转向传动机构，应检查各球头销是否装配过紧或止推轴承是否缺油损坏，各拉杆是否弯曲变形等，通常检查时，可用手扳动两个车轮左右转动察看各传动部分，并转动车轮检查车轮轴承松紧度。

3）拆下转向摇臂后，若转向仍沉重。则转向器本身有故障，可检查转向器是否缺油，转动转向盘时倾听有无转向轴与柱管的碰擦声，检查调整转向器主动轴上下轴承预紧度和啮合间隙，转向摇臂轴转动是否发卡等，如不能解决就将转向器解体检查内部有无部件损坏。

4）经过上述检查，如仍不见减轻，可检查车桥、车架或下控制臂（独立悬架式）与转向节臂，看其有无变形，如发现变形，应予修整或更换。同时检查前弹簧（板簧或螺旋弹簧），看其是否折断，否则应更换。

2. 低速摆头

（1）故障现象。汽车在低速行驶时，感到方向不稳，产生前轮摆振。

（2）故障原因。

1）转向器传动副啮合间隙过大。

2）转向传动机构横、直拉杆各球头销磨损松旷、弹簧折断或调整过松。

3）转向节主销与衬套的配合间隙过大或前轴主销孔与主销配合间隙过大。

4）前轮轮毂轴承装配过松或紧固螺母松动。

5）后轮胎气压过低。

6）车辆装载货物超长，使前轮承载过小。

7）前悬架弹簧错位、折断或固定不良。

（3）诊断与排除。

1）外观检查：①检查车辆是否装载货物超长，而引起前轮承载过小；②检查后轮胎气压是否过低，若轮胎气压过低，应充气使之达到规定值；③检查前悬架弹簧是否错位、折断或固定不良，若错位应拆卸修复，若折断应更换，若固定不良，应按规定力矩拧紧。

2）检查转向盘自由行程：①由一人握紧转向摇臂，另一人转动转向盘，若自由行程过大，说明转向器啮合传动副间隙过大，应调整；②放开转向摇臂，仍有一人转动转向盘，另一人在车下观察转向拉杆球头销，若有松旷现象，说明球头销或球碗磨损过甚、弹簧折断或调整过松，应先更换损坏的零件，再进行调整。

3）通过以上检查均正常，可支起前桥，并用手沿转向节轴轴向推拉前轮，凭感觉判断是否松旷。若有松旷感觉，可由另一人观察前轴与转向节连接部位：①若此处松旷，说明转向节主销与衬套的配合间隙过大或前轴主销孔与主销配合间隙过大，应更换主销及衬套；②若此处不松旷，说明前轮毂轴承松旷，应重新调整轴承的预紧度。

3. 高速摆头

（1）故障现象。汽车行驶中出现转向盘发抖，车头在横向平面内左右摆动、行驶不稳等。有下面两种情况：①在高速范围内某一转速时出现；②转速越高，上述现象越严重。

（2）故障原因。故障原因有：①转向轮动不平衡；②前轮定位不正确；③车轮偏摆量大；④转向传动机构运动干涉；⑤车架、车桥变形；⑥悬架装置出现左右悬架刚度不等、弹簧折断、减振器失效、导向装置失效等故障。

（3）诊断与排除

1）外观检查：①检查减振器是否失效，若漏油或失效，应更换；②检查左右悬架弹簧是否折断、刚度是否一致，若有折断或弹力减弱，应更换；③检查悬架弹簧是否固定可靠，转向传动机构有无运动干涉等，若有应排除。

2）支起驱动桥，用三脚架塞住非驱动轮，起动发动机并逐步使汽车换入高速挡，使驱动轮达到车身摆振的车速：①若此时车身和转向盘出现抖动，说明传动轴严重弯曲或松旷，转向轮动不平衡或偏摆量大（前驱动）；②若此时车身和转向盘不抖动，说明故障在车架、车桥变形或前轮定位不正确。

3）检查前轮是否偏摆：①支起前桥，在前轮轮辋边上放一划针，慢慢地转动车轮，察看轮辋是否偏摆过大，若轮辋偏摆量过大，应更换；②拆下前轮，在车轮动平衡仪上检查前轮的动平衡情况，若不平衡量过大，应加装平衡块予以平衡。

4）经上述检查均正常，应检查车架、车桥是否变形，并用前轮定位仪检查调整前轮定位。

4. 行驶跑偏

(1) 故障现象。汽车直线行驶时，转向盘不居中间位置；必须紧握转向盘，预先校正一角度后，汽车才能保持直线行驶，若稍放松转向盘，汽车会自动向一侧跑偏。

(2) 故障原因。故障原因有：①左右前轮气压不相等或轮胎直径不等；②两前轮的定位角不等；③两前轮轮毂轴承的松紧度不等；④前束过大或过小；⑤前桥（整轴式）弯曲变形或下横臂（独立悬架式）安装位置不一致；⑥前后车轴不平行；⑦车架变形或左右轮距相差太大；⑧一边车轮制动拖滞；⑨转向轴两侧悬架弹簧弹力不等。

(3) 诊断与排除。

1) 外观检查：①检查左、右两前轮轮胎气压是否一致，若不一致，应按规定充气，使两前轮轮胎气压保持一致；②检查左、右两前轮轮胎的磨损程度，若磨损程度不一致，应更换磨损严重的轮胎；③检查左、右两前轮轮胎的花纹是否一致，若花纹不一致，应更换轮胎，使花纹一致；④将汽车停放在平坦的地面上，察看汽车前部高度是否一致，若高度不一致，说明悬架弹簧折断或弹力不一致，应更换。

2) 用手触摸跑偏一方的车轮制动鼓和轮毂轴承部位，感觉温度情况：①若感觉车轮制动鼓特别热，说明该轮制动器间隙过小或制动回位不彻底，应检查调整；②若感觉轮毂特别热，说明该轮轴承过紧，应重新调整轴承预紧度；③测量前后桥左右两端中心的距离是否相等，若不相等，说明轴距短的一边钢板弹簧错位，车轴或半轴套管弯曲等，应检查维修；④用前轮定位仪检查前轮定位是否正确，若不正确，应调整。

5. 单边转向不足

(1) 故障现象。汽车转弯时，有时会出现转向盘左右转动量或车轮转角不等。

(2) 故障原因。故障原因有：①转向摇臂安装位置不对；②转向角限位螺钉调整不当；③前钢板弹簧、骑马螺栓松动，或中心螺栓松动；④直拉杆弯曲变形；⑤钢板弹簧安装时位置不正，或是中心不对称的前钢板弹簧装反。

(3) 诊断与排除。诊断这类故障，主要根据使用维修情况。

1) 若汽车转向原来良好，由于行驶中的碰撞而造成转向角不足或一边大一边小时，应检查直拉杆、前轴、前钢板弹簧有无变形和中心螺栓是否折断等现象。

2) 若维修后出现转角不足，可架起前桥，先检查转向摇臂安装是否正确。将转向盘从左边极限位置转到右边极限位置，记住总圈数，再回转总圈数的一半，察看转向轮是否处于直线行驶位置，如不是则应重新安装转向摇臂：①若左右转向角不等，则应相应调整；②当前轮转向已靠到转向限位螺栓时，最大转向角还不够，则转向限位螺栓过长，应予调整或更换；③如前钢板弹簧中心不对称，则应检查是否装反。

习　题

实操题

1. 维护方向盘与转向管柱。

2. 维护转向管柱挠性联轴节和万向节。

3. 维护转向拉杆机构。

4. 更换循环球式转向器。

5. 更换齿轮齿条转向器。

理论题

一、填空题

1. 在有些可压缩转向管柱上，当受到正面碰撞，司机被弹向方向盘时，下转向轴和双层转向管柱的外套上的_____就会断开。

2. 如果车辆在高于特定速度发生了_____碰撞时，司机安全气囊就会保护司机。

3. 在安全气囊中，当方向盘转动时，转向管柱上的_____保证了安全气囊和安全气囊电动系统的可靠电连接。

4. 在平行四边形转向连杆中，中心连杆连接着转向摇臂和_____。

5. 在平行四边形转向连杆中，转向摇臂和_____使得中心连杆和横拉杆位于合适的高度。

6. 在磨损型的转向摇臂上，_____位于转向摇臂的外端。

7. 在平行四边形转向连杆中，横拉杆平行于_____。

8. 卡箍的开口不能位于横拉杆套筒的_____。

9. 在齿条齿轮转向系统中，齿条直接连接在_____上。

10. 与平行四边形转向连杆相比，齿条齿轮转向连杆减少了_____位置。

11. 齿轮传动比16∶1的常速率转向器与齿轮传动比13∶1的常速率转向器相比，需要的转向力_____。

12. 齿条和驱动齿轮的齿之间的预紧力会影响转向刚性、噪声和_____。

二、多选题

1. 标准安全气囊的打开时间是（　　）。

A. 1.5min　　　B. 1min　　　C. 30s　　　D. 40ms

2. 许多可压缩转向管柱（　　）。

A. 在双层转向管柱的外套有塑料销钉　　　B. 在双层转向管柱的外套有可伸缩软管

C. 在双层下转向轴有钢销钉　　　D. 在双层下转向轴有橡胶垫圈

3. 盘簧式电缆插头（　　）。

A. 保证了安全气囊和安全气囊电动系统的电连接

B. 被安装在方向盘的正上方

C. 有三个弹簧负载铜触点

D. 保证了信号灯开关和信号灯的电连接

4. 在平行四边形转向连杆中（　　）。

A. 横拉杆球接头平行于摇臂　　　B. 转向摇臂平行于中心连杆

C. 转向摇臂和摇臂支撑着中心连杆　　　D. 摇臂平行于转向摇臂

5. 下面关于齿条齿轮转向连杆的论述，错误的是（　　）。

A. 横拉杆平行于下控制臂　　　B. 横拉杆的位置取决于转向器的支撑

C. 横拉杆连接在转向器的齿轮上　　　D. 横拉杆球接头把横拉杆连接到转向摇臂上

6. 下面关于平行四边形转向连杆的论述，错误的是（　　）。

A. 横拉杆套筒两端的螺纹是相同的

B. 松弛的转向连杆可能导致过度的轮胎胎面磨损

C. 松弛的转向连杆可能导致过大的方向盘自由间隙

D. 转向摇臂有助于保证合适的中心连杆和横拉杆高度

7. 当叙述摇臂时（　　　）。

A. 有些摇臂有一个锥形滚柱轴承　　　　　　B. 摇臂支架用螺栓连接在上控制臂上

C. 磨损的摇臂对前轮束角没有影响　　　　　D. 局部固定的摇臂轴承提高了转向效果

8. 在平行四边形转向连杆中，横拉杆平行于下控制臂的目的是（　　　）。

A. 提高行驶质量　　　　　　　　　　　　　B 保证较长的转向连杆寿命

C. 延长减震器和弹簧的寿命

D. 在前轮上下运动的过程中，减小束角的变化

9. 一个齿条齿轮转向器（　　　）。

A. 有直接连接在转向摇臂的横拉杆　　　　　B 可以用螺栓固定在车架上

C. 横拉杆的里端被压入齿条中　　　　　　　D 比平行四边形转向连杆有更多摩擦位置

10. 当叙述转向连杆和减震器时（　　　）。

A. 在齿条齿轮转向器中，齿条使得横拉杆平行于下控制臂

B. 大多数后轮驱动轿车使用齿条齿轮转向器

C. 许多前轮驱动车辆使用转向减震器

D. 损坏的转向减震器可能导致过大的转向力

三、简答题

1. 解释伸缩转向管柱在正面碰撞中是怎样保护司机的。

2. 解释司机安全气囊在正面碰撞中是怎样保护司机的。

3. 简述盘簧式电缆的作用。

4. 列出转向管柱上通常安装的开关名称。

5. 简述当点火开关位于锁止位置时，哪种类型的机构锁住方向盘和换挡机构。

6. 简述在倾斜式方向盘上，上转向轴和上转向管柱套筒的转轴位置。

7. 简述齿条齿轮转向连杆的主要零部件及其各自功用。

8. 列举平行四边形转向连杆的五个主要部件，并且说明每个部件的作用。

9. 简述手动齿轮齿条式转向器与循环球式转向器相比的优点，并且解释怎样来获得这个优点。

助力转向系拆装与调整

【学习目标】

知识目标：

（1）理解助力转向系的功用、组成及工作原理。

（2）熟悉助力转向系主要零件的名称、装配位置。

技能目标：

（1）掌握助力转向系的维护方法。

（2）掌握助力转向操纵机构的拆装方法和专用工具的使用方法。

（3）掌握液压助力转向器、电动助力转向器的拆卸方法。

【教学实施】

将学生分小组，每组 3～5 人，先在实训教学区利用台架进行助力转向系的维护与保养、各主要部件的拆装；其次在理论教学区讲述助力转向系及其相应零部件的结构特点、功用和工作原理；然后在实训教学区对各零部件进行检测维修；最后教师抽组考核，组长进行组内考核，要求人人过关。

任务 9.1 助力转向系主要部件拆装调整

【本任务内容简介】

（1）助力转向皮带的检修，助力转向系统的排气排空和清洗、油面高度检查。

（2）助力转向泵压力测试、漏油分析，助力转向泵更换。

（3）动力循环球式转向器漏油分析，侧盖 O 形圈、端部螺塞密封件、蜗杆轴推力轴承调节螺塞密封件及轴承的更换。

（4）助力齿条齿轮转向器横拉杆和齿条的维护、漏油分析。

9.1.1 液压助力转向泵皮带和油的检修与维护

1. 助力转向皮带的检修

助力转向皮带的状态和张力对于保证助力转向泵的良好运转是非常重要的。松弛的或者磨损的皮带会导致泵压过低和转向沉重、噪声、方向盘在转弯的过程中抖动。

应当检查助力转向泵皮带的张力、裂纹、油污、侧面磨损或破裂等，如果出现任何一种损坏，就必须更换皮带。

2. 检查助力转向油面高度

大多数的轿车制造商规定了助力转向系统的助力转向油或者自动变速器液。助力转向油必须使用车辆制造商维护手册中推荐的型号。如果助力转向油面太低，转向阻力就会增大，并且不稳定，还可能导致助力转向泵产生嗡嗡的噪声。

按照以下的步骤检查转向助力油的液面高度：

（1）当发动机怠速在 1000r/min 左右时，在每个方向缓慢地打死方向盘几次，以提升液体温度，一般到达 80℃（图 9.1）。

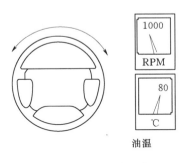

图 9.1　升高油液温度　　　　　图 9.2　助力转向泵油尺

（2）如果车辆安装了分体式助力转向储液器，那么检查储液器内是否有泡沫，如果有则就表明油面低的或者系统中有空气。

（3）关闭发动机，并且使用抹布擦除储液器颈部的灰尘，观察储液器的液面高度，应当位于高温最高标记位置。当使用外部储液器时，油尺安装在外部储液器内（图 9.2）。

（4）在储液器中加入车辆制造商规定所需数量的助力转向油，使得当发动机怠速时，液面高度应达到高温完全标记位置。

3. 助力转向系统的排空和清洗

如果水分、灰尘或者金属微粒污染了转向助力油，那么就应当排空转向助力系统油液，并加注新油。按照以下步骤排空和清洗转向助力系统：

（1）用落地千斤顶顶起车辆，并且在悬挂下放置安全台。把车辆降落在安全台上，然后取下落地千斤顶。

（2）从储液器上拆下连接在转向器上的回油管。在储液器的出口安装一个柱塞，然后把回油管放在一个空的放油盘内（图 9.3）。

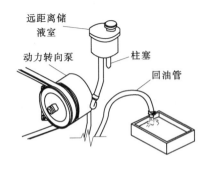

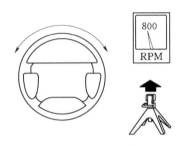

图 9.3　把回油管放在盘内进行系统排空和清洗　　图 9.4　从助力转向系统排出液体

（3）当发动在怠速时，在每个方向打死方向盘，然后关闭发动机（图 9.4）。

（4）在储液器中加入规定的助力转向油，使得液面高度达到高温最高标记位置。

（5）启动发动机，使发动机转速达到 1000r/min，并且把回油管放在放油盘内，当液体开始从回油管内排出时，关闭发动机。

（6）重复步骤（4）和步骤（5），直到回油管内没有空气排出为止。

（7）从储液器拆下柱塞，然后接上回油管。检查助力转向系统确保不漏油。

4. 从助力转向系统排气

当助力转向油内有空气时，就会听到转向泵发出噪声，并且转向阻力会增大或者不稳定，需要排空气并且重新加注转向油液时，按照以下步骤排出系统内的空气：

（1）如前所述，对助力转向储液器进行加注。

（2）当发动机转速达到 1000r/min 时，把方向盘在每个方向上打死 3～4 次（图 9.5）。当方向盘转到最左边或者最右边时，应当停留 2～3s，然后再转动。

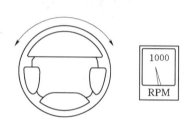

图 9.5　缓慢转动方向盘从系统排气　　　图 9.6　排气后助力转向的液面高度

（3）检查储液内是否有泡沫。当有泡沫时，重复步骤（1）和步骤（2）。

（4）当发动机转动时，检查液面的高度，确保液面高度达到高温完全加够标记位置。关闭发动机，并且确保液面的高度升高不超过 5mm（图 9.6）。

9.1.2　助力转向泵检测与拆装

1. 助力转向泵压力测试

由于助力转向泵的压力测试程序和压力参数有些不同，所以必须使用车辆制造商的测试程序和压力参数。如果助力转向泵的压力低，那么转向作用力就会增大。不稳定的助力转向泵压力会导致转向作用力发生变化，并且转弯时方向盘可能发生跳动。由于皮带打滑时，助力转向泵的压力绝不会达到规定的压力，所以在转向泵压力测试以前，必须检查和调整皮带的张力。

下面是测试助力转向泵压力的典型程序：

（1）当发动机停止时，从助力转向泵上拆下压力管，然后把压力表的仪表一侧连接到转向泵的出口接头上。把压力表的阀门一侧连接到压力管上（图 9.7）。

（2）启动发动机，然后把方向盘在每个方向上打死两到三次，来排出系统中的空气（图 9.8）。确保合适的液面高度和至少 80℃ 的液体温度。可以把温度表插入转向泵储液器中，来测量液体的温度。

（3）当发动机处于怠速状态时，关闭压力表阀门的时间不允许超过 10s，并且观察压力表的读数（图 9.9）。然后，把压力表阀门转动到完全打开位置。如果压力表的读数与车辆制造商的规定值不相等，那么就应当维修或者更换助力转向泵。否则，过大的泵压就可能使得助力转向软管破裂，从而造成人身伤害。

图 9.7 连接到助力转向泵上的压力表

图 9.8 排出系统中的空气并且检查液体温度

（4）当发动机转速在 1000r/min 和 3000r/min 时，检查助力转向泵的压力，并且记录着这两个压力读数的差值（图 9.10）。如果这两个压力读数的差值与车辆制造商的规定值不相等，那么就应当维修或者更换助力转向泵的流量控制阀。

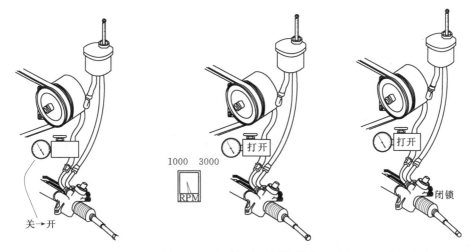

图 9.9 突开压力表压力测试　　　图 9.10 发动机中速压力测试　　　图 9.11 打死方向压力测试

（5）当发动机转动时，在一个方向上完全打死方向盘，然后把方向盘固定在这个位置时，观察转向泵的压力（图 9.11）。如果转向泵的压力小于车辆制造商的规定值，那么转向器壳体就存在内部泄露，应当维修或者更换转向器壳体。

（6）确保合适的前轮胎压力，并且当发动处于怠速状态时，方向盘位于中心位置。把弹簧秤连接在方向盘上，来测量两个方向上的转向作用力（图 9.12）。如果助力转向泵是良好的，而转向作用大于车辆制造商的规定值，那么就应当维修助力转向器。

2. 助力转向泵漏油分析

助力转向泵可能漏油的部件是传动轴密封件、储液器 O 形密封件、高压出口接头和油尺盖。如果在这些位置出现漏油，就必须更换密封件。当漏油出现在高压出口接头时，把这个接头拧紧到规定扭矩（图 9.13）。如果仍然在漏油，就必须更换接头上的 O 形密封件，并且再次拧紧这个接头。

3. 更换助力转向泵

当检查了液面的高度并且排出了系统内的空气以后，在助力转向泵内还存在隆隆的噪声，那么转向泵轴承或者其他部件就损坏了，必须更换或者维修转向泵。当转向泵的压力小于规定值时，也必须更换或者维修转向泵。

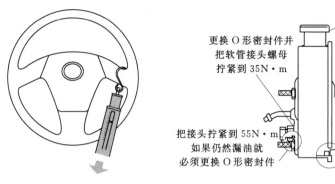

图9.12　测量转向作用力　　图9.13　助力转向泵漏油分析

按照下面的步骤更换助力转向泵：

（1）从分体式储液器或者转向泵上拆下助力转向回油软管。使得液体通过回油软管排放到放油盘内。

（2）松开支架或者皮带张力调节螺栓和转向泵固定螺栓。

（3）松弛皮带的张力，使得能够拆下皮带。在有些轿车上，必须提升车辆才能够从车辆的底部接触到助力转向泵。

（4）从转向泵上拆下软管，然后盖住转向泵接头和软管。

（5）拆下皮带张力调节螺栓和固定螺栓，然后拆下转向泵。

（6）检查转向泵固定螺栓和螺栓孔是否磨损。必须更换磨损的螺栓。如果转向泵上的固定螺栓孔磨损了，就必须更换转向泵。

（7）按照步骤（1）～（5）的相反顺序安装助力转向泵。如前所述，拉紧皮带，并且把转向泵固定螺栓和支架螺栓拧紧到制造商的规定值。如果压力软管上安装了O形圈，那么必须更换O形圈。确保在更换时或者更换转向泵以后，转向泵软管不接触排气岐管、催化转化器或者排气管。

（8）如前所述，为转向器储液器加注制造商规定的助力转向油，并且排出助力转向系统的空气。

9.1.3　动力循环球式转向器检测与拆解

动力循环球式转向器从汽车上整体拆装与机械循环球式转向器基本一致，只是动力循环球式转向器需要先拆下转向油管。

1. 动力循环球式转向器漏油分析

以下五个位置可能出现动力转向器的漏油：①侧盖O形密封圈；②调节螺塞密封件；③压力管接头；④转向摇臂轴油封；⑤端盖密封件。

如果以上任何位置出现了漏油，那么就必须整个地或者部分地拆卸转向器，并且更换密封件或者O形密封圈。动力循环球式转向器漏油位置如图9.14所示。

2. 动力循环球式转向器密封的更换

（1）更换侧盖O形圈。在拆卸以前，用溶剂或者零部件清洗机来清洗转向器。转向器的维护程序取决于转向器的生产厂家。必须遵守车辆制造商维护手册中的更换程序。

下面是更换侧盖 O 形圈的典型步骤：

1）松开转向摇臂轴的间隙调节螺钉自锁螺母，然后拆下侧盖螺栓。顺时针转动转向摇臂轴的间隙调节螺钉，从螺钉上拆下侧盖（图 9.15）。

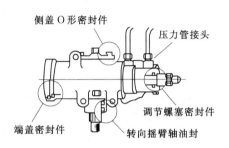

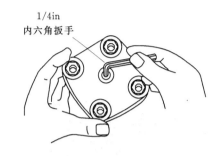

图 9.14 动力循环球式转向器漏油位置　　　　图 9.15 拆下转向器侧盖

2）丢弃使用过的 O 形圈，并且检查侧盖的配合面是否有金属毛刺和擦伤。

3）用车辆制造商规定的动力转向油润滑新的 O 形圈，然后进行安装。

4）在侧盖内逆时针转动转向摇臂轴的间隙调节螺钉，使得侧盖正确地固定在转向器壳上。把转向摇臂轴的间隙调节螺钉逆时针转到头，然后再顺时针转动一圈。安装侧盖螺栓，并且把侧盖螺栓拧紧到规定扭矩。如前所述，调节转向摇臂扇形齿轮轴间隙。

（2）更换端部螺塞密封件。按照以下步骤更换端部螺塞密封件：

1）把冲子插入转向器壳体上的观察孔，使卡环微微抬起，然后拆下卡环（图 9.16）。

2）拆下端部螺塞和密封件。

3）用车间抹布清洁壳体上，端部螺塞和密封件的接触面。

4）用车辆制造商规定的动力转向油润滑新的密封件，然后进行安装。

5）安装端部螺塞和卡环。

（3）更换蜗杆轴推力轴承调节螺塞密封件和轴承。按照以下步骤更换蜗杆轴推力轴承调节螺塞密封件和轴承：

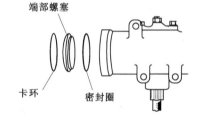

图 9.16 拆卸端部螺塞、卡环和密封件

1）拆下调节螺塞自锁螺母，然后用专用工具拆下调节螺塞［图 9.17（a）］。

2）用螺丝刀从调节螺塞上撬出轴承护圈［图 9.17（b）］。

3）把调节螺塞向下放置在合适的支架上，然后用正确的驱动工具拆下滚针轴承、防尘密封件和唇形密封［图 9.17（c）］。

※注意：在安装轴承时，必须使轴承的标识码朝向驱动工具，防止轴承损坏。

4）把调节螺塞向上放置在合适的支架上，然后用正确的驱动工具安装滚针轴承防尘密封件和唇形密封［图 9.17（d）］。

5）在调节螺塞上安装轴承护圈，然后用车辆制造商规定的动力转向油润滑轴承和密封件。

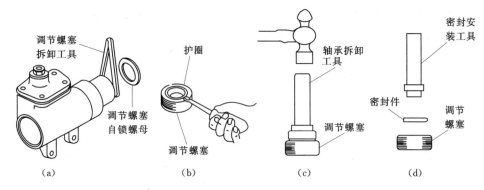

图 9.17 拆卸和更换蜗杆轴推力轴承调节螺塞、轴承和密封件

(a) 拆卸调节螺塞；(b) 拆卸轴承护圈；(c) 拆卸轴承和密封件；(d) 安装密封件

6）安装调节螺塞和自锁螺母，并且如前所述，调节蜗杆轴轴承的预负载。

9.1.4 助力齿条齿轮转向器的维护

1. 漏油分析

助力齿条齿轮转向器的常见漏油现象及其原因分析详见表 9.1。

表 9.1 　　　　　　　　　助力齿条齿轮转向器漏油分析

（1）如果在动力转向器的气缸端出现漏油，就是齿条外侧密封件损坏了	（2）当齿条到达最左侧时壳体的主动齿轮端出现漏油，就是齿条内侧密封件损坏了
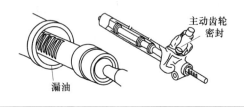	
（3）如果漏油出现在壳体的主动齿轮端，且方向盘的转动不影响漏油，那就是主动齿轮密封坏了	（4）如果漏油出现在主动齿轮的连接区域，就是主动轴密封件损坏了
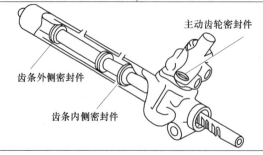	
（5）如果拆卸主动齿轮，就必须更换主动齿轮密封件和齿条内外侧密封件	

2. 助力齿条齿轮转向器横拉杆和齿条的维护

助力齿条齿轮转向器横拉杆和齿条维护的典型步骤及其注意事项详见表 9.2。

表 9.2　　　　　　　　　　　　　横拉杆和齿条的维护

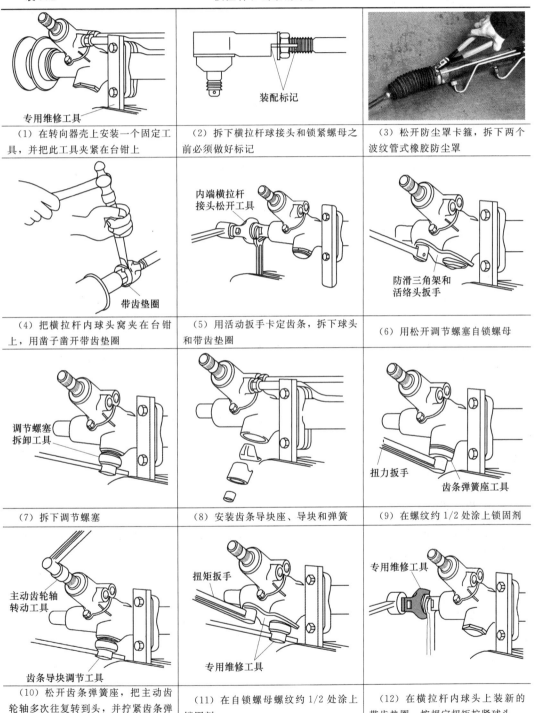

（1）在转向器壳上安装一个固定工具，并把此工具夹紧在台钳上	（2）拆下横拉杆球接头和锁紧螺母之前必须做好标记	（3）松开防尘罩卡箍，拆下两个波纹管式橡胶防尘罩
（4）把横拉杆内球头窝夹在台钳上，用凿子凿开带齿垫圈	（5）用活动扳手卡定齿条，拆下球头和带齿垫圈	（6）用松开调节螺塞自锁螺母
（7）拆下调节螺塞	（8）安装齿条导块座、导块和弹簧	（9）在螺纹约 1/2 处涂上锁固剂
（10）松开齿条弹簧座，把主动齿轮轴多次往复转到头，并拧紧齿条弹簧座至规定扭矩	（11）在自锁螺母螺纹约 1/2 处涂上锁固剂	（12）在横拉杆内球头上装新的带齿垫圈，按规定扭矩拧紧球头

续表

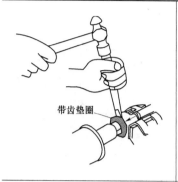	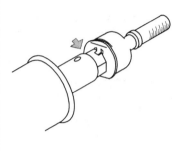	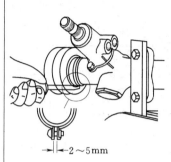
（13）把横拉杆内端球头夹紧在台钳上，用黄铜杆冲压带齿垫圈	（14）检查齿条两端的排气孔，确保没有被润滑脂或其他物质堵塞	（15）安装防尘罩、卡箍和卡环。卡箍两端之间最小保持 2mm
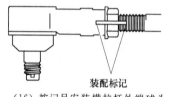 （16）按记号安装横拉杆外端球头和锁紧螺母	（17）按照本项目前面所述程序，把转向器装到车辆上。把所有的紧固件拧紧到规定扭矩。检查前轮前束后把横拉杆外端球头锁紧螺母拧紧到规定扭矩，拉紧防尘罩外端卡箍。路测检查转向运转和控制是否正常	

注　必须确保转向机构的可靠放松。有些助力齿条齿轮转向器采用点冲横拉杆内端球头防松；对用销钉把横拉杆内端球头固定在齿条上的放松，拆卸后必须更换新的防松销钉。

任务 9.2　助力转向系基本结构分析

【本任务内容简介】

（1）液压式、电动式动力转向系的组成分析与工作原理。

（2）电控液压动力转向系统的组成分析与工作原理。

对于转向系来说，最主要的要求是转向的灵敏性和操纵的轻便性。高灵敏性，要求转向器具有小的传动比；好的操纵轻便性，则要求转向器具有大的传动比。可见这是一对矛盾，普通的机械转向系很难兼顾汽车的转向灵敏性和操纵的轻便性。为解决这一矛盾，越来越多的车辆采用了以发动机输出的部分动力为能源的动力转向系。

动力转向系是利用一定的动力助力方式，对转向器施加作用力以减少驾驶员转动方向盘的操纵力，以减轻驾驶疲劳的转向系统。动力转向系按动力介质的不同分为气压式、液压式和电动式三类。

气压式动力转向系主要用于采用气压制动系统的货车和客车。对于装载质量过大的货车，因为气压制动系统的工作压力较低，存在部件结构复杂、尺寸过于庞大、消耗功率多、易产生泄漏、转向力不稳定等缺点，使其应用受到限制。电动动力转向系通常需要微机控制，可靠性有待提高，目前处于发展阶段，只有部分小型、微型轿车使用，并未普及。液压动力转向系具有工作灵敏度和可靠度高，结构紧凑、外廓尺寸较小，工作时无噪声，而且能吸收来自不平路面的冲击等优点，使其在各类汽车上得到了广泛的应用。

9.2.1 液压式与电动式动力转向系的组成分析

1. 液压式动力转向系的组成分析

液压式动力转向系按液流形式可以分为常流式和常压式；按转向控制阀的运动方式又可以分为滑阀式和转阀式。液压常流滑阀式动力转向装置的基本组成如图 9.18 所示，主要包括转向储油罐 14、转向油泵 15、转向控制阀 1、转向动力缸 8 等。

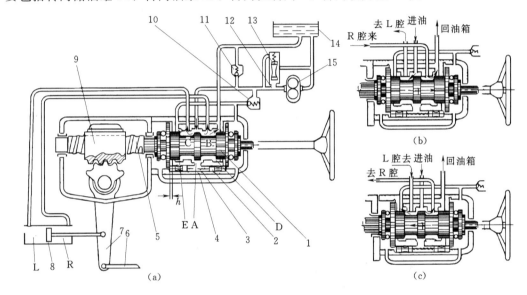

图 9.18　液压常流滑阀式动力转向装置

1—转向控制阀；2—反作用柱塞；3—滑阀复位弹簧；4—阀体；5—转向螺杆；6—直拉杆；7—摇臂；
8—动力缸；9—螺母齿条；10—单向阀；11—安全阀；12—节流孔；
13—溢流阀；14—转向储油罐；15—转向油泵

汽车直线行驶时，如图 9.18（a）所示，转向控制阀（滑阀）1 在复位弹簧 3 的作用下保持在中间位置。转向控制阀内各环槽相通，来自油泵 15 的油液进入阀体环槽 A 之后，经环槽 B 和 C 分别流入动力缸 8 的 R 腔和 L 腔，同时又经环槽 D 和 E 进入回油管道流回油罐 14。这时，阀芯与阀体各环槽槽肩之间的间隙大小相等，油路畅通，动力缸 8 因左右腔油压相等而不起加力作用。

汽车右转向时，驾驶员通过方向盘使转向螺杆 5 顺时针转动。开始时，转向螺母 9 在转向阻力作用下暂时不动，使具有左旋螺纹的螺杆 5 向上（右）轴向移动，带动阀芯压缩弹簧 3 向右移动，消除左端间隙 h，如图 9.18（b）所示。此时环槽 C 与 E 之间、A 与 B 之间的油路通道被阀芯和阀体相应的槽肩封闭，而环槽 A 与 C 之间的油路通道增大，油泵送来的油液自 A 经 C 流入动力缸的 L 腔，L 腔成为高压油区。R 腔油液经环槽 B、D 及回油管流回储油罐 14，动力缸 8 的活塞右移，使转向摇臂 7 逆时针摆动，通过转向传动机构克服转向阻力推动前轮偏摆，起转向加力作用。同时，齿轮逆时针转动推动齿条螺母和螺杆左移，滑阀恢复中立位置，液压助力消失。要想继续助力，就要继续转动方向盘，系统将重复上述过程。只要方向盘带动转向螺杆 5 继续转动，加力作用就一直存在。当方向盘转过一定角度保持不动时，转向螺杆 5 作用于螺母 9 的力消失，但动力缸活塞仍继续右移，转向摇臂 7 继续逆时针方向摆动，其上端拨动转向螺母，带动转向螺杆 5 及阀芯一起向左移动，直到阀芯恢复到中间稍偏右的位置。此时 L 腔的油压仍高于 R 腔的油压。此压力差在动力缸活塞上的作用力用来克服转向轮的回正力矩，使转向轮的偏转角维持不动，这就是转向的维持过程。

松开方向盘，阀芯在回位弹簧 3 和反作用柱塞 2 上的油压的作用下回到中间位置，动力缸停止工作。转向轮在前轮定位产生的回正力矩的作用下自动回正，通过螺母 9 带动螺杆 5 反向转动，使方向盘回到直线行驶位置。如果滑阀不能回到中间位置，汽车将在行驶中跑偏。

在对装的反作用柱塞 2 的内端，复位弹簧 3 所在的空间，转向过程中总是与动力缸高压油腔相通。此油压与转向阻力成正比，作用在柱塞 2 的内端。转向时，要使滑阀移动，驾驶员作用在方向盘上的力，不仅要克服转向器内的摩擦阻力和复位弹簧的张力，还要克服作用在柱塞 2 上的油液压力。所以，转向阻力增大，油液压力也增大，驾驶员作用于方向盘上的力也必须增大，使驾驶员感觉到转向阻力的变化情况。这种作用就是"路感"。

图 9.18（c）所示为汽车左转弯时的液压油路情况。

2. 电动动力转向系的组成分析

（1）电动动力转向系的组成。电动动力转向系的基本组成及各部件在车上的布置如图 9.19 所示，该系统通常由转矩传感器 11、车速传感器 12、电动机 4、电磁离合器 5、减速机构 13、电子控制单元 3 等组成。

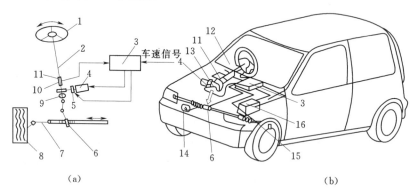

图 9.19　电动动力转向系的组成及其在车上的布置

（a）电动动力转向系的组成；（b）电动动力转向系在车上的布置

1—方向盘；2—输入轴（转向轴）；3—电子控制单元；4—电动机；5—电磁离合器；6—转向齿条；
7—转向横拉杆；8—轮胎；9—输出轴；10—扭力杆；11—转矩传感器；12—车速传感器；
13—减速机构；14—发电机；15—发动机转速传感器；16—蓄电池

（2）电动动力转向系的工作原理。当操纵方向盘 1 时，装在转向轴上的转矩传感器 11 不断测出转向轴上的转矩，并由此产生一个电压信号。该信号与车速信号同时输入电子控制单元 3，电子控制单元根据这些输入信号进行运算处理，确定助力转矩的大小和转向，即选定电动机 4 的电流和转向，调整转向的助力。电动机 4 的转矩由电磁离合器 5 通过减速机构 13 减速增矩后，加在汽车的转向机构上，使之得到一个与工况相适应的转向作用力。

9.2.2　电控液压动力转向系的基本结构和工作原理

1. 电控液压动力转向系统的组成

如图 9.20 所示，电控液压动力转向系主要由转向控制阀 9、电磁阀 4、分流阀 3、转向动力缸 14、转向油泵 1、储油罐 2 及车速传感器和电子控制单元组成。

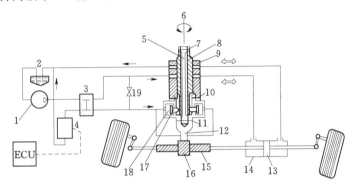

图 9.20　电控液压动力转向系的组成

1—转向油泵；2—储油罐；3—分流阀；4—电磁阀；5—扭力杆；6—方向盘；7、10、11—销；
8—转阀阀杆；9—控制阀阀体；12—转向齿轮轴；13—活塞；14—转向动力缸；
15—转向齿条；16—转向齿轮；17—柱塞；18—油压反力室；19—阻尼孔

2. 电控液压动力转向系统的工作原理

电控液压动力转向系统的工作原理如图 9.20 所示。电子控制单元（ECU）根据车速传感器信号判断出车辆停止、低速状态与中高速状态，控制电磁阀通电电流。

（1）停车与低速状态。电子控制单元（ECU）使电磁阀通电电流大，经分流阀分流的油液通过电磁阀流回油箱，柱塞受到的背压小（油压低），柱塞推动控制阀阀杆的力矩小，因此只需要较小的转向力就可使扭杆扭转变形，使阀体与阀杆发生相对转动而使控制阀打开，油泵输出油压作用到动力缸右室（或左室），使动力缸活塞左移（或右移），产生转向助力。

（2）中高速直行状态。车辆直行时，转向偏摆角小，扭杆相对转矩小，控制阀油孔开度减小，控制阀侧油压升高。由于分流阀的作用，使电磁阀侧油量增加。同时，随着车速的升高，通电电流减小，通过电磁阀流回油箱的阻尼增大，油压反力室的反力增大，使柱塞推动控制阀阀杆的力矩增大，方向盘手感增强。

（3）中高速转向状态。从存在油压反力的中高速直行状态转向时，扭杆的扭转角更加减小，控制阀开度更加减小，控制阀侧油压进一步升高。随着该油压升高，将从固定阻尼孔向油压反力室供给油液。这样，除从分流阀向油压反力室供给的一定流量油液外，增加了从固定阻尼孔侧供给的油液，导致柱塞推力进一步增强。此时需要较大的转向力才能使阀体与阀杆之间作相对转动而实现转向助力作用，使得在中高速时驾驶员可获得良好的转向手感和转向特性。

习　题

实操题

1. 更换助力油。
2. 检测与拆装助力转向泵。
3. 检测与拆解动力循环球式转向器。
4. 维护助力齿条齿轮转向器。
5. 预紧液压助力转向泵皮带。

理论题

一、填空题

1. 禁止 V 形皮带的下沿接触到_____。
2. 如果皮带轮_____，就会导致过大的皮带磨损。
3. 许多多楔 V 形皮带有一个弹簧负载_____。
4. 动力转向泵叶片的作用是把泵的转子和椭圆形泵凸轮环_____。
5. 当动力转向泵的轴和转子转动时，_____就会使得叶片移向凸轮环。
6. 车轮直直向前的怠速状态，动力转向泵的压力是_____。
7. 当前轮向一个方向_____时，动力转向泵的压力释放球就会被顶起。
8. 当发动机在转动，并且前轮位于直直向前时，动力循环球式转向器循环球活塞两侧的液体防止了_____到达方向盘。
9. 在动力循环球式转向器中，当转弯时，_____转动使得动力转向液体直接进入循环球活塞正确的一侧。
10. 当车辆左转弯时，转向油就会被压入齿条舱的_____侧，而把齿条舱_____侧的转向液排出去。

二、多选题

1. 动力转向多楔 V 形皮带接触到带轮的底部，最可能出现的结果是（　　　）。

A. 皮带打滑　　　B. 皮带断裂　　　C. 皮带污染　　　D. 在动力转向泵上的磨损

2. 下面关于多楔 V 形皮带的叙述，错误的是（　　　）。

A. 多楔 V 形皮带可以用来驱动所有的皮带驱动部件

B. 多楔 V 形皮带的背面可以驱动一个部件

C. 多楔 V 形皮带比普通 V 形皮带窄

D. 多楔 V 形皮带有一个皮带自动张紧器

3. 液压助力动力转向系统（　　　）。

A. 使用在许多小型前轮驱动车辆上　　　B. 把动力转向泵的压力作用在制动助力器上

C. 有一个普通的真空制动助力器　　　D. 有一个高功率的动力转向泵

4. 在普通动力转向泵中（　　　）。

A. 凸轮环与转子和转轴一同转动　　　B. 凸轮环的内表面是无瑕疵的圆形

C. 转子轴和叶片在凸轮环内转动　　　D. 转向泵的进口压力使得压力释放阀打开

5. 下面关于整体式动力转向泵密封的叙述，错误的是（　　　）。

A. 在储液室和泵体之间有一个大的 O 形密封圈

B. 转向泵驱动轴上的唇形密封圈防止了液压油沿着驱动轴泄露出去

C. 在储液室后面的螺栓上安装了唇形密封圈

D. 盖和量油尺形成了储液室注入口的密封

6. 动力转向泵系统在正常的运转过程中常常会出现皮带故障，而导致这个问题最可能的原因是（　　　）。

A. 动力转向泵带轮不同轴　　　　　B. 动力转向泵皮带的松弛

C. 储液室的底液面　　　　　　　　D. 动力转向泵凸轮环的磨损

7. 当叙述动力转向泵的工作原理时（　　　）。

A. 当发动机处于怠速状态，同时前轮直直向前时，流量控制阀接近闭合状态

B. 当发动转速是 2000 转/分钟，并且方向盘向右打死时，压力释放球是闭合的

C. 当压力释放球处于打开状态时，泵的大多数流量直接通过回油管返回到泵的进口

D. 如果压力释放球固定在闭合位置，当前轮向右打死时，泵的压力会变得非常的小

8. 车辆的动力转向泵高压油管常常会出现破裂，而导致这个问题最可能的原因是（　　　）。

A. 压力释放球卡在闭合位置　　　　B. 流量控制阀卡在打开位置

C. 转向泵叶片和凸轮环的磨损　　　D. 动力转向泵部分地堵塞

三、简答题

1. 叙述 V 形皮带在带轮上的正确位置。

2. 叙述多楔 V 形皮带与普通 V 形皮带相比的两个优点。

3. 说出齿轮齿条转向器可能安装的两个位置。

4. 说出齿轮齿条转向器和整体式转向器最常见的用途。

5. 解释叶片式动力转向泵怎样产生液体压力。

6. 叙述当方向盘转动时，流量控制阀的工作情况。

7. 叙述当方向盘向左右方向打死，直到前轮碰到转向限制器时，动力转向泵的工作情况。

8. 叙述当发动机在转动，并且前轮位于直直向前时，循环球式转向器转向泵液体的流动。

汽车制动系主要部件拆装调整

【学习目标】

知识目标：

（1）理解制动系的作用和工作原理，鼓式制动器、盘式制动器、驻车制动器、液压制动系的工作原理；理解制动辅助机构的工作原理。

（2）了解 ABS、ASR 制动系统及各主要元部件的组成、结构原理。

技能目标：

（1）掌握鼓式、轮式制动器的拆装方法和专用工具的使用方法。

（2）掌握制动系及辅助机构主要零件的检修、维护保养及故障诊断方法。

（3）能够检查 ABS、ASR 系统主要元部件工作是否正常，学会用电脑等工具排查系统故障。

【教学实施】

将学生分小组，每组 3~5 人，先在实训教学区进行制动器的拆装；其次在理论教学区讲述制动系及其相应零部件的结构特点、功用和工作原理；然后在实训教学区对各零部件进行检测维修；最后教师抽组考核，组长进行组内考核，要求人人过关。

任务 10.1　汽车常规制动系拆装调整实操指导

【本任务内容简介】

（1）鼓式制动器和盘式制动器的拆装。

（2）制动主系统的手动排气典型步骤。

10.1.1　制动器的拆装

1. 鼓式制动器的拆装

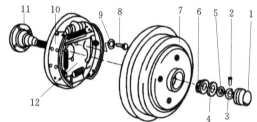

图 10.1　鼓式车轮制动器的结构组成

1—轮毂盖；2—开口销；3—锁止环；4—止推垫圈；5—螺母；
6—圆锥滚子轴承内圈；7—制动鼓；8—螺栓；9—碟形垫圈；
10—制动蹄；11—短轴；12—制动底板总成

（1）取下制动鼓。鼓式车轮制动器的结构组成如图 10.1 所示，支起汽车拆下轮胎，撬下轮毂盖 1；从短轴 11 的外端取下开口销 2 和锁环 3、旋下螺母 5、取下止推垫圈 4 和外圆锥滚子轴承内圈 6；用螺丝刀插入制动鼓 7 上的小孔，撬动调节板使制动蹄 10 外径缩小后，再取下制动鼓。

（2）分解制动器片。先从驻车制

动器拉杆上摘下钢索，再取下定位销钉、弹簧座和弹簧。从制动底板上取下制动片总成，并将其夹紧在虎钳上，依次拆下复位弹簧、楔形调整板的拉簧，从前制动蹄上摘下定位弹簧，取下推杆和楔形调整板。鼓式后车轮制动器的分解如图 10.2 所示。

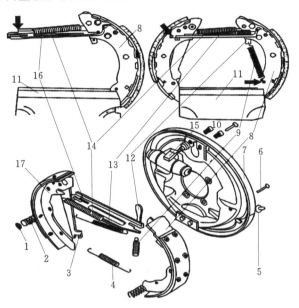

图 10.2　鼓式后车轮制动器的分解（桑塔纳）

1—定位弹簧座；2—定位弹簧；3—驻车制动拉杆；4—下复位弹簧；5—检查孔盖；6—销钉；7—制动底板；
8—前制动蹄；9—楔形调整板拉簧；10—螺栓；11—虎钳；12—楔形调整板；13—上复位弹簧；
14—定位弹簧；15—后制动分泵；16—推杆；17—后制动蹄

（3）旋下螺栓，从制动底板上取下制动分泵。

安装顺序与上述拆卸顺序相反，安装完成后对系统进行排气。

2．盘式制动器的拆装

这里给出浮钳盘式制动器的拆装步骤：

（1）支起汽车，拆下轮胎，从刹车主缸储液罐中吸出一半制动液，防止溢出，如图 10.3 所示。

图 10.3　吸出制动液

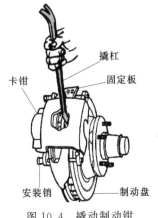

图 10.4　撬动制动钳

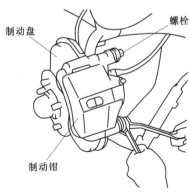

图 10.5　拆卸导向销

（2）用撬棍撬动摩擦片，把制动钳活塞压回位（图 10.4），拆下两个导向销（图 10.5）。

（3）依次拆下摩擦片，制动钳支架，刹车盘固定螺丝、刹车盘。

安装按相反顺序操作，安装刹车钳时要先把活塞压回位。安装完成后对刹车系统排气。

10.1.2　制动主系统的手动排气

液压制动系统内含有空气时，将会出现刹车力不足甚至失灵等故障，必须及时排除。表 10.1 给出了液压制动系统排气的典型步骤（图 10.6）。

表 10.1　　　　　　　　　　　　液压制动系统排气操作步骤

序号	操　作　内　容
1	从维修手册中确定并记录：车型、车架号、放气螺钉扭矩、制动液类型、放气顺序（其他系统如 ABS 的注意事项）
2	检查制动液位并按需要补足
3	起升汽车，直到车轮离开地面
4	从第一个要放气的车轮上卸下橡胶防尘罩。（假定放气顺序是：右后，左后，右前，左前）
5	确认制动液与正在维修的汽车使用的制动液是相符的
6	将柔韧软管（最好是透明的）的一端连接到放气螺钉上。把软管的另一端插到容器中的制动液里
7	将管路扳手安置在放气螺钉上，让助手泵几下制动踏板再把踏板踩下
8	在助手把制动踏板压下以后，拧开放气螺钉，放出制动液。观察容器中的气泡
9	当助手提醒你踏板已经压到底的时候，关闭放气螺钉并让助手抬脚放起制动踏板
10	重复步骤 8 和 9，直到压出的制动液没有空气（没有气泡）
11	排完空气后，继续步骤 8 和 9，直到驱出清澈、新鲜的制动液
12	从放气螺钉处取下软管并安装上防尘罩
13	检查主缸蓄液器的制动液位。补充制动液
14	将软管和容器连接到放气顺序的下一个车轮
15	按照步骤 4～13 对该车轮放气
16	继续对放气顺序里的每一个车轮进行放气。最后检查并补足制动液位

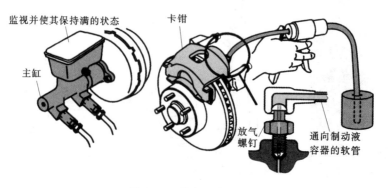

图 10.6　刹车系统排气

任务 10.2　汽车制动系及制动器结构分析

【本任务内容简介】

（1）制动系的功用、类型、结构组成。

（2）鼓式、盘式、自增力式制动器的工作原理，车轮制动器的维修。

（3）凸轮轴式、自动增力式中央制动器的结构分析与调整，自动增力式驻车制动器的工作过程分析与检修。

（4）液压制动系的基本原理、布置型式、故障诊断，主要部件结构分析与检修；真空加力液压制动传动装置组成原理及检查。

10.2.1　概述

1. 制动系的功用

制动系统的四个基本功能：①降低汽车的行驶速度；②使行驶中的汽车停止运行；③使对停驶的车辆，特别是在坡道上停驶的汽车可靠地驻留原地不动；④在最大制动时能够进行方向控制。

2. 制动系的类型

制动系统按其功能分类有行车制动装置、驻车制动装置、应急制动装置、辅助制动装置四类；按能量传递方式分有机械式、气压式、液压式和电磁式制动装置。此外，按制动力来源还可以分为人力制动、动力制动、伺服制动。

3. 制动系的组成

图 10.7 给出了一般汽车制动系的组成。为了提高汽车的安全性能，现代汽车上一般设有以下几套独立的制动系：

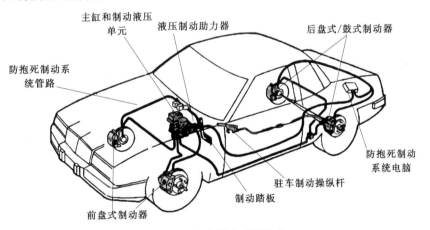

图 10.7　汽车制动系的组成

（1）行车制动装置。用于使行驶中的车辆减速或停车，制动器装在全部的车轮上，通常由驾驶员用脚操纵。

（2）驻车制动装置。用于使停驶的汽车驻留原地，通常由驾驶员用手操纵。

（3）其他制动装置。包括应急制动、安全制动和辅助制动。

1）应急制动装置是用独立的管路控制车轮的制动器作为备用系统，其作用是当行车制动装置失效的情况下保证汽车仍能实现减速或停车。

2）安全制动装置是当制动气压不足时起制动作用，使车辆无法行驶。

3）辅助制动装置是为了下长坡时减轻行车制动器的磨损而设，其中利用发动机制动应用最广。

（4）制动系统组成。制动系统都相似，通常由四个组成部分。

1）供能装置，包括供给、调节制动所需能量以及改善传能介质状态的各种部件。如气压制动系中的空气压缩机、液压制动系中人的肌体。

2）控制装置，包括产生制动动作和控制制动效果的各种部件，如制动踏板等。

3）传动装置，将驾驶员或其他动力源的作用力传到制动器，同时控制制动器的工作，从而获得所需的制动力矩。包括将制动能量传输到制动器的各个部件，如制动主缸、制动轮缸等。

4）制动器，产生阻碍车辆的运动或运动趋势的力的部件。

较为完善的制动系还包括制动力调节装置以及报警装置、压力保护装置等。

4. 对制动系的要求

为了保证制动系统满足使用功能，保障行车安全，制动系统须满足下列要求：①良好的制动效能；②操纵轻便；③制动稳定性好；④制动平顺性好；⑤制动器散热好。

10.2.2 车轮制动器结构分析

车轮制动器有鼓式制动器和盘式制动器。

1. 鼓式制动器

（1）鼓式制动器的工作原理。

1）制动器的工作过程。如图 10.8 所示，汽车行驶中不制动时，制动踏板处于自由状态，制动主缸无制动液输出，制动蹄在复位弹簧的作用下压靠在轮缸活塞上，制动鼓的内圆柱面与摩擦片之间保留一定间隙，制动鼓可以随车轮一起旋转。制动时，驾驶员踩下制动踏板，主缸推杆 2 便推动制动主缸内的活塞前移，迫使制动液经管路进入制动轮缸，推动轮缸的活塞向外移动，使制动蹄克服复位弹簧的拉力绕支承销转动而张开，消除制动蹄与制动鼓之间的间隙后压紧在制动鼓上。此时，不旋转的制动蹄摩擦片对旋转的制动鼓就产生一个摩擦力矩，其方向与车轮的旋转方向相反。放松制动踏板，制动蹄在复位弹簧的作用下绕支承销转动而收回，制动蹄与制动鼓的间隙又得以恢复，从而解除制动。

2）制动蹄的增势和减势。如图 10.9 所示，汽车前进时制动鼓的旋转方向如箭头所示。在制动过程中，两制动蹄在相等的促动力 F_S 作用下，分别绕各自的支承点向外偏转紧压在制动鼓上。同时旋转的制动鼓对两蹄分别作用着法向反力 N_1 和 N_2，以及相应的切向反力 T_1 和 T_2，T_1 作用的结果使得制动蹄 1 在制动鼓上压得更紧，则 N_1 变得更大，这种情况称为"助势"作用，相应的制动蹄被称为"领蹄"；与此相反，T_2 作用的结果则使得制动蹄 2 有放松制动鼓趋势，即 N_2 和 T_2 有减小的趋势，这种情况称为"减势"作用，相应的制动蹄被称为"从蹄"。制动蹄 1、2 所受的促动力相等，但由于 T_1 和 T_2 的作用方向相反，使得两制动蹄所受到的法向反力 N_1 和 N_2 不相等，且 $N_1 > N_2$，相应的 $T_1 > T_2$。所以制动蹄作用到制动鼓上的法向力不相等；两制动蹄对制动鼓所施加的制动力矩也不相等。制动蹄对制动鼓的作用力不相等，则两蹄法向力之和只能由车轮轮毂轴承的反力来平衡，这样对轮毂轴承造成了附加径向载荷，轴承的寿命缩短。为解决这个问题，出现了各种不同的鼓式制动器。

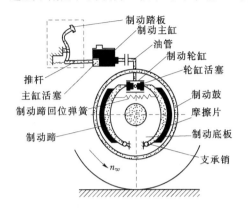

图 10.8　鼓式制动器的工作原理

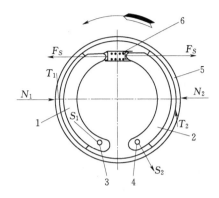

图 10.9　领从蹄式制动器示意图

1—领蹄；2—从蹄；3、4—支承点；5—制动鼓；6—制动轮缸

（2）鼓式车轮制动器类型。鼓式车轮制动器按其制动蹄促动装置的形式可分为轮缸式车轮制动器和凸轮式车轮制动器。

根据制动时两制动蹄对制动鼓的径向作用力之间的关系，鼓式制动器可分为：简单非平衡式、平衡式和自增力式。

制动鼓受来自两制动蹄的法向力不能互相平衡的制动器称为非平衡式制动器。非平衡式车轮制动器的工作过程如图 10.9 所示，其结构特点是：两制动蹄的支承点都位于蹄的下端，而促动装置的作用点在蹄的上端，共用一个轮缸张开，且轮缸活塞直径是相等的；其性能特点是：汽车前进或倒车制动时，各有一个"领蹄"和"从蹄"。领、从蹄对制动鼓的法向作用力不相等，而这个不平衡的法向作用力只能由车轮的轮毂轴承来承担。

制动鼓受来自两蹄的法向力互相平衡的制动器称为平衡式制动器。平衡式制动器可分为单向平衡式制动器和双向平衡式制动器。

1）单向平衡式制动器。单向平衡式制动器的结构如图 10.10 所示，其结构特点是：

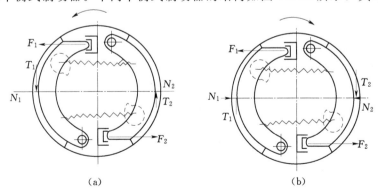

（a）　　　　　　　　　　　　　　　　　（b）

图 10.10　单向平衡式制动器的结构

（a）前进制动时；（b）倒车制动时

两制动蹄各用一个单向活塞制动轮缸，且前后制动蹄与其轮缸、调整凸轮零件在制动底板上的布置是中心对称的，两轮缸用油管连接。其性能特点是：前进制动时两蹄均为"领蹄"，有较强的增力，倒车制动时两蹄均为"从蹄"制动力较小。

2）双向平衡式制动器。双向平衡式制动器的结构如 10.11 所示，其结构特点是：制动蹄、制动轮缸、复位弹簧均为成对地对称布置，两制动蹄的两端采用浮式支承，且支点在周向位置浮动，用复位弹簧拉紧。其性能特点是：汽车前进或倒车中制动时，两个制动蹄均为"领蹄"，均有较强的增力，制动效果好，蹄片磨损均匀。

（3）自增力式制动器。

1）单向自增力式制动器。单向自增力式制动器的结构如图 10.12 所示。制动蹄 1 和制动蹄 2 的下端分别浮支在浮动的顶杆两端。制动器只在上方有一个支承销。不制动时，两蹄上端靠各自的复位弹簧拉靠在支承销上。汽车前进制动时，单活塞式轮缸只将促动力 F_{S1} 加于第一制动蹄，使其上端离开支承销，整个制动蹄绕顶杆左端支承点转动，并压靠在制动鼓上。显然，第一制动蹄是领蹄，并且在促动力 F_{S1}、法向合力 N_1、切向（摩擦）合力 T_1 和沿顶杆轴线方向的 S_1 作用下处于平衡状态。由于顶杆是浮动的，自然成为第二制动蹄的促动装置，而将与力 S_1 大小相等、方向相反的促动力 F_{S2} 施于第二制动蹄的下端，故第二制动蹄也是领蹄。

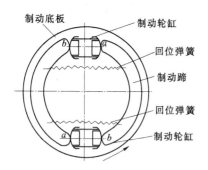

图 10.11 双向平衡式制动器的结构

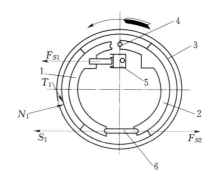

图 10.12 单向自增力式制动器的结构
1—第一制动蹄；2—第二制动蹄；3—制动鼓；
4—支承销；5—轮缸；6—顶杆

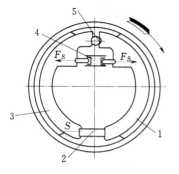

图 10.13 双向自增力式制动器的结构
1—前制动蹄；2—顶杆；3—后制动蹄；
4—制动轮缸；5—支承销

2）双向自增力式制动器。双向自增力式制动器的结构如图 10.13 所示。前进制动时，两制动蹄在促动力 F_S 的作用下张开压紧制动鼓，此时两蹄的上端均离开支承销，沿图中箭头方向旋转的制动鼓对两蹄产生摩擦力矩，带动两蹄沿旋转方向转过一个小角度，使后蹄顶靠到支承销上。此时，前蹄为"领蹄"，但其支承为浮动的推杆。制动鼓作用在前蹄的摩擦力和法向力的一部分对推杆形成一个推力 S，推杆又将此推力完全传到后蹄的下端。后蹄在推力 S 的作用下也形成"领蹄"，并在轮缸液压促动力 F_S 的共同作用下进一步压紧制动鼓。推力 S 比促动力 F_S 大得多，从而使后蹄产生的制动力矩比前蹄更大。倒车制动时，作用过程与此相反，与前进制动时具有同等的自增力作用。

2. 盘式制动器

盘式制动器的摩擦副中，旋转元件是以端面工作的金属圆盘，称之为制动盘。其固定元件则有着多种结构型式，大体上可分为两类：一类是固定元件的金属背板和摩擦片也呈圆盘形，制动盘的全部工作面可同时与摩擦片接触，这种制动器称为全盘式制动器；另一类是工作面积不大的摩擦块与其金属背板组成的制动块，每个制动器中有 2～4 个制动块。这些制动块及其促动装置都装在横跨制动盘两侧的夹钳形支架中，称之为制动钳。这种由制动盘和制动钳组成的制动器称为钳盘式制动器，如图 10.14 所示。

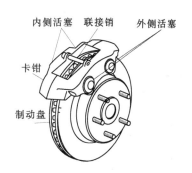

图 10.14　钳式制动器　　　　图 10.15　定钳式制动器

钳盘式制动器又可分为定钳盘式制动器和浮钳盘式制动器。定钳盘式制动器的制动钳是固定的，如图 10.15 所示，依靠制动盘两侧的活塞把刹车片压紧在制动盘上。由于其结构复杂，故障率高，已被浮钳盘式制动器取代。浮钳式制动器的支架安装在转向节上，卡钳通过两个连接螺栓和导向销连接在其支架上，卡钳可以在导向销上自由移动，并且允许作微小弹性的变形，以使摩擦块与制动盘保持全面接触。只在卡钳内侧装活塞，摩擦块安装于制动盘内、外两侧的卡钳壳体上（图 10.16）。制动盘装在轮毂上或与其制成一体，通过一对锥轴承安装在车轴上，如图 10.17 所示。制动盘有整体式和通风式两种，如图 10.18 所示。整体式制动盘是由两侧有摩擦表面的金属整体组成。整体式制动盘较轻，结构简单，造价较低，并且制造容易。用于中等性能的小型汽车或用后盘式制动器的汽车中。通风式制动盘在两个制动表面之间铸有冷却叶片。这种结构使制动盘铸件显著地增加了冷却面积。车轮转动时，盘内扇形叶片的旋转增加了空气循环，有效地冷却制动器。虽然通风式制动盘比整体式制动盘更大、更重，但是它的冷却能力和散热能力却很好。一些通风式制动片有扇形冷却叶片或以一定的角度安装在轮毂中央。这些扇形叶片增加制动盘的离心力，增加空气流量，以使热量散发，叫做单向制动盘，因为只有当制动盘定向旋转时，扇形叶片才能很好地工作。因此，汽车上的左右单向制动盘不能彼此互换，当从上看扇形叶片时，安装扇形叶片也必须使它指向前面。一些高性能的运动型汽车的整体式制动盘，在其摩擦表面钻有孔，以减少制动盘表面的水和热气。钻孔的制动盘很轻，寿命也很短，因此它们主要用在赛车上和高性能汽车上。

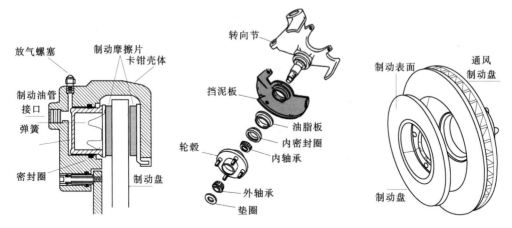

图 10.16 浮钳式制动器剖面   图 10.17 轮毂安装   图 10.18 整体式和通风式制动盘

盘式制动器的优点有：①散热能力强，热稳定性好；受热后，制动盘只在径向膨胀，不会影响制动间隙；②防水能力强，受水浸后，在离心力作用下被很快甩干，摩擦衬片上的剩水也由于压力高而容易挤出，一般仅需要一到二次制动后即可恢复正常；③制动时的平顺性好；④结构简单，维修方便；⑤制动间隙小，便于自动调节。

盘式制动器的缺点有：制动时无助势作用，故要求系统压力较高；防污性差，制动衬片磨损较快。

3. 车轮制动器的维修

（1）鼓式制动器的检修。汽车制动时制动蹄与制动鼓间因摩擦产生磨损，引起制动蹄上摩擦片厚度减小，制动鼓内径增大，使得蹄与鼓的间隙增大，制动器的起作用时刻推迟，制动效能下降。因此，汽车行驶一定里程或出现制动不良的故障时，应对车轮制动器进行必要的调整和检修。主要操作有：

1）制动蹄衬片厚度的检查。如图 10.19 所示，用游标卡尺测量制动蹄片的厚度，标准值为 5mm 使用极限为 2.5mm，铆钉与摩擦片的表面深度不得小于 1mm，以免铆钉头刮伤制动鼓内表面。在拆下车轮前，摩擦片的厚度可从制动底板 6 的观察孔 4 中检查。

2）制动鼓内孔磨损及尺寸的检查。如图 10.20 所示，首先检查制动鼓 1 内孔有无烧损、刮痕和凹陷，若不能修磨应更换新件；检查制动鼓内孔尺寸及圆度误差时，用游标卡尺 2 检查内孔尺寸，标准值为 $\phi180$，使用极限为 $\phi181$。用工具 3 测量制动鼓内孔的圆度误差，使用极限为 0.03mm，超过极限应更换新件。

3）后制动蹄衬片与后制动鼓接触面积的检查。如图 10.21 所示，将后制动鼓衬片 1 表面打磨干净后，靠在后制动鼓 2 上，检查两者的接触面积，应不少于 60%，否则应继续打磨衬片 1 的表面。

4）后制动器定位弹簧及复位弹簧的检查。若后制动器定位弹簧、上复位弹簧、下复位弹簧和楔形调整板拉簧的自由长度增长率达 5%，则应更换新弹簧。

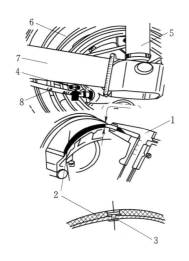

图 10.19　制动蹄衬片厚度的检查

1—卡尺；2—摩擦片；3—铆钉；4—观察孔；5—后减振器；

6—制动底板；7—后桥体；8—驻车制动器

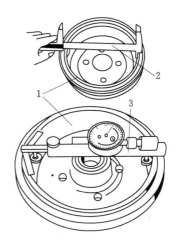

图 10.20　制动鼓内孔磨损及尺寸的检查

1—后制动鼓；2—游标卡尺；3—测量不圆度工具

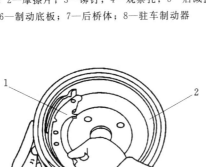

图 10.21　后制动蹄衬片与后制动鼓接触面积的检查

1—后制动蹄片；2—制动鼓

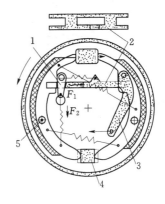

图 10.22　在推力板上装楔杆的自调装置

1—楔杆；2—推力板；3—杠杆；4—浮式支承座；

5—定位件

F_1—水平拉簧的摩擦力；F_2—楔形杆的垂直拉簧力

　　5）制动器的调整。车轮制动器装配完毕后，为保证制动蹄衬片与制动鼓之间具有合适的间隙，应对其进行必要的调整。调整的方法有人工调整法和自动调整法。桑塔纳轿车后轮制动器的间隙调整装置为在推力板上装楔杆的自调装置，如图 10.22 所示，楔杆的水平拉簧使楔杆与推力板间产生摩擦防止楔杆下移，垂直拉簧随时力图拉动楔杆下移。当蹄与鼓的间隙正常时，楔杆静止于相对应位置；当间隙大于规定值时，蹄片张开的行程被加大，垂直拉簧的力 F_2 增大，$F_2 > F_1$，楔杆下移，楔杆的下移使得水平拉簧的力也被加大摩擦力 F_1 相应加大，则楔杆在新的位置静止。

　　放松制动后，制动蹄在回位弹簧的作用下收拢。由于推力板已变长，只能被顶靠在新的位置，从而保持规定的制动间隙值。前进或倒车制动均能自调。

　　（2）盘式制动器的修理要点。制动器整体状态应保持良好，制动盘无异常磨损和裂痕，端面跳动量、厚度符合该车技术标准，若有划痕和锈蚀，可有砂纸打磨或车削，但精加工后制动盘的尺寸要符合要求。摩擦片应无异常磨损，未超过磨损极限。分泵密封良好，活塞与缸的配合间隙符合要求。具体按如下步骤检修：

1）制动盘厚度的检查。制动盘使用磨损会使其厚度减小，磨损不均匀或厚度过小会引起制动踏板振动、制动噪声及颤动。检查制动盘厚度时，可用游标卡尺或千分尺直接测量制动衬片与制动盘接触面的中心部位，如图 10.23 所示。桑塔纳轿车前制动盘标准厚度为 20mm，使用极限为 17.8mm，超过极限尺寸时应予更换。

2）制动盘端面圆跳动量的检查。制动盘端面跳动过大会使制动踏板抖动或使制动衬片磨损不均匀。常用百分表进行检查，如图 10.23 所示。轴向跳动量应不大于 0.06mm。不符合要求可进行机加工修复（加工后的厚度不得小于 17.8mm）或更换。

3）制动块厚度的检查。制动块厚度的检查如图 10.24 所示。若制动块已拆下，可直接用游标卡尺测量。制动块摩擦片厚度的使用极限为 7mm（包括底板）。若车轮未拆下，可通过轮辐上的检视孔目测检查外侧摩擦片。内侧摩擦片，可利用反光镜进行目测。

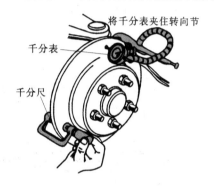

图 10.23　制动盘厚度、端面跳动量检查

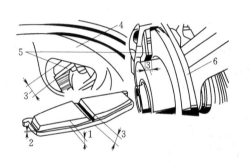

图 10.24　制动块厚度的检查

1—制动块摩擦片厚度；2—制动块摩擦片磨损极限厚度；
3—制动快的总厚度；4—轮辐；5—外制动块；6—制动盘

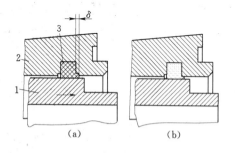

图 10.25　桑塔纳轿车前轮制动间隙的自动调整
（a）制动时；（b）解除制动
1—活塞；2—制动钳；3—密封圈

4）制动器间隙的调整。制动过程中，两者均有不同程度的磨损，制动盘、制动块磨损后，制动器的间隙会增大，制动时活塞的自由行程增加，制动器起作用的时刻滞后，制动效果下降。因此，制动器的间隙应随时调整。图 10.25 所示为桑塔纳轿车的前轮制动器制动间隙自动调整的工作过程。矩形密封圈嵌在制动轮缸的矩形槽内，密封圈内圆与活塞外圆配合较紧，制动时活塞被压向制动盘，密封圈发生了弹性变形；解除制动时，密封圈要恢复原状，于是将活塞拉回原位。

当制动盘与制动块磨损后，制动器的制动间隙增大，若间隙大于活塞的设置行程 δ 时，活塞在制动液压力的作用下，克服密封圈的摩擦阻力而继续前移，直到实现完全制动为止。

解除制时，由于密封圈弹性变形量的限制，密封圈将活塞拉回，但距离小于活塞前移的距离，活塞与密封圈之间这一不可恢复的相对位移便补偿了过量的间隙。

10.2.3 驻车制动器

驻车制动器的功用：车辆停驶后防止移动；使车辆在坡道上能顺利起步；行车制动系失效后临时作紧急制动。

根据安装位置可分为中央制动式和车轮制动式两种。中央制动式通常安装在变速器的后面，其制动力矩作用在传动轴上；车轮制动式通常与车轮制动器共用一个制动器总成，只是操纵传动机构是相互独立的。

1. 中央制动器及其操纵传动机构

（1）凸轮轴式中央制动器的结构。如图 10.26 所示为典型汽车凸轮轴式鼓式中央制动器，其结构与凸轮轴式车轮制动器基本相同。制动底板通过底板支座用螺栓固定在变速器第二轴轴承盖上，制动鼓通过螺栓与变速器第二轴后端的凸缘盘紧固在一起，两制动蹄下端松套在固定于制动底板的偏心支承销上，制动蹄上端装有滚轮。制动凸轮轴通过支座支承在制动底板上部，其外端通过细花键与摆臂的一端连接，摆臂的另一端与穿过压紧弹簧的拉杆相连。

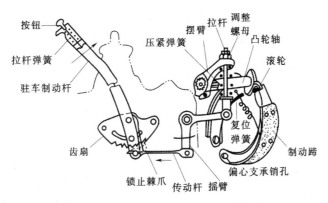

图 10.26 典型凸轮轴式中央制动器的结构

（2）凸轮轴式中央制动器的调整。调整制动器间隙时，需将驻车制动杆置于不制动位置，旋紧拉杆上的调整螺母，通过改变凸轮的原始位置，使制动器间隙和自由行程减小；反之则增大。若仍不能调整到需要的间隙，则需拆下摆臂，错开一个或数个花键齿，安装后再利用螺母进行调整。此时，不应松动驻车制动蹄偏心支承销的锁紧螺母和改变支承销的位置，否则有可能破坏摩擦片和制动鼓的良好贴合状态。当需要进行全面调整时，方可改变偏心支承销的位置。

2. 自动增力式中央制动器的结构与检修

（1）自动增力式驻车制动器的结构。如图 10.27 所示为自动增力式中央驻车制动器。它主要由制动鼓、制动底板、制动蹄、制动臂、棘齿拉杆和制动手柄等组成。制动鼓用螺栓紧固在变速器第二轴的凸缘盘上，制动底板和驻车制动支承销用螺栓固定在变速器壳体的后端部，两制动蹄和调整机构通过拉簧浮动地悬挂在支承销上，并用压簧作轴向定位。制动蹄的下端与调整棘轮相互铰接，由拉簧定位。驻车制动臂上端经销轴与右制动蹄铰接，并通过推板和左制动蹄靠接在一起，下端与穿过底板的钢丝绳连接。制动手柄用支架装在驾驶室内，并通过钢丝绳和摇臂等与制动器连接传力。

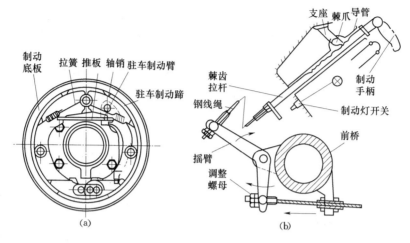

图 10.27   自动增力式中央驻车制动器
（a）结构组成；（b）操纵传动装置

（2）自动增力式驻车制动器的工作过程。制动时，拉出制动手柄，使整套制动操纵传动装置沿箭头方向运动，如图 10.27（b）所示。驻车制动臂绕销轴顺时针转动。在转动过程中，通过推板将左制动蹄压向制动鼓，此时推板的右端不能进一步左移，制动臂以此为新支点继续转动，并通过销轴将右制动蹄压向制动鼓，在摩擦力作用下逆时针转过一个小角度使右制动蹄上端靠抵在支承销上，从而产生制动作用；其增力原理与自动增力式制动器相同。随着棘齿拉杆被拉至制动位置后，棘爪即锁住制动手柄。解除制动时，需先将制动手柄顺时针转过一个角度，使棘爪与棘齿脱离啮合后，再推回到不制动的位置。驻车制动指示灯开关在全制动位置导通指示灯，以提醒驾驶员制动未解除，不能起步。

（3）自动增力式驻车制动器的检修。制动器间隙的调整可通过转动偏心调整棘轮进行，逆时针转动，棘轮将两蹄下端向外撑开，间隙减小；反之则大。驻车制动传动机构中的调整螺母可用来调整钢丝绳的松紧度。一般要求棘齿拉杆拉出 5～11 个齿时，就能达到完全制动。

10.2.4   液压制动系

1. 双回路液压制动系的基本原理和布置型式

双管路液压制动传动装置是利用彼此独立的双腔制动主缸，通过两套独立管路，分别控制两桥的车轮制动器。其特点是若其中一套管路发生故障而失效时，另一套管路仍能继续起制动作用，从而提高了汽车制动的可靠性和行车的安全性。

双管路的布置方案在各型汽车上各有不同，常见的有前后独立式和交叉式两种形式：

（1）前后独立式。如图 10.28（a）所示，前后独立式双管路液压制动传动装置由双腔制动主缸通过两套独立的管路分别控制前桥和后桥的车轮制动器。这种布置方式结构简单，如果其中一套管路损坏漏油，另一套仍能起作用，但会破坏前后桥制动力分配的比例，主要用于发动机前置后轮驱动的汽车。

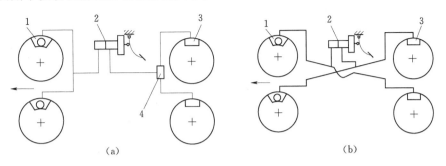

图 10.28　液压制动传动装置

（a）前后独立式的双管路液压制动传动装置；（b）交叉式的双管路液压制动传动装置

1—盘式制动器；2—双腔制动主缸；3—鼓式制动器；4—制动力调节器

（2）前后交叉式。如图 10.28（b）所示，交叉式双管路液压制动传动装置由双腔制动主缸通过两套独立的管路分别控制前后桥对角线方向的两个车轮制动器。这种布置方式在任一管路失效时，仍能保持一半的制动力，且前后桥制动力分配比例保持不变，有利于提高制动方向稳定性。主要用于发动机前置前轮驱动的轿车。

2. 简单液压式制动传动装置主要部件分析与检修

（1）制动主缸。制动主缸又称为制动总泵，它处于制动踏板与管路之间，其功用是将制动踏板输入的机械力转换成液压力。

如图 10.29 所示，串联式双腔制动主缸主要由储液罐（图中未画出）、制动缸体 10、前活塞 8、后活塞 1 及前后活塞弹簧、推杆、皮碗等组成。

主缸体内装有前活塞 8、后活塞 1 及回位弹簧，前后活塞分别用皮碗密封，前活塞 8 用定位钉 5 保证其正确位置。储油罐分别与主缸的前、后腔相通，前出油口、后出油口分别与轮缸相通，前活塞 8 靠后活塞 1 的液压力推动，而后活塞 1 直接由推杆推动。

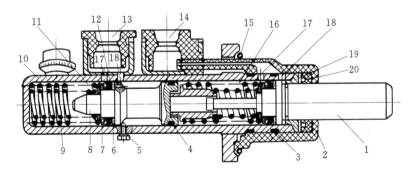

图 10.29　串联式双腔制动主缸

1—后活塞（带推杆）；2—盖；3—防动圈；4、12、20—密封圈；5—定位钉；6—垫圈；7—皮碗护圈；8—前活塞；9—前活塞弹簧；10—制动缸体；11—前腔；13、14—进油孔；15—锁圈；16—后腔；17—补偿孔；18—回油孔；19—隔套

不制动时，两活塞前部皮碗均遮盖不住其补偿孔 17，制动液由储液罐进入主缸的前

后腔。正常状态下制动时，操纵制动踏板，经推杆推动后活塞 1 前移，在其皮碗遮盖住补偿孔 17 之后，后腔 16 的制动液压力升高，制动液一方面经出油阀流入制动管路，一方面推动前活塞 8 前移。在后腔液压和弹簧弹力的作用下，前活塞向前移动，前腔制动液压力也随之升高，制动液推开出油阀流入另一支制动管路。于是两支制动管路在等压下对汽车制动。解除制动时，抬起制动踏板，活塞在弹簧作用下复位，高压制动液经制动管路流回制动主缸。如活塞复位过快，工作腔容积迅速增大，而制动管路中的制动液由于管路阻力的影响，来不及充分流回工作腔，使工作腔内油压快速下降，便形成一定的真空度，于是储液罐中的油液便经补偿孔和活塞上的轴向小孔推开垫片及皮碗进入工作腔。当活塞完全复位时，补偿孔开放，制动管路中流回工作腔的多余油液经补偿孔流回储液罐。

　　若与前腔连接的制动管路损坏漏油，则在踩下制动踏板时只有后腔中能建立液压，前腔中无压力。此时，在压力差的作用下，前活塞迅速移到其前端顶到主缸缸体上。此后，后工作腔中液压方能升高到制动所需的值。

　　若与后腔连接的制动管路损坏漏油，则在踩下制动踏板时，起先只是后活塞前移，而不能推动前活塞，因而后腔制动液压不能建立。但在后活塞直接顶触前活塞时，前活塞便前移，使前腔建立必要的制动液压而制动。

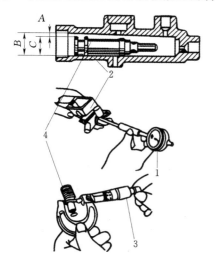

图 10.30　制动主缸与活塞的检修
1—内径表；2—制动缸体；3—千分尺；4—活塞
A—泵体与活塞的间隙；B—泵体
内孔的直径；C—活塞的外径

　　制动主缸的检修，如图 10.30 所示。检查储液罐是否破损，出现破损应更换；检查泵体 2 内孔和活塞 4 表面，其表面不得有划伤和腐蚀；用内径表 1 检查泵体内孔的直径 B，用千分尺 3 检查活塞的外径 C，并计算出内孔与活塞之间的间隙值，其标准值为 0.0～0.106mm，使用极限为 0.15mm，超过极限应更换；检查制动主缸皮碗、密封圈是否老化、损坏与磨损，否则应更换之。

　　（2）制动轮缸。制动轮缸的作用是将制动主缸传来的液压力转变为使制动蹄张开的机械推力。

　　1）制动轮缸的结构。如图 10.31 所示，制动轮缸主要由缸体、活塞、皮碗、弹簧和放气螺钉组成。制动轮缸的缸体通常用螺钉固装在制动底板上，位于两制动蹄之间。内装铝合金活塞，密封皮碗的刃口方向朝内，并由弹簧压靠在活塞上与其同步运动。活塞外端压有顶块并与蹄的上

端相抵紧。在缸体的另一端装有防护罩，可防止尘土及泥土的侵入。缸体上方装有放气螺塞，以便放出液压系统中的空气。

　　2）制动轮缸的类型。常见的制动轮缸类型有：双活塞式、单活塞式、阶梯式等，分别如图 10.32 所示：单活塞制动轮缸多用于单向助势平衡式车轮制动器，目前趋于淘汰；阶梯式轮缸用于简单非平衡式车轮制动器，它的大端推动后制动蹄，小端推动前制动蹄，其目的是为了前后蹄摩擦片均匀的磨损。

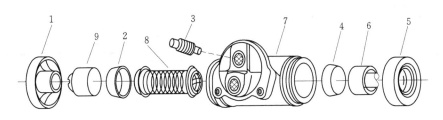

图 10.31　双活塞制动轮缸的结构

1、5—防尘罩；2、4—皮碗；3—放气螺钉；6、9—活塞；7—轮缸体；8—回位弹簧总成

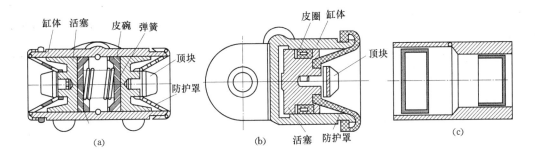

图 10.32　制动轮缸

（a）双活塞式制动轮缸；（b）单活塞式制动轮缸；（c）阶梯式制动轮缸

3）制动轮缸的工作情况。如图 10.33 所示，制动轮缸受到液压作用后，顶出活塞，使制动蹄扩张。松开制动踏板，液压力消失，靠制动蹄回位弹簧的力，使活塞回位。

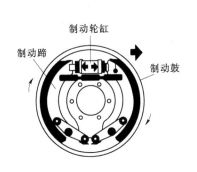

图 10.33　制动轮缸的工作情况

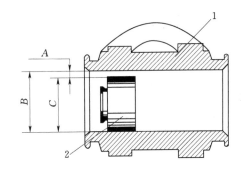

图 10.34　制动轮缸缸体与活塞的检查

1—制动轮缸缸体；2—制动轮缸活塞

A—缸体与活塞的间隙；B—缸体内孔直径；C—活塞外径

4）制动轮缸的检修。制动轮缸分解后，用清洗液清洗轮缸零件。清洗后，检查制动轮缸内孔与活塞外圆表面的烧蚀、刮伤和磨损情况。如果轮缸内孔有轻微刮伤或腐蚀，可用细砂布磨光。磨光后的缸内孔应用清洗液清洗后，用无润滑油的压缩空气吹干。然后测出轮缸内孔孔径 B，活塞外圆直径 C，并计算出内孔与活塞的间隙值，标准值为 $0.04 \sim 0.106$ mm，使用极限为 0.15 mm。如图 10.34 所示。

简单液压制动柔和灵敏，结构简单，使用方便，不消耗发动机功率。但操纵较费力，制动液流动性差，高温易产生气阻，如有空气侵入或漏油会降低制动效能甚至失效。

3. 真空加力液压制动传动装置

汽车高速时要求制动液压升高（可达 10～20MPa）方能产生与车速相适应的制动力矩，靠人力制动是难以实现的。特别是盘式制动系统，因制动器无助势作用，更依赖高制动液压获得制动力。在普通的液压制动系统中，加装真空加力装置，可以减轻驾驶员施加于制动踏板上的力，增加车轮的制动力，达到操纵轻便、制动可靠的目的。

真空加力装置可分为增压式和助力式两种。增压式是通过增压器将制动主缸的液压进一步增加，增压器装在主缸之后；助力式是通过助力器来帮助制动踏板对制动主缸产生推力，助力器装在踏板与主缸之间。

如图 10.35 所示为跃进 NJ1061A 型汽车的真空增压式液压制动传动装置。它在液压制动传动装置中加装了一套真空增压系统，包括：由控制阀，发动机进气歧管、真空单向阀、真空罐组成的供能装置，作为传动装置的真空伺服室、辅助缸和安全缸。

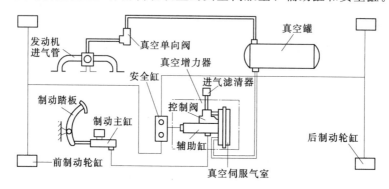

图 10.35　跃进 NJ1061A 型汽车的真空增压式液压制动传动装置

发动机工作时，在进气歧管真空度作用下，真空罐中的空气经真空单向阀被吸入发动机，因而罐中也产生并积累一定的真空度，作为制动加力的力源。

踩下制动踏板时，制动液从制动主缸输出进入辅助缸，由此一方面传入前后轮制动轮缸作为促动力，同时又去启动控制阀，使真空伺服室产生的推力与来自制动主缸的液压力一起作用在辅助缸活塞上，从而使辅助缸输送到各制动轮缸的压力远高于制动主缸的压力。

安全缸的作用是当前后轮制动管路之一损坏漏油时，该管路上的安全缸即自动封堵，保证另一管路仍能保持正常工作。

真空增压器由辅助缸、控制阀和伺服气室等组成，其作用是将发动机产生的真空度转变为机械推力，使从制动主缸输出的液力进行增压后再输入各轮缸，增大制动力。

真空增压器的工作原理如图 10.36 所示。下面按未制动、制动、维持制动、消除制动四个工况分析真空增压器的工作原理。

（1）未制动工况。空气阀关闭，真空阀开启。控制阀四个气室相通，且具有相等的真空度，推杆在回位弹簧的作用下处于最右端位置，推杆前部的球阀与阀座之间保持一定距离，辅助缸两腔相通。

（2）制动工况。踩下制动踏板，制动主缸的制动油液输入到辅助缸体中，一部分油液经活塞中间的小孔进入各制动轮缸，轮缸液压即等于主缸液压。与此同时，液压还作用在控制

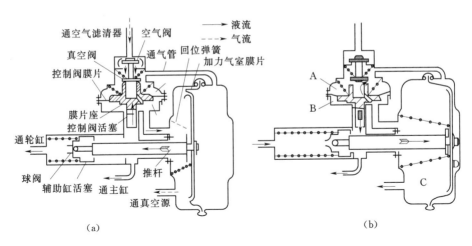

图 10.36　真空增压器的工作原理
(a) 未制动/消除制约；(b) 制动/维持制动

阀活塞上，当油压力升到一定值时，活塞连同膜片上移，首先关闭真空阀，同时关闭 C、D 腔通道，膜片座继续上移将空气阀打开，于是空气经空气阀进入 A 腔并到 D 腔。此时，气室 B、C 的真空度仍保持不变，这样 D、C 两腔产生压力差，推动膜片使推杆左移，球阀关闭辅助缸活塞中孔，制动主缸与辅助缸左腔隔绝。此时在辅助缸活塞上作用着两个力：主缸液压作用力和伺服气室输出的推杆力。因此，辅助缸左腔及各轮缸的压力高于主缸压力。

（3）维持制动工况。制动踏板踩到某一位置不动，制动主缸不再向辅助缸输送制动油液，作用在辅助缸活塞和控制阀活塞上的力为一定值。但随着进入空气室空气量的增加，A 和 B 气室的压力差加大，对控制阀膜片产生向下的作用力，因而使膜片座及活塞向下移动，空气阀、真空阀开度逐渐减小，直至落座关闭。此时处于"双阀关闭"状态。油压对控制活塞向上的压力与气室 A、B 压力差造成的向下压力相平衡。气室 D、C 压力差作用在膜片上的总推力与控制油压作用在辅助缸活塞右端的总推力之和，与高压油液作用在辅助缸左端的总阻力抗相平衡，辅助缸活塞即保持相对稳定状态，维持了一定的制动强度。这一稳定值的大小取决于控制活塞下面的液压（主缸油压），即取决于踏板力和踏板行程。

（4）消除制动工况。放松制动踏板后，控制油压下降，控制活塞连同膜片座下移，空气阀仍处于关闭状态，而真空阀开启。于是 D、A 两气室的空气经 B、C 两气室被吸出，从而 A、B、C、D 各气室均具有一定的真空度。推杆、膜片及辅助缸活塞在弹簧的作用下各自回位，轮缸油液从辅助缸活塞的小孔流回，从而解除制动。

真空增压器的检验可分为简单试验和仪表试验。简单试验包括制动踏板高度试验、控制阀检验及膜片行程的检验。仪表试验包括气密性试验、油密性试验和单向阀气密性试验。

简单试验是制动踏板高度试验，起动发动机，并使其怠速运转。此时，踩下制动踏板，并测出踏板距地板高度。然后，将发动机熄火，连续几次踩制动踏板，使真空度降为零，此时再踩下制动踏板，并测出踏板距地板的距离；正常情况下，后一次测得的距离应小于前一次，若两次距离相等，说明真空增压器不起作用。

控制阀检验方法为起动发动机不踩下制动踏板，将一团棉丝置于增压器空气滤清器口处。此时，棉丝不被吸入；若棉丝被吸入，说明空气阀漏气。踏下制动踏板，棉丝应被吸入。若棉丝不被吸入，或者吸力过小，说明空气阀开度过小，或者助力器膜片破损。

伺服气室膜片行程检查方法是发动机不工作而且不踩下制动踏板时，取下伺服气室加油孔橡胶盖，从该孔测出膜片位置。测完后再塞紧橡胶盖。将发动机起运转，并踩下制动踏板。取下伺服气室加油孔橡胶盖，再次测出膜片位置，两次测出的位置差，即为膜片行程。若膜片行程过小说明增压器工作不良；若膜片行程过大，说明制动系统存在泄漏，或者制动间隙过大。

4. 液压制动系的检修

常规制动器的维护检查包括主要驻车制动系和行车制动系两方面的维护项目。

（1）驻车制动系检修。

1）驻车制动手柄行程检查与调整。手拉动驻车制动手柄，检查驻车制动手柄的行程是否在规定的槽数内（拉动手柄时可以听到咔嗒声，一般为 3～7 声），如果不符合标准，应及时调整，如图 10.37 所示，先松开锁紧螺母，然后根据需要转动调整螺母，行程合适后再紧固锁紧螺母；如果调整不能达到要求，则应先调整驻车制动蹄器工作间隙，再调整驻车制动手柄行程。

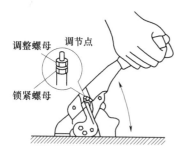

图 10.37　驻车制动手柄行程检查与调整

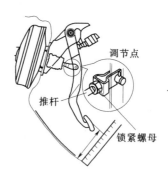

图 10.38　制动踏板检查调整

2）驻车制动指示灯的工作情况检查。把点火开关打到 ON，拉动驻车制动手柄时，确保在听到第一个咔嗒声前，驻车指示灯就已经点亮。

（2）行车制动系检修。

1）制动踏板检查与调整，如图 10.38 所示。制动踏板状况主要检查：踏板反应的灵敏度、踏板是否能完全踩下、是否有异响、是否过度松动。制动踏板高度检修用直尺测量从地面到制动踏板上表面的距离。如果超出规定应调整踏板高度（测量时应去除地板垫或地毯的厚度）。如果不符合要求调整，先拆下制动灯导线，松开制动灯开关锁紧螺母，视调整要求将制动灯开关旋进或旋出，直到调整合适。然后紧固制动灯锁紧螺母。最后检查制动灯开关与踏板的接触情况，确保工作正常。制动踏板高度调整后应再次检查踏板自由行程。制动踏板自由行程。发动机熄火，踩下制动踏板几次，以消除真空助力器的真空，然后用手指轻轻按压制动踏板，感觉有阻力时测量此位置与制动踏板高度之差即为制动踏板的自由行程。如果踏板自由行程不符合要求，应进行调整。松开推杆上的锁紧螺母，转动踏板推杆直到踏板自由行程正确，然后紧固锁紧螺母。

2）制动管路检修。升起车辆，检查制动管路是否有制动液渗漏，重点检查管接头部位；制动管路是否有凹痕、划痕或其他损坏；制动软管是否扭曲、磨损、开裂、隆起等损坏。将转向盘左右转到极限位置，检查制动管路和制动软管是否会与车轮其他零件接触。

3）检查盘式制动器和鼓式制动器检修。见前面所述的盘式车轮制动器和鼓式车轮制动器的检修部分。

4）液压制动系统的排放气。见前面所述的液压传动装置的放气部分。

5. 液压制动系的故障诊断

液压制动系的故障主要是不能在执行元件处迅速同时建立起足够高的制动压力，或松开踏板后压力不迅速衰减，主要原因有安装调整不当、内部泄露、外部泄漏、管路堵塞、动作元件卡滞等。下面通过几个列子来说明故障诊断和排除的方法。

（1）制动效能不良。

现象：汽车行驶中制动时，制动减速度小，制动距离长。

可能原因：①总泵有故障；②分泵有故障；③制动器有故障；④制动管路中渗入空气。

诊断：液压制动系统产生制动效能不良的原因，一般可根据制动踏板行程（俗称高、低）、踏制动踏板时的软硬感觉，踏下制动踏板后的稳定性以及连续多脚制动时踏板增高度来判断。

1）一般制动时踏板高度太低，制动效能不良。如连续两脚或几脚制动，踏板高度随之增高且制动效能好转，说明制动鼓与摩擦片或总泵活塞与推杆的间隙过大。

2）维持制动时，踏板的高度缓慢或迅速下降。说明制动管路某处破裂、接头密闭不良或分泵皮碗密封不良，其回位弹簧过软或折断，或总泵皮碗、皮圈密封不良，回油阀及出油阀不良。可首先踏下制动踏板，观察有无制动液渗漏部位。若外部正常，则应检查分泵或总泵故障。

3）制动踏板不回位。连续几脚制动时，踏板高度仍过低，且在第二脚制动后，感到总泵活塞未回位，踏下制动踏板即有总泵推杆与活塞碰击响声，是总泵皮碗破裂或其回位弹簧太软。

4）制动踏板回位但有弹性感。连续几脚制动时踏板高度稍有增高，并有弹性感，说明制动管路中渗入了空气。

5）制动踏板回位但毫无反力。连续几脚，踏板均被踏到底，并感到踏板毫无反力，说明总泵储液室内制动液严重亏损。

6）制动踏板高度低而软。连续几脚制动时，踏板高度低而软，是总进油孔或储液室螺塞通气孔堵塞。

7）一脚或两脚制动时，踏板高度适当但太硬且制动效能不良。应检查各轮摩擦片与鼓的间隙是否大小或调整不当；若间隙正常，则检查鼓壁与摩擦片表面状况；如正常，再检查制动蹄弹簧是否过硬，总泵或分泵皮碗是否发胀，活塞与缸壁配合是否松旷。如均正常，则应进而检查制动软管是否老化不畅通。

（2）制动跑偏。

故障现象：汽车行驶制动时，行驶方向发生偏斜或车辆甩尾。

可能的故障原因：①制动管路凹瘪、阻塞或漏油，单边制动管路或轮缸内有气阻；

②左右车轮制动鼓的厚度、直径、工作中的变形程度和工作面的粗糙度不一；③左右车轮的制动摩擦衬片材料不一或新旧程度不一；④左右车轮制动摩擦片与刹车盘、制动鼓的接触面积、位置不一样或制动间隙不等；⑤左右车轮轮缸的技术状况不一，造成起作用时间或张力大小不相等；⑥左右车轮轮毂轴承松紧不一、个别轴承破损；⑦制动蹄与支撑销配合过紧或锈蚀；⑧感载比例阀故障。

　　其他系统原因：①侧悬架弹簧折断或弹力过低；②一侧减振器漏油或失效；③前轮定位参数误差；④转向传动机构松旷；⑤车架、车桥在水平平面内弯曲、车架两边的轴距不等；⑥左右车轮轮胎气压、花纹或磨损程度不一致等。

　　判断与排除：

　　1) 正常行驶跑偏检查。则首先做以下外观检查：检查左右车轮轮胎气压、花纹和磨损程度是否一致；各减振器是否漏油或失效；悬架弹簧是否折断或弹力是否一致。

　　2) 车轮支承轴承检查。支起车轮，用手转动和轴向推拉车轮轮胎。若一侧车轮有松旷或过紧感觉，应重新调整轴承的预紧度。若转动车轮有发卡或异响，应检查该轮轮毂轴承是否破损或毁坏。

　　3) 对汽车进行路试。制动后，若汽车向一侧跑偏，则为另一侧的车轮制动不良造成。首先对该车轮制动器进行放气，若无制动液喷出，说明该轮制动管路堵塞，应予以更换。若放出的制动液中有空气，说明该轮制动管路中混入空气，应予以排放。观察该轮制动器间隙，若制动器间隙过大，说明制动蹄摩擦片磨损严重或制动自调装置失效，应更换。若上述检查正常，应拆检该轮制动器。检查制动盘或制动鼓是否磨损过甚或有沟槽，若磨损过甚，应更换。若有严重沟槽，应车削或镗削。检查制动蹄摩擦片（摩擦衬块）是否有油污或水湿及磨损过甚，若有油污或水湿，应查明原因并清理，若磨损过度，应更换。检查制动轮缸或制动钳活塞，若有漏油或发卡现象，应更换。

　　4) 前轮定位检查。若制动时出现忽左忽右跑偏现象，则应检查前轮定位是否符合要求，若前轮定位不正确，应调整。检查转向传动机构是否松旷，若松旷，应紧固、调整或更换。

　　除上述常见故障外，有时还会在制动时出现车辆甩尾现象，应检查感载比例阀是否有故障，对于正反转制动效能不一样的制动器左右装错也会出现车辆甩尾。

任务 10.3　ABS 系统及其故障排查

【本任务内容简介】

　　(1) 整体式和分置式防抱死、后轮防抱死、系统四轮防抱死等制动系统。

　　(2) ABS 系统故障基本观察和车辆检测，故障码及其故障排除，运转症状测试，间歇性故障的诊断与排除，车轮速度传感器的检测。

　　ABS（Anti-lock Braking Systsem 的缩写）系统即防抱死制动系统，其基本理念可追溯于 20 世纪 50 年代，但是直到 80 年代，电子数字控制才得以实现。在 1987 年，只有国内车辆生产总数的 3% 安装了防抱死系统。截止到 1995 年，已经有多于 50% 的汽车安装了该系统。到了 2000 年，几乎所有的生产车型都安装了防抱死系统。随着防抱死系统的不断使用，在设计上的变化和不同也在继续着。正因为如此，正在使用的防抱死系统的制造商的说明书、服务导言和电子电路图表必须准备好。

必须指出，防抱死系统的故障经常来源于底层的制动系统，而不是控制管路和部件。因此，应该首先排除机械制动系统的故障，此后故障还在才去排除控制部分的故障。

10.3.1　认识防抱死制动系统

当防抱死制动系统检测到一个车轮的速度比其他车轮的速度下降得快时，它将打开一个阀，并且在保证适当压力的情况下是该车轮内的制动液从制动轮缸中溢出。这是根据从WSS检测到的信号，以及液压调节器的要求进行液压调节的。防抱死制动系统根据检测到的信号的不同情况分析处理后，可以分别对一个车轴、一个车轮以及四个车轮进行制动。

1. 整体式和分置式防抱死制动系统

整体式和分置式防抱死制动系统的主要区别是液压调节器的放置位置不同。在整体式防抱死制动系统中，液压调节器与制动主缸作为一个整体（图10.39）。虽然防抱死制动系统较贵，但是对于大多数的部件来说，最薄弱的还是主缸，而维修液压调节器的费用是主缸的几十倍，所以应该注意排除制动主缸的故障后，才去处理液压调节器的问题。

分置式系统的液压调节器是与主缸独立安装的，它可以安装在主缸的下面或者发动机部件的左边。这时主缸成为一个独立的单元。当主缸失效时，即可以只将主缸更换。分置式系统的维修费较少，这个优点得到了汽车制造商、售后服务师和汽车用户的广泛关注。

图 10.39　整体式防抱死制动系统

图 10.40　后轮防抱死制动系统的控制阀

2. 后轮防抱死制动系统

后轮防抱死制动系统（RWAL/RABS）是防抱死制动系统首次安装在汽车中的应用。后轮防抱死制动系统在1987年末首次安装在小卡车和小货车中。RWAL是后轮防抱死的意思，是制造商用得最多的术语。RABS是后轮防抱死制动系统，它是被早期的福特公司和其他的汽车制造商所广泛使用的术语。

这种系统实质上只是控制后轮的滑转，通常在不同的车轮壳上都安装有速度传感器，并能够检测出后轮的不同的旋转速度。有些汽车制造商将传感器安装在变速箱中，用来测量驾驶时的驱动速度。在这两种情况下，传感器检测到的都是两个后轮的旋转速度。该系统中的控制器通常是相对较简单的装置，它能够产生信号，并控制液压调节器，这种控制器通常称为分离阀，后轮防抱死制动系统的控制阀如图10.40所示。

在系统的控制中，分离阀可以将主缸的液压管路与后轮制动器中断或将其分离。如果当汽车还在继续运行时进行制动，主缸就会与后轮在操作器的作用下保持中断，并防止额外的制动液进入后轮制动器。同时，分离阀将打开，允许一小部分制动液进入储液缸，这将能够减少制动时，后轮制动器的液压力，使后轮有滚动，以防止车轮抱死。如果后轮的速度太快，那么分离阀将关闭，在压紧弹簧的作用下，储液缸能使一小部分制动液流入后轮制动器中。分离阀的作用将在紧急制动时产生制动踏板的振动。当汽车行驶在较易发生侧滑的砾石路面时，这种振动将使驾驶员由于紧张而施加较小的制动踏板力。

该系统最大的缺点是分离阀安装在汽车车架的下面。与泥、水直接接触，容易损坏，然而，技术的进步能够增强该单元的耐久性。该系统另外的一个缺点是由于主缸的内部泄漏而造成单元的失效。这将导致一些不必要的维修。《车间手册》中介绍了这些问题以及主缸液压单元的分离程序。

3. 四轮防抱死制动系统

四轮防抱死制动系统的工作原理是建立在后轮防抱死制动系统的原理之上。它可以通过两种型式来控制每个车轮的制动力：三通道制动系统和四通道制动系统。但是两前轮需要彼此独立地进行控制，这需要有三个车轮速度传感器以及一个大的、更精密的液压调节器。每一个前轮都有一个速度传感器，另外一个用来测量后轮的车速。液压调节器的一个独立单元中含有三个分离阀。虽然操作原理是相同的，但是不同的部件会使设计和使用性都有所区别。控制器程序用来操纵额外的工作载荷，并能更有效地控制液压调节器。对于前盘式和后鼓式制动系统来说，三通道的制动系统的工作较适用，这主要是因为在制动或制动力释放时，后轮鼓式制动器的速度比前轮盘式制动器的速度慢。

四通道制动系统与三通道制动系统的工作管路是相同的，但是四通道制动系统中的每个车轮都有一个速度传感器。液压调节器单元安装有四个阀体，并通过一个强大的控制器控制，该控制器通常与调节器做成整体式。四通道制动系统比后轮防抱死制动系统具有较好的设计程序，较好的制造工艺，使用较好的材料，并能够更好地适应制动液压系统。四通道制动系统能更好地适用于四轮盘式制动器，也满足盘式制动器和鼓式制动器的组合，它最好的特性就是对牵引力控制系统以及驱动防滑系统的适应性。

10.3.2　ABS系统故障排查

1. 基本观察和车辆检测

首先要控观察ABS控制电脑无法监控的部件：机械组件、真空和液压管路、电线和机械零件等。下面是典型的观察和检测步骤。

（1）问—了解现象。让客户尽可能地为他所描述的问题提供细节。讯问如下问题：①故障总是存在还是间歇性的出现，是有规律性的还是随机性的；②故障是出现在特定的时间或者特定的温度；③声音，振动，气味等有无异常；④故障以前发生过类似的情况吗？是如何解决的；⑤车辆的上次维修是在什么时候，维修了哪些东西。

最后，检查车辆，确定故障是否如描述的那样存在。试着去重现客户所描述的条件。完全复制条件是不可能的，但要尽可能的接近。车辆的道路测试，或者让车辆进行过夜的冷运行测试也是必要的。如果故障导致软件的故障码，应试图使故障码在测试中重现。

（2）看—观察和检查车辆。寻找明显的故障并尽可能地清除掉的简单问题。寻找松了或者坏了的电线、连接件或者液压管路和软管。检查泄露的地方。检查机械的和电子的毁坏或者腐蚀性的毁坏。在基本的检查之后，就要进行控制系统的诊断了。

（3）测—检测控制系统。检测从普遍到特殊进行检测。如果很快地就通过检测发现了问题的一个原因，那么其他原因就有可能被忽略。其他章节提到的基本的观察和检测就是从普遍的检测开始的。对电脑控制系统的检测就是从最普通的检测开始，而不是精确的测试。

（4）查—检查系统报警灯。装有 ABS 系统的车辆通常装有琥珀色或者黄色的设备仪表灯来显示系统主要的故障（图 10.41）。如果报警灯在发动机运转时仍然长时间亮起，这就意味着系统存在故障。在诊断连接器上进行电压检测是很有必要的，几乎所有的诊断连接器都有接地端子，以便于多个测试模式，用电压表来测量接地极与电池负极的压降，较高的地阻和电路的开路会使电脑无法进入自检模式，或者称为其他故障的线索。ABS 电脑允许用扫描仪或者诊断仪读取故障码。

图 10.41　ABS 报警灯的点亮来显示系统故障

2. 故障码及其故障排除

全自动的电脑会检测自己的运行和电路的输入和输出。大多数电脑拥有以下一个或两个能力：

（1）可以识别输入或输出信号的缺失或不正常的持续过高或过低。

（2）检测到信号的不正常或者在一定时间内超出限制，或者通过对比其他传感器的信号，检测到某一传感器的信号不正常。

（3）可以发送检测电压到传感器或者驱动器去检测电路，或者可以运行驱动器来检测传感器的反应。

如果电脑检测到条件的不正确，会记录一个故障码。故障码是一个 2 位、3 位、4 位或 5 位的数字或者字母数字的编码以便显示系统的故障。大多数系统会因为大多数故障码而亮起报警灯，但不是所有的故障码都这样。并且电脑会将故障码长期存储到内存中。故障码可以显示电路故障或子系统的故障，但不能精确到故障的具体原因。制造商对于故障码有不同的命名和分类，例如：通用公司称为故障码，福特公司称为维修码，戴姆勒克莱斯勒公司称为错误码。

随着第二代发动机控制系统的诊断系统在 1995 年的诞生，术语"诊断性的故障码"已经被广泛使用在自动控制系统上。两个故障码通常的术语是硬码和软码。

（1）硬码。硬码显示了一个在测试期间存在，并在修好之前长期存在的故障。如果点火装置关闭后，数码被清除，但是硬码会立即或者几分钟之内重新出现。这是因为故障依旧存在，直到修好为止。硬码显示长期存在，但是不难诊断的故障。福特称这种码为"立即响应码"，因为他们根据要求随时在电脑上显示出来。

（2）软码。或者称为"记忆码"，显示一个间断的故障，时来时去。软码是电脑记录以前发生、但是现在没发生的故障的方式。这个故障可能在数码清零后不会再次出现，而且系统的重新检测也已经完成。这些故障也许发生在特定的速度、温度和一定的条件下，而这些条件是无法在维修店里再现的。福特称之为"连续记忆码"，通用的一些部门称软码为新型车辆的历史码。因为软码显示了间歇性的故障，诊断图表和精确检测通常不会将这种错误隔离起来。断开和再次连上电子连接器可以暂时解决故障，但是，不能从根本上排除故障。

（3）确定是硬码还是软码。检查完故障码之后，记下任何显现出来数码。记住一点，数码被清零后，软码不会立刻显现。虽然会有多个故障同时存在，但多数防抱死系统一次只能显现一个最多三个故障码。对于这样的系统，每个故障码都要按顺序被维修，然后清零。必须对系统复测，直到没有新的故障码出现。如果是硬码，即可以去制造商的测试或者故障解除表去查询故障码的号码。如果被确定为软码，就要按间歇性的诊断步骤来精确查找故障。

所有的制造商都建议按"先硬码后软码"的顺序诊断和维修。

3. 运转症状测试

从分析传感器给出的信号会随着传感器的使用和老化而溢出既定的范围。一些传感器会在信号范围内给出不规则的信号或者漏点。接地不良会导致信号溢出。

类似的这些问题会导致有限的功能紊乱而没有发出故障码。通过制造商提供的运转范围表格，可以对传感器的运转范围进行检测。表格提供了关于电压、电阻、频率和频度等在不同环境下传感器的工作范围。

防抱死系统控制调制器选择器（后视）

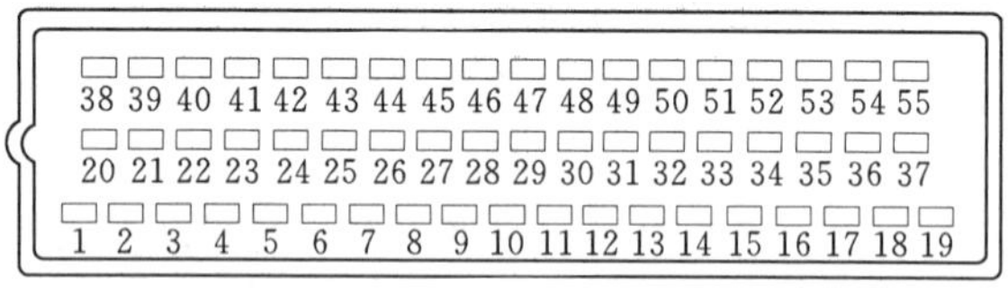

| 38 39 40 41 42 43 44 45 46 47 48 49 50 51 52 53 54 55 |
| 20 21 22 23 24 25 26 27 28 29 30 31 32 33 34 35 36 37 |
| 1 2 3 4 5 6 7 8 9 10 11 12 13 14 15 16 17 18 19 |

例子

插脚号	电路	Circuit function
1	530(LG/Y)	接地
2	498(PK)	ABS 阀总成
3	532(O/Y)	ABS 电源
4	——	无用
5	549(BR/W)	ABS 踏板传感器开关
6		无用
26	535(LB/R)	ABS 开关 2
27	524(PK/BK)	右后制动传感器-LO
28	519(LG/BK)	左后制动传感器-LO
29	516(Y/BK)	右前制动传感器-LO
30	522(T/BK)	左前制动传感器-LO
31	462(P)	泵电机速度

图 10.42　用来检测 ABS 控制模块电路功能的输出表格

用 DVOM，一种频率计数器，或者其他合适的设备在传感器连接器或者与电脑连接的主口上进行检测。后面探测大多数传感器连接器或者安装跳线可以为仪表提供连接口。需要诊断盒或者数据去在电脑主口上检测传感器的信号，如果有可能，要在全范围上运行传感器，在几个点上检测传感器信号。

（1）使用电脑探针电压表格。电脑探针电压或者探针输出量表格，确定了所有的在主连接口上的连接电极，给出了号码、电路名称和功能。在不同条件下的电压和电阻水平，有时候也被列举出来。在点火开关启动、发动机关闭和发动机运转时，电路会有不同的电压值。用电压表格可以检测电脑的输入和输出。图 10.42 就是一个关于在 ABS 控制模式下，主连接器上输出表格的例子。检测电脑的信号与传感器的工作范围测试是密切相关的。

（2）检测接地的连续性。点火开关开启，电路接通，电流通过，用电子电压表来检测主电脑接地或者一个认为有故障的传感器接地口的压降（图 10.43）。低电阻的接地连接对于电子控制电路是非常重要的。随着点火开关的开启，通过电路的接地电压应该在 0.1V 或者更小。在传感器电路里高阻态的接地会减少传感器的电压值。高阻态的接地会抵消掉电压信号以至于导致严重的故障。例如，在传感器电路上 5V 参考值的一个 0.5V 的接地压降相当于 10% 的测量误差。

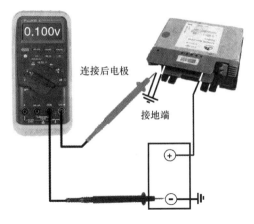

图 10.43　接地点和电源负极的电压不高于 0.1V

4. 间歇性故障的诊断与排除

间歇性的故障是最难诊断和解决的。如果技师幸运的话，间歇性故障可以在电脑内存中产生一个软码。这可以是一个线索，至少可以确定一个大体的检测范围。但是要记住，如果故障码被清零的话，故障不会立刻显现出来。故障出现的条件只有被仿真出来或在道路测试才能捕捉到间歇性的故障。下面提供基本的要点来帮助技师解决掉间歇性的故障。

（1）使用扭动测试和驱动器和传感器专门测试。大多数的控制系统都有长期记忆空间来记录间歇性的故障的软码。福特公司在扭动测试中，将汽车电脑与扫描仪器连接起来，以便扫描仪器显示软码。然后轻拍或者扭摆电线和连接器使故障重现。当故障显现时，要记住故障码产生时发生了什么。用扫描仪器来读取故障码以确定错误。许多车辆有特殊的测试，让技师令电脑控制驱动器的开关。例如，一些扫描仪器允许你去操纵 Delco Moraine ABS-Ⅵ 释放系统的泵。

（2）检查连接器的损伤。许多间歇性的故障是因为连接器和电极的损毁造成的。拔去连接器在电路里的接头，然后仔细的检查：弯折或者损毁的电极；腐蚀；被拉入连接器壳内的电极，会导致间歇性的连接；变松，磨损，或者损坏的电线。

提示：除非电线线束已经从 ABS 控制器上断开，要不然，不要在线束接头上使用喷电接触式清洁器。

（3）道路测试和数据记录。如果车辆在道路测试和通常运行条件下传送数据，大多数 ABS 电脑都可以做到。那就要行使车辆，尽量的再现这个故障。当故障发生时，使用扫描仪器的快照功能或者数据记录功能去记录电脑数据。然后再维修店里分析数据，来定位故障的起因。

（4）开关检测。ABS 控制系统可以接受简单的输入信号。ABS 电脑的输入信号原则上来自于开关和速度传感器。下面就要列举出这种普通设备的故障解决方法。

制动开关，行驶控制开关，制动液警告开关都是 ABS 信号源的例子。当被用作控制系统传感器时，开关提供数字的开关、高低电压的信号。这种信号显示了"制动释放"和"制动开启"的状态。

为了提供这样的信号，开关一般安装在电源和电脑之间，或者电脑和大地之间。一旦安装在电脑和大地之间，通过安装好的电阻器（图 10.43），一个参考电压将会在电脑内部产生。拉起的电阻器会产生开关条件，可以被认为是个数字信号。电阻器通常被称作上拉电阻器，因为开关开启的时候提高参考电压的值到开路电路的水平，开关关闭的时候降低参考电压的值。电脑会在电阻器和开关之间获取内部信号（图 10.44）。

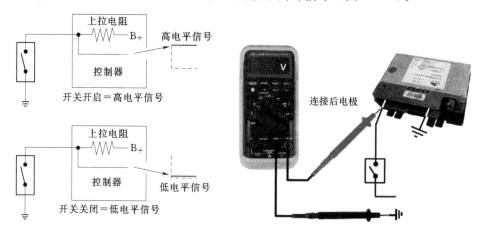

图 10.44　开关输入信号的基本开关电路　　　图 10.45　从后端检测输入电压信号

　　开关电路的参考电压通常被用作其它电路的 5V 参考电压。对于一些电路，可以是全部电压（12V 左右），或者其他的电压水平。有一点需要记住，取决于开关状态的电压信号的高低表示了运转的状态。

　　开关测试是基本的过程。将开关放入一个可知的环境，用电压表来检测电脑获取的电压信号。最常用的一个方法就是用电压表的正极将开关电路的电极与连接器相连。图 10.45 显示了这种方法。

　　开关打开时，没有电流通过电路，所以在电阻器上没有压降。输入信号是开路参考电压值，这就是电压表应该读的值。当开关闭合时，电流通过电路，电阻器产生全部参考电压。所以输入信号接近 0V。

　　如果一般的开关，你可以从电路中将开关移出，然后用欧姆表或者自供电的测试灯泡来检测连续性（图 10.46）。

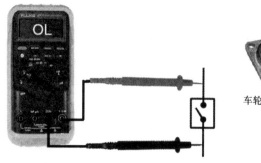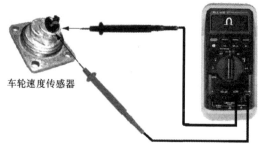

图 10.46　开关断开时用欧姆表或自备　　　图 10.47　用欧姆表测量缠绕线圈的阻值
　　　　　电源检测灯来检查电路的连续性

5. 车轮速度传感器的检测

（1）传感器电阻的检测。所有的缠绕线圈传感器都有特定阻值。基本的办法是将传感器与电路分离，用欧姆表与两端电极相连，测试传感器线束的阻值（图10.47）。如果阻值超出了规定的范围，过高或者过低，就要更换传感器。阻值测试只是速度传感器测试的开始。阻值在范围之内的情况下，传感器也会产生错误的信号。即使缠绕线圈在较好的条件下，传感器引脚的损坏都会产生不稳定的信号。

（2）用示波器来测试 WSS。检测速度传感器最好的办法就是用示波器。示波器是一种可以显示一段时间内电压和电流值的测量工具。示波器的不同在于控制量的表示和哪个量可以得到理想的视图。表10.2显示了使用示波器的步骤。

表 10.2　　　　　　　　　　使用示波器检测速度传感器的步骤

（1）打开示波器的电源，有的示波器说明书中推荐将示波器接到汽车的电源上

（2）在示波器菜单中选择"传感器"，有些示波器还允许技师选择要测试的传感器类型

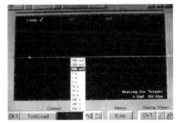

（3）一旦显示屏上出现网格线，将电压设置为 0.5V，这意味着水平线的每一格为 0.5V

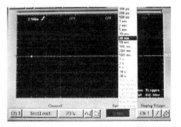

（4）将时间设置为 20ms，则每个竖直线格为 20ms

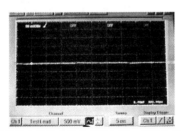

（5）从菜单中选择交流或直流电压，交流电压用在 PM 速度传感器上，直流电压用在磁阻传感器上

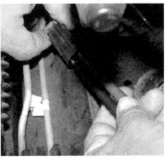

（6）从传感器上拆下线束，将示波器的引线连接到每个传感器的终端，现在，传感器就可以用于检测返回电压信号了

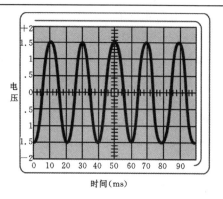

时间（ms）

正常的车轮速度传感器

（7）一个好的分析波形可以形成正向电压与负向相等平滑度甚至幅度的波形，典型的 PM WSS 可以产生低于 2V 的电压

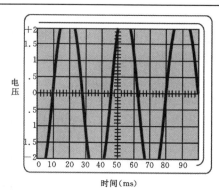

时间（ms）

高电压的车轮速度传感器

（8）这个 PM WSS 产生的电压超过 2V，输出电压过高

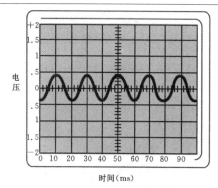

时间（ms）

低电压车轮速度传感器

（9）这个 PM WSS 几乎没产生任何电压。控制器无法读出如此小的电压值

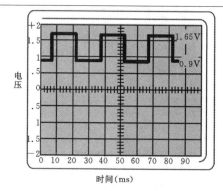

时间（ms）

电子方波

（10）如磁阻传感器之类的车轮速度传感器产生的数码波形，这通常被称作方波，并且可能是正极，也可能是负极

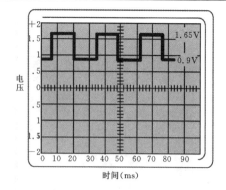

时间（ms）

低速下的磁阻传感器

（11）将低速旋转车轮传感器产生的波形与第 12 步的波形进行比较

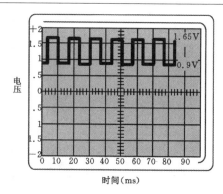

时间（ms）

高速下的磁阻传感器

（12）这是高速旋转传感器产生的波形

（3）速度传感器偏向电压的检测。有缠绕线圈的速度传感器会产生一个电压信号。它不需要电脑提供参考电压。但是大多数速度传感器会从电脑系统得到偏向电压，原因有两个：①在车轮转之前，偏向电压会使系统电脑探测到开路或者短路电路；②偏向电压会使传感器信号高于接地面，减弱了信号的干预性。偏向电压根据制造商的不同是不同的。有时会是 5V，有时会是 1.5V 或 1.8V。查阅制造商的测试步骤和说明书来确定所需的偏向电压。

任务 10.4　认识 ASR 驱动防滑系统

【本任务内容简介】

（1）ASR 系统的基本原理和基本控制方法。

（2）ASR 系统基本组成及其原理分析。

驱动防滑系统的基本原理、控制方法和驱动防滑控制（ASR）系统基本组成、结构原理分析；ABS/ASR 典型系统分析；集中控制系统框架下的底盘控制系统的基本模式、方法与基本原理，底盘集中控制基本方式，实行集中控制系统的基本前提。

10.4.1　ASR 系统基本原理与方法

车辆行驶时既要求制动时的安全、高效与稳定，又要求车辆在加（减）速、转向状态下具备行驶时的方向稳定性与可操纵性。车辆在驱动状况下运行时，一旦车轮滑移率处于非稳定范围时，使车辆丧失稳定性与操纵性。采用驱动防滑控制（Ac—celebration Slip Regulation 的缩写 ASR）技术对驱动轮进行控制，目的就在于防止车辆加（减）速与转向过程中出现车轮滑移率过大，进而丧失纵、横向稳定性与操纵性的现象，保证行驶安全。ASR 技术实际上是 ABS 逻辑上的延伸。

车辆的稳定性与可操纵性取决于众多因素，诸如发动机、传动系统、悬架和转向操作系统等。诸多因素的共同作用存在着协调问题，因此现代车辆往往采用在集中控制技术的架下，形成的 ABS/ASR 防滑综合控制系统，以及底盘综合控制系统。

1. ASR 系统的基本原理

按汽车理论分析，主动车轮正常驱动的条件是

$$F_t = M_n / r \leqslant F_z \varphi \qquad (10.1)$$

式中　F_t——驱动轮驱动力；

　　　M_n——驱动轮转矩；

　　　r——驱动车轮半径；

　　　F_z——驱动轮正压力；

　　　φ——驱动轮与地面间的附着系数。

驱动力的数值取决于路面与车轮间的附着系数 φ 值。只有车轮滑移率等于特定数值时附着系数 φ 才处于峰值，即运动车轮只有处于特定附着状况才具备足够的纵向与横向附着力，获得相应的地面制动（驱动）力与操纵稳定性。

驾驶员操纵无 ASR 设置的车辆行驶时，驱动轮可能产生若干运动状况，使得由式

（10.1）确定的驱动条件被打破：

（1）在附着状况良好的路面上，车辆可获得预期的附着状况和驱动力以及正常的稳定性与操纵性能。

（2）车辆发动机输出功率突然加大，驱动轮转矩 M_n 随之增加而附着条件未变，则驱动轮驱动力 F_t 超过式（10.1）所决定的附着力极限值时，此时车辆驱动力并不随发动机功率加大而成正比加大，车轮产生滑转现象。同时由于驱动轮滑转而导致横向附着系数减小，轻微的干扰力即可使车辆丧失稳定性和正常操纵性。

（3）发动机功率突然变小（仍处于驱动工况且传动系统仍然连接），由于发动机制动的影响车轮转速受到限制，在附着状况较差的路面上同样会产生驱动轮滑转的现象，稳定性与操纵性能下降。

（4）发动机维持正常的动力，但路面附着系数 φ 值突然变小，使得驱动轮附着力随之突然变小而驱动力瞬间超过式（10.1）所决定的附着力极限值，驱动轮亦产生滑移且车辆丧失稳定性与正常操纵性。

（5）当驱动轮附着系数为零时，驱动轮转矩无法转换为车辆驱动力，驱动轮空转而车辆无法前进。

上述（2）、（3）、（4）三种现象往往发生在不良路面状况下发动机突然大功率加速起步，或发动机功率不变，车辆从良好路面状况突然驶入不良路面（例如从干燥路面突然驶入湿滑路面，从沥青混凝土路面突然驶入土路面时），以及在不良路面上发动机功率突然减少时（驱动轮仍没有脱离传动）等情况，此时极易发生交通事故。

结论：由于任何原因打破由式（10.1）所决定的车辆行驶平衡条件时，将会产生驱动轮滑转现象，车辆的稳定与操纵性将受到破坏，从而产生交通安全隐患。

ABS 的功能仅仅局限于制动工况。为解决上述问题，现代车辆配置了 ABS/ASR 系统，其中 ASR 系统仅仅在车轮驱动状态时工作。于是不管车轮处于制动、驱动还是自由旋转工况，当发生车轮工作于非稳定滑移率范围内时，该系统运用各种方法从整体上自动调整车辆的工作参数，使车轮迅速恢复在较为理想的滑移率范围内运转，保证车辆在不同状况下的牵引性，稳定性和正常操纵性。

对 ASR 的要求与 ABS 基本相同，即灵敏性与稳定性等。不同之处在于：ASR 控制的效果仅限于驱动轮，且必须兼顾减少排气污染以及平稳、圆滑过渡。

2. ASR 系统基本控制方法

ASR 与 ABS 都是通过控制作用于车轮上的转矩而实现滑移率控制。现代车辆 ASR 系统采用的基本控制方法如下：

（1）发动机输出转矩控制。发动机转矩控制仅用于驱动轮控制。车辆行驶过程中，在节气门位置不变的状况下，当驱动轮发生滑移（M_n 增大或 φ 值减小）时，ASR 系统可自动调整发动机输出转矩，从而减少驱动轮转矩 M_n 重新满足式（10.1）确定的运行条件。

采用调整发动机输出转矩方法控制驱动轮滑移的要求是：反应灵敏、过渡圆滑、平稳，以及尽量减少由此而产生的排放污染。常用的具体措施有：

1）调整点火时刻。

2）调节燃油供给量。

3）调节进气量。

上述措施单独运用时，往往受到控制范围、连续性、响应速度以及灵敏性等方面的限制，结果不甚理想。另外，上述控制措施会给发动机系统带来影响，产生加剧发动机排气污染等副作用，现代车辆 ASR 系统往往运用综合手段控制发动机转矩。

（2）驱动轮制动控制。对出现滑转趋势的驱动轮直接实施制动，降低车轮驱动力 F_t 使之重新满足式（10.1）所确定的条件，使车辆重新恢复正常附着驱动状态。该方法反应速度、控制强度和灵敏度最为理想。但由于控制强度大而影响车辆行驶的平稳与舒适，现代汽车一般采用左、右驱动轮独立防滑制动控制，因此即使行驶时每个车轮均处于不同的附着状况时也可以获得较为理想的控制效果。目前驱动轮制动控制方法应用相当广泛。发动机转矩控制与驱动轮制动相比较：发动机转矩控制过渡圆滑、稳定且可以有效地控制作用于车轮上的转矩，对于发动机功率与路面状况的突然变化具有较好的适应能力，但灵敏度与强度不佳，一般用于 ASR 初始控制及良好路面上低强度的、过渡性质的滑移率控制，有助于保证控制过程的圆滑过渡以及车辆行驶稳定性与平顺性。

驱动轮制动则用于高强度的滑移率控制，能够对不同附着状态的车轮实施独立控制，是 ABS/ASR 控制的主系统。

在实施 ASR 控制时一般先从发动机控制开始，圆滑过渡到驱动轮制动控制。

（3）差速锁控制。当出现某一驱动轮附着系数等于零的全滑转状况时，系统自动运行锁止驱动轮差速器，强迫处于较好附着状态的驱动轮转动提供牵引力，使车辆摆脱困境。

现代车辆往往综合运用上述方法以取得较为满意、可靠的控制结果。

10.4.2   ASR 系统的基本组成与原理分析

1. 传感系统

ABS 传感系统提供的减速度、轮速等运动状况信息，亦可为 ASR ECU 用于检测车轮滑移率信号并确定当时滑移率。与 ABS 传感系统不同之处为：ASR 传感系统还必须向 ECU 提供制动系统工作信号以判定车轮处于制动或驱动状况，以及发动机节气门位置、变速器工作状况等相关信息，便于 ECU 为发动机转矩控制提供决策依据。

2. 处理系统

ABS 系统可以采用单独的 ECU 实现信息处理与指令控制，而采用集成控制系统的车辆 ABS 与 ASR 共用一个 ECU。但也有某些车辆集成控制系统采用两个 ECU 对相同信号施行并行独立处理，目的在于互相验证，消除误差。

前述 ABS 所设定的阈值判定预编程序可为 ASR 防滑控制系统共用。但在 ASR 模式下实行车轮制动时，驱动轮与非驱动轮将采用不同的控制方法，且发动机转矩控制仅用于驱动轮控制（非全轮驱动车辆）。如果在 ASR 控制过程中 ECU 监测到制动系统工作信号（制动踏板工作，或制动系统压力增大等），则 ASR 自动退出控制而转入 ABS 控制模式。系统出现故障时将自动关闭控制通道转为常规人工控制模式，以提高系统的可靠性。

3. 执行系统

（1）发动机转矩控制执行系统。目前广为采用的控制方法是进气量控制。该方法连续性强，过渡圆滑，较少排气污染并且可以利用发动机制动效应以增强控制效果。具体手段是在发动机主节气门前方设置一个副节气门。正常工作状况或制动状况时，副节气门处于初始全开位置。副节气门由步进电机根据 ABS/ASR ECU 发出的控制指令驱动偏转，改变进气系统流通面积，达到控制进气量从而改变发动机输出转矩的目的。

（2）驱动轮制动控制执行系统。在 ABS 压力调节装置基础上，增设 ASR 控制分系统以及相应的控制通道，实现驱动轮制动控制。当 ABS 工作时，ASR 自动退出工作。车辆采用 ABS/ASR 综合控制则驱动轮必须采用轮控布局。ABS 工作模式对所有车轮实行制动压力控制，而处于 ASR 工作模式时仅控制驱动轮。压力调节装置仍由三位三通或二位三通电磁阀和相应的压力管路以及制动轮缸组成。当 ECU 判定驱动轮滑移率超过阈值时，必须适时确定车辆是处于驱动工况，并发出控制指令，压力调节装置根据指令运行完成制动系统减压、保压或增压过程。

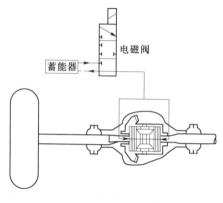

图 10.48　差速器锁止控制

（3）差速器锁止控制。与常规差速锁装置不同之处在于：ASR 差速锁由机械系统和电磁阀控制系统组成，如图 10.48 所示。在差速器壳与半轴之间的传动线路上并联设置一个液压多片离合器，其电磁阀根据 ECU 指令运行调节离合器工作压力。当离合器结合时，差速器壳与半轴形成刚性连接。ECU 发出的指令可以使电磁阀控制离合器摩擦诸片逐渐参与工作，使离合器锁止程度在完全脱离与完全锁止之间产生无级变化，从而产生线性的差速锁工作效应，使接合金平稳。

差速器锁止控制可以提高在变附着系数路面上的驱动行驶稳定性，亦可人工介入使其不工作。

设置自动变速器的车辆，ASR 系统在实施牵引力控制时可对变速器进行自动锁定，以防止发动机节气门开度的变化导致自动变速器误动，并充分利用发动机制动效果提高控制灵敏性并使整个系统处于最佳匹配状态。

【拓展知识】　ABS/ASR 综合控制系统

1. 认识 ABS/ASR 防滑控制系统

ABS 与 ASR 系统的目的都是控制车轮在制动或驱动工况的滑移率。现代车辆 ABS/ASR 系统可以共用或分设 ECU，采用整体性、动态性和开放性的设计与控制原则，ABS 与 ASR 控制实现资源共享，互为补充，综合运用各方式的优点使滑移率控制结果区域分布理想化，加强可靠性与灵敏性。

ABS/ASR 防滑控制系统组成如图 10.49 所示。

（1）确定车轮运行工况。ABS/ASR 防滑控制系统首先对制动压力（或制动踏板力）、变速器传动比等辅助信息进行处理以确定车辆处于驱动工况，自动关闭 ABS 通道。

（2）驱动轮防滑控制。

1）发动机转矩控制。发动机转矩控制一般运用于 ASR 初始性过渡控制，其目的在于使整个控制过程圆滑、平稳。当 ABS/ASR ECU 监测到驱动轮滑移率超过阈值时，首先

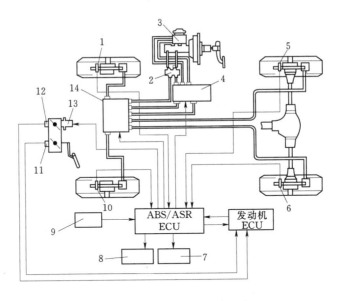

图 10.49　ASR/ABS 系统组成

1—右前轮转速传感器；2—比例阀和差压阀；3—制动总泵；4—ASR 制动压力调节器；5—右后轮
转速传感器；6—左后轮转速传感器；7—ASR 关闭指示灯；8—ASR 工作指示灯；9—ASR
选择开关；10—左前轮转速传感器；11、12—主副节气门开度传感器；13—副节
气门驱动步进电动机；14—ABS 制动压力调节器

发出指令使步进电机运行，通过控制副节气门开度，在主节气门位置不变的状况下减少发动机进气量，进而减少发动机输出转矩和驱动轮转矩。如设置电子控制自动变速器（ECT）则锁定传动比。

2）自动打开压力管路产生制动效应。如用发动机转矩控制仍不足以将驱动轮滑移率恢复到预定范围，ECU 将进一步发出指令使 ABS 系统工作，在不踩制动踏板的状况下发出独立控制指令，使驱动轮制动压力调节器中的电磁阀工作，打开压力管路产生制动效应。有的车辆在驱动轮制动通道中增设一个并联的独立通道单独实行 ASR 控制，在 ABS系统工作时该独立通道互锁关闭。

首先采用发动机转矩控制可以使控制过程圆滑过渡，有助于实行稳定性与平顺性，以防止由于突然性的高强度车轮制动所产生的安全隐患。

2. ABS/ASR 典型系统分析

下面以波许（Bosch）ABS/ASR 2U 系统为典型，进一步分析防滑控制系统。该系统及其变型发展型号广泛运用于德国和美国的大量车型。

（1）基本功能分析。

1）传感系统输入信号。ABS/ASR ECU 通过各种传感器获得相应信号：

a. 各个车轮上的独立传感器输入车轮转速信号。

b. 节气门位置传感器向输入节气门位置信号。

c. 制动踏板上安装的制动信号开关输入制动信号。

d. 点火线圈输入发动机转速信号。

e. 传动系统输入档位信号。

f. 驻车制动开关输入驻车信号。

g. ASR 工作开关输入工作状态选择信号（仅用于人工干预 ASR 系统工作）。

h. 巡航系统输入车速信号。

另外还有诸多辅助信号，如：制动液数量、环境温度、水温、传动系统工作液温度等。

2）执行系统。

a. 采用 4 通道 ABS 制动压力调节装置，为四个二位三通电磁阀，对每个车轮实行独立轮控。

b. 步进电机驱动副节气门控制发动机进气量，还可通过调整点火时刻实施发动机转矩控制。

c. 节气门松弛装置，该装置与巡航系统共用，可以在驾驶员不松动加速踏板的情况下减少发动机负荷，如图 10.50 所示。其工作原理为：各个系统控制节气门的拉绳均通过节气门松弛装置与发动机节气门连接。在节气门松弛装置中安装有一个由 ECU 控制的步进电机，当该电机按照 ECU 指令运转时可以放松节气门拉绳从而减小节气门开度；当 ECU 确定需恢复原节气门开度时则指令该电机反向旋转，使节气门开度恢复到加速踏板确定的位置。

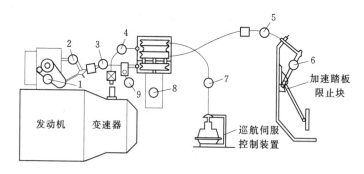

图 10.50　节气门松弛装置

1—节气门体；2—拉绳支架；3—节气门拉绳；4—变速器控制拉绳；5—加速踏板拉绳；

6—加速踏板；7—巡航控制拉绳；8—节气门松弛装置；9—拉绳固定架

（2）控制过程分析。ABS/ASR ECU 共用两个微处理器。设置双处理器的目的是：对相同的信号由两个 ECU 分别进行相同的处理，结果可以互相验证和控制误差。ABS/ASR 控制流程如图 10.51 所示。

1）ASR 控制。传感系统测取的信号通过 ABS/ASR ECU 经综合处理后可以确定车辆速度、加速度和车轮转速，并判定车辆是否处于转向或起步状态后，即转入动态阈值判断程序。当判定需要进行 ASR 控制时，首先参考适时车速。车速小于 30km/h 时，首先进行发动机转矩控制，并对驱动轮制动压力按照高选原则，通过制动系统的 ASR 通道进行独立调节，控制其驱动力控制其滑移率，充分利用驱动轮的附着力提高车辆加速度以便于尽量缩短起步、加速时间。

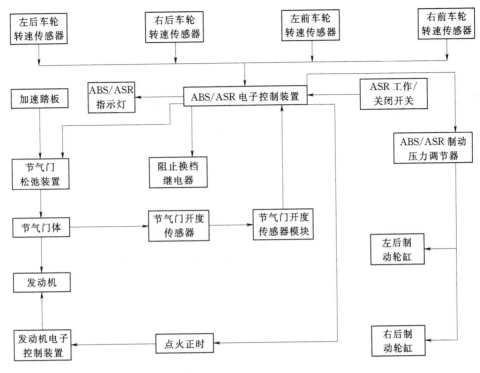

图 10.51 ABS/ASR 控制流程图

当车辆速度位于 30～80km/h 时，当驱动轮工作于非稳定滑移状态时，如果驱动轮处于不同的附着状况，则 ECU 发出指令控制发动机转矩使其与处于低附着状况下的车轮相匹配，必要时对所有驱动车轮施行一同控制。

如果车速大于 80km/h，ASR 不再采用驱动轮制动的方法进行控制，仅通过发动机转矩进行调节，以避免影响车辆行驶的方向稳定性与操纵性，以及防止制动器过热。由此得出当车速小于 30km/h 时 ASR 系统按高选原则控制以缩短起动和加速时间，当车速大于 30km/h 时，ASR 系统是按照低选原则进行控制，以确保车辆的方向稳定性与操纵性。

2）ABS 控制。波许 ABS/ASR 2U 系统在实施 ABS 控制时，车速小于 50km/h 时 ABS/ASR ECU 指令系统处于独立轮控工作模式，即对所有车轮进行独立压力调节，以加强制动强度与效率。

当车辆速度位于 50～120km/h 时，则在制动控制的同时实施偏航控制，判定并尽量减少同轴两侧车轮制动力差值，消除纵向扭转力矩，保持平衡。具体措施为：ABS/ASRECU 在通过"路面识别周期"对车轮的附着状况进行判定后，制动系统按照各个车轮不同的附着状况，对各自制动压力进行控制独立。比如：当附着状况良好的车轮处于 ABS 制动增压阶段时，附着状况较差的车轮则不实行制动降低控制，如此可以尽量减少偏航状况发生的几率和强度。

当车速达到大于 120km/h 时，如果判定需要进行制动控制，则 ABS/ASR ECU 指令对前轮实施低选原则下的制动压力控制，即所谓对两前轮压力实施同步调整。

当车辆在恶劣的附着条件下行驶时，车轮具有极大的滑移趋势。此时 ABS/ASR

ECU 运用"路面识别周期"判定车轮发生滑转，则停止对前轮实施 ABS 控制，使其处于常规制动状态，即制动压力正比于制动踏板力，并且适时降低后轮制动力以改善车辆的方向稳定性和操纵性。

　　注：新型 ABS 控制循环的第一个控制周期可以起到识别与判断路面附着系数的功能，即所谓"路面识别周期"。

习　　题

实操题

1. 制动盘、制动摩擦片的检查与更换。

2. 更换制动液。

理论题

一、填空题

1. 主动制动系统的_____传感器安装在真空制动助力器上。

2. 被磨平了的轮胎的滚动圆周比一般轮胎的滚动圆周_____。

3. 在正常制动时_____用来控制后轮制动压力。

4. 福特电子转向系统的传感器安装在转向轴的底部，用来检测转向_____和车轮旋转_____。

5. 牵引力控制系统用来控制_____和_____。

二、选择题

以下各题，请在 A、B、C、D 四个答案中选一个你认为正确的答案：

A. 只有 A 对；B. 只有 B 对；C. A 和 B 都对；D. A 和 B 都不对

1. 技师 A 说：模拟信号可以由低到高，在由高到低；技师 B 说：数字信号可以是开/关，高/低或正/负。请问谁的说法正确？（　　）

2. 在讨论电压信号时，技师 A 说：数字信号可以用来决定装置的工作循环；技师 B 说：模拟信号可以被控制器更好地识别。请问谁的说法正确？（　　）

3. 技师 A 说：执行元件将机械运动转换成电能；技师 B 说：螺线管使用电流来产生机械运动。请问谁的说法正确？（　　）

4. 在讨论执行元件和传感器时，技师 A 说：太低的电流说明执行元件和传感器没有很好地工作；技师 B 说：控制器可以控制执行元件和传感器进行电子操作。请问谁的说法正确？（　　）

5. 在讨论命令信号时，技师 A 说：所有的命令信号都是在电路闭合时在正极产生；技师 B 说：大多数的信号都是由模拟电流组成。请问谁的说法正确？（　　）

6. 在讨论 RWAL 时，技师 A 说：大多数的后轮驱动汽车将车轮速度传感器安装在变速箱上，以测量输出的速度；技师 B 说：这个系统可以控制独立的后轮的制动。请问谁的说法正确？（　　）

7. 在讨论 RABS 时，技师 A 说：这个系统使用的分离阀总成与 RWAL 中的完全不同；技师 B 说：分离阀的操作决定于安装在后轮驱动的变速箱的车轮速度传感器产生的

信号。请问谁的说法正确？（　　　）

8. 在讨论主动制动系统时，技师 A 说：这个系统用于方向控制；技师 B 说：这个系统用于控制汽车的稳定性，请问谁的说法正确？（　　　）

9. 技师 A 说：车轮的速度是由永久磁铁传感器产生的信号控制；技师 B 说：有时所有的车轮可以以不同的速度运行，请问谁的说法正确？（　　　）

10. 一辆汽车左轮滑移：技师 A 说左前盘式制动器抱死；技师 B 说右后轮鼓式制动器调整得过松。请问谁的说法正确？（　　　）

11. 顾客抱怨配戴 RWAL 的卡车制动时后轮锁住：技师 A 说：计量阀有缺陷；技师 B 说：阀肯能卡住了。请问谁的说法正确？（　　　）

12. 四轮三通道 ABS：技师 A 说系统有四个传感器；技师 B 说两后轮独立控制。请问谁的说法正确？（　　　）

13. 讨论比例阀：技师 A 说坏的阀造成后制动器工作过快；技师 B 说在正常制动时，这个阀可以防止过大压力进入前制动器。请问谁的说法正确？（　　　）

14. 技师 A 说：制动时方向向右偏意味着不适当的转向盘调整；技师 B 说技师 B 说：制动液将导致转向振动。请问谁的说法正确？（　　　）

15. 制动踏板在车停下后慢慢掉下，制动器保持工作。液压杠杆没有掉下。技师 A 说：排泄阀可能泄漏；技师 B 说：主缸可能有内泄漏。请问谁的说法正确？

A. 只有 A 对；B. 只有 B 对；C. A 和 B 都对；D. A 和 B 都不对

16. 强力制动有振动。技师 A 说：转子不平行；技师 B 说：ABS 正适当工作。请问谁的说法正确？（　　　）

17. 讨论 ABS：技师 A 说：配合环失效导致轮锁住；技师 B 说：配合环损坏导致 ABS 失效。请问谁的说法正确？（　　　）

18. 汽车四轮防抱死有一个问题就是右后轮锁死：技师 A 说：这由于轮速传感器损坏；技师 B 说：轮速传感器安装的位置不一致导致此问题。请问谁的说法正确？（　　　）

19. 制动器踏板制动时振动：技师 A 说：这将导致 ABS 失效；技师 B 说：这由制动鼓扭曲导致。请问谁的说法正确？（　　　）

20. 驻车制动器系统：技师 A 说：左轮制动压力失效是由于主缸损坏；技师 B 说：计量阀可能导致后轮制动器低压。请问谁的说法正确？（　　　）

A. 只有 A 对；B. 只有 B 对；C. A 和 B 都对；D. A 和 B 都不对

21. 右前轮总在制动时锁住：技师 A 说：这是由于线路卷曲；技师 B 说：这是右制动器管路损坏。请问谁的说法正确？（　　　）

22. 制动器灯：技师 A 说：中央高位制动灯失效导致一到两个其他制动器灯无法工作；技师 B 说：一个灯的地端松动将导致所有灯失效。请问谁的说法正确？（　　　）

23. 红制动器警告灯在发动机运转时点亮：技师 A 说：制动器泄漏可能是原因；技师 B 说：计量阀失效可能是原因。请问谁的说法正确？（　　　）

24. 制动时听到刮擦声：技师 A 说这是正常情况；技师 B 说：轮轴轴承可能是原因。请问谁的说法正确？（　　　）

25. 技师 A 说：卡住的比例阀可能阻碍制动；技师 B 说：卡住的比例阀可能在初制

动时导致制动点头。请问谁的说法正确？（　　）

26. 汽车制动器灯点亮迟：技师 A 说：助力器推杆可能需要调整；技师 B 说：制动器等开关粘在开上了。请问谁的说法正确？（　　）

27. 前轮制动器过热发出明显气味：技师 A 说：推杆可能调的过短；技师 B 说：很明显驾驶员没有完全松开驻车制动器。请问谁的说法正确？（　　）

28. 制动时一个后轮跳动：技师 A 说：这是制动鼓失圆；技师 B 说：是制动蹄浸液。请问谁的说法正确？（　　）

三、简答题

1. 何谓汽车的制动？画图说明制动力是如何产生的。

2. 按制动器的作用分类，可以分为哪几种？各起什么作用？如何进行检修？

3. 盘式制动器从结构上是如何分类的？与鼓式制动器相比，盘式制动器有哪些优缺点？

4. 根据制动器增、减势的不同说明真空助力器图的结构及工作原理及检修方法。

5. 液压传动装置由哪些部分组成？

6. 气压传动装置由哪些部分组成？

7. 液压制动跑偏的原因有哪些？怎样判断与排除？

8. 简述永久性磁铁车轮速度传感器的一般操作。

9. 简述磁致电阻式车轮速度传感器的一般操作。

10. 描述后轮制动系统是如何防止汽车车轮抱死的。

11. 简述整体式和分置式防抱死制动系统的区别。

12. 简述不含有牵引力控制的整体式控制单元的制动阀。

13. 描述正向车轮侧滑与负向车轮侧滑之间的区别。

14. 解释方向控制和方向稳定性控制。

参 考 文 献

［1］ 梁建和．汽车构造与维修［M］．北京：中国水利水电出版社，2015．
［2］ 庞成立．汽车传动系检修与修复［M］．北京：北京邮电大学出版社，2014．
［3］ 唐荣芳．龙志军．汽车底盘电控技术［M］．北京：化学工业出版社，2010．
［4］ 嵇伟．汽车技术与维修彩色图解系列丛书［M］．北京：机械工业出版社，2010．
［5］ 李春明．汽车底盘电控技术［M］．北京：机械工业出版社，2002．
［6］ 王杨．汽车底盘构造与维修［M］．天津：天津科学技术出版社，2010．
［7］ 陈家锐．汽车构造［M］．北京：机械工业出版社，2005．
［8］ 徐罕，康海洋．汽车底盘电控系统结构与检修［M］．西安：西安交通大学出版社，2014．